智库成果

气候变化绿皮书

GREEN BOOK OF
CLIMATE CHANGE

应对气候变化报告
（2020）

ANNUAL REPORT ON ACTIONS TO ADDRESS CLIMATE
CHANGE (2020)

提升气候行动力

Enhancing Climate Actions

主　编／谢伏瞻　刘雅鸣
副主编／陈　迎　巢清尘　胡国权　庄贵阳

社会科学文献出版社
SOCIAL SCIENCES ACADEMIC PRESS（CHINA）

图书在版编目（CIP）数据

应对气候变化报告：提升气候行动力. 2020 ／ 谢伏瞻，刘雅鸣主编. －－北京：社会科学文献出版社，2020.11（2021.3 重印）

（气候变化绿皮书）

ISBN 978 - 7 - 5201 - 7555 - 5

Ⅰ. ①应… Ⅱ. ①谢… ②刘… Ⅲ. ①气候变化 - 研究报告 - 世界 - 2020 Ⅳ. ①P467

中国版本图书馆 CIP 数据核字（2020）第 215250 号

气候变化绿皮书

应对气候变化报告（2020）
——提升气候行动力

主　　编／谢伏瞻　刘雅鸣

副 主 编／陈　迎　巢清尘　胡国权　庄贵阳

出 版 人／王利民

组稿编辑／周　丽

责任编辑／张丽丽

出　　　版／社会科学文献出版社·城市和绿色发展分社（010）59367143
　　　　　　地址：北京市北三环中路甲 29 号院华龙大厦　邮编：100029
　　　　　　网址：www.ssap.com.cn

发　　　行／市场营销中心（010）59367081　59367083

印　　　装／天津千鹤文化传播有限公司

规　　　格／开　本：787mm × 1092mm　1/16
　　　　　　印　张：26　字　数：388 千字

版　　　次／2020 年 11 月第 1 版　2021 年 3 月第 2 次印刷

书　　　号／ISBN 978 - 7 - 5201 - 7555 - 5

定　　　价／198.00 元

本书由"中国社会科学院－中国气象局气候变化经济学模拟联合实验室"组织编写。

本书的编写和出版得到了中国气象局气候变化专项项目"气候变化经济学联合实验室建设（绿皮书 2020）"（编号：CCSF202002）、中国社会科学院生态文明研究所创新工程项目、中国社会科学院"登峰计划"气候变化经济学优势学科建设项目的资助。

感谢中国气象学会气候变化与低碳发展委员会的支持。

感谢国家重点研发计划"服务于气候变化综合评估的地球系统模式"课题（编号：2016YFA0602602）、"气候变化风险的全球治理与国内应对关键问题研究（编号：2018YFC1509000）"项目、科技部"第四次气候变化国家评估报告"项目、国家社会科学基金重点项目"我国参与国际气候谈判角色定位的动态分析与谈判策略研究"（编号：16AGJ011）、生态环境部委托项目"全球气候治理新形势下的大国关系研究"、哈尔滨工业大学（深圳）委托项目"中国城市绿色低碳评价研究"以及"中英气候变化风险评估研究"的联合资助。

气候变化绿皮书编纂委员会

主　编　谢伏瞻　刘雅鸣

副主编　陈　迎　巢清尘　胡国权　庄贵阳

编委会　（按姓氏拼音排列）

柴麒敏　高　翔　黄　磊　刘洪滨　宋连春

王　谋　闫宇平　姚学祥　余建锐　禹　湘

袁佳双　张海滨　张　敏　张　莹　郑　艳

周　兵　朱守先

主要编撰者简介

谢伏瞻 中国社会科学院院长、党组书记，学部委员，学部主席团主席，研究员，博士生导师。主要研究方向为宏观经济政策、公共政策、区域发展政策等。历任国务院发展研究中心副主任、国家统计局局长、国务院研究室主任、河南省政府省长、河南省委书记；曾任中国人民银行货币政策委员会委员。1991年、2001年两次获孙冶方经济科学奖；1996年获国家科技进步二等奖。1991~1992年美国普林斯顿大学访问学者。先后主持或共同主持完成"东亚金融危机跟踪研究"、"国有企业改革与发展政策研究"、"经济全球化与政府作用的研究"、"金融风险与金融安全研究"、"完善社会主义市场经济体制研究"、"中国中长期发展的重要问题研究"和"不动产税制改革研究"等重大课题研究。

刘雅鸣 中国气象局党组书记、局长，教授级高级工程师。中国共产党第十九次全国代表大会代表，十三届全国政协委员、全国政协人口资源环境委员会副主任。世界气象组织（WMO）执行理事会成员，世界气象组织（WMO）中国常任代表，政府间气候变化专门委员会（IPCC）中国代表。曾任水利部政策法规司司长、水文局局长、人事司司长，长江水利委员会党组书记、主任，长江流域防汛抗旱总指挥部常务副总指挥，水利部党组成员、副部长。

陈　迎 中国社会科学院生态文明研究所研究员，博士生导师。主要研究方向为环境经济与可持续发展、国际气候治理、气候政策等。政府间气候变化专门委员会（IPCC）第五、第六次评估报告第三工作组主要作者。现任"未来地球计划"中国委员会副主席，中国气象学会气候变化与低碳发展委员会副主任委员，中国环境学会环境经济分会副主任委员。主持和承担过国家级、省部级和国际合作的重要研究课题 20 余项，有合著、文章等 70 余篇（部），曾获第二届浦山世界经济学优秀论文奖（2010 年）、第十四届孙冶方经济科学奖（2011 年）、中国社会科学院优秀科研成果奖和优秀对策信息奖等。

巢清尘 国家气候中心副主任，研究员，理学博士。主要研究方向为气候系统分析及相互作用、气候风险管理以及气候变化政策。现任世界气象组织（WMO）基础设施管理组成员，全球气候观测系统研究组主席、指导委员会委员，中国气象学会气候变化与低碳经济委员会主任委员、中国气象学会气象经济委员会副主任委员等。第三次国家气候变化评估报告编写专家组副组长，第四次国家气候变化评估报告领衔作者。2021～2035 年国家中长期科技发展规划社会发展领域环境专题气候变化子领域副组长。曾任中国气象局科技与气候变化司副司长。长期作为中国代表团成员参加《联合国气候变化框架公约》（UNFCCC）和政府间气候变化专门委员会（IPCC）工作。《中国城市与环境研究》《气候变化研究进展》编委。主持科技部、国家发展改革委、中国气象局、国际合作项目十余项，有合著、论文 60 余篇（部）。

胡国权 国家气候中心副研究员，理学博士。主要研究方向为气候变化数值模拟、气候变化应对战略。先后从事天气预报、能量与水分循环研究、气候系统模式研发和数值模拟以及气候变化数值模拟和应对对策研究等工作。参加了第一、二、三次气候变化国家评估报告的编写工作。作为中国代表团成员参加了《联合国气候变化框架公约》（UNFCCC）和政府间气候变化专门委员会（IPCC）工作。主持了国家自然科学基金、科技部、中国气象局、国家发展改革委等资助项目十几项，参与编写著作十余部，发表论文 20 余篇。

庄贵阳 经济学博士，现为中国社会科学院生态文明研究所副所长，研究员，博士生导师。长期从事气候变化经济学研究，在低碳经济与气候变化政策、生态文明建设理论与实践等方面开展了大量前沿性研究工作，为国家和地方绿色低碳发展战略规划制定提供学术支撑。主持完成多项国家级和中国社会科学院重大科研项目，有专著（合著）10 部，发表重要论文 80 余篇，曾获中国社会科学院优秀科研成果奖和优秀对策信息奖。2019 年获得中国生态文明奖先进个人荣誉称号。

摘　要

2020年是不平凡的一年，新冠肺炎疫情在全球快速蔓延，根据世界卫生组织统计数据，截至北京时间2020年9月24日，全球累计确诊新冠肺炎病例超过3200万例，累计死亡病例超过97万例。疫情对全球社会、经济、环境等方方面面都带来重要影响，原定2020年底在英国格拉斯哥召开的联合国气候变化大会也被迫推迟。气候变化对人类可持续发展的威胁日益紧迫，如何在防控新冠肺炎疫情的同时提升应对全球气候变化的行动力，是国际社会面临的新挑战。

本书第一部分是总报告，重点分析全球为实现净零碳排放目标出现的一些新动向，以及中国作为全球气候治理的负责任大国的战略选择。

第二部分为定量指标分析，继续根据中国社会科学院生态文明研究所开发的城市绿色低碳发展指标体系，采用更新后的数据，对2018年176个城市进行全面评估，为城市低碳发展提供参考和建议。

第三部分聚焦国际气候变化进程，选取7篇文章，从不同侧面反映国际气候治理的形势和发展趋势以及一系列热点问题。例如，2020年因疫情推迟的联合国气候大会的主要看点，对各国提交的自主贡献更新的情况进行比较分析。当前中美关系异常严峻复杂，趋于对抗紧张，中欧气候合作重要性凸显。其中两篇文章分别深入解读欧洲绿色新政以及英国脱欧对气候变化政策的影响，对理解和把握国际气候治理形势很有帮助。此外，青年参与全球应对气候变化行动、金融行业应对气候变化，以及海洋在应对气候变化中的作用等问题也都值得关注和深入思考。

第四部分聚焦国内应对气候变化行动，选取6篇文章，从不同方面反映了我国认识和应对气候变化政策行动的新动态。例如，围绕新冠肺炎疫情，

一篇文章分析和反思疫情对全球应对气候变化的影响，指出我国疫情后实现经济复苏具有先发优势，强调我国应坚定走绿色低碳复苏之路。一篇文章定量评估疫情后我国倡导的新型基础设施建设对重点行业碳排放的影响。又如，针对城市应对气候变化，一篇文章总结地方碳排放达峰的行动与实践，另一篇文章评估国家气候适应型城市建设试点工作进展。此外，关于控制工业排放和非二氧化碳排放也有专篇论述。

第五部分研究专论选取了 7 篇与应对气候变化相关的前沿问题研究报告，涉及气候紧急状态、极地气候与环境、黄河流域应对气候变化与高质量发展、就业影响、性别问题、科技发展、气候传播策略等不同主题，选题广泛，信息丰富，有利于读者开拓视野。例如，国际上对性别与气候变化高度关注，而国内此方面的研究尚不多见。气候传播也是一个相对较新的领域，对于促进公众形成对气候变化问题的认知，进而采取气候友好行动的推动作用不可或缺，国家需要制定气候传播策略。

为控制篇幅，本书附录不再收录从权威机构网站或出版物比较容易获得的各国社会、经济、能源及碳排放数据，只保留了全球和中国气候灾害的相关统计数据，供读者参考。

关键词： 低碳发展　气候治理　可持续发展

前　言

气候变化是当前最突出的全球性环境问题之一。习近平总书记指出，气候变化关乎全人类生存和发展，是全球性挑战，任何一国都无法置身事外。全球性气候问题已经影响到了全球超过 5 亿人的生存，广大发展中国家面临的状况尤为严重，而且最新的气候监测表明，全球气候系统的变暖趋势仍在持续。2019 年，大气二氧化碳平均浓度首次突破 415ppm，比工业化前的 280ppm 高出近 50%；全球平均温度较工业化前水平高出约 1.1℃，是有现代观测记录以来第二暖年份，全球平均海平面再创历史新高，南极和北极海冰范围保持较低水平。2019 年夏季，欧洲连续遭遇两次严重的极端高温热浪事件；澳大利亚受罕见高温影响，自 2019 年 9 月起频繁发生森林大火，持续 4 个多月；2020 年 8 ~ 9 月，美国加州迎来有史以来最严重的火灾季节，并蔓延至华盛顿州和俄勒冈州。全球气候变化对自然生态系统和经济社会的影响正在加速，全球气候风险持续上升，并可能引发系统性风险，对全球自然生态系统、经济社会发展、人类健康和福利形成严重威胁。

高影响气候事件频发，使人类社会充分认识到气候变化的严峻性。英国、爱尔兰、加拿大、法国、欧盟等国家和地区，以及来自世界各地的 11000 多名科学家纷纷宣布，地球正身处 "气候紧急状态"。国际社会亟须采取及时有力的行动，避免气候变化带来的最坏和最不可逆影响。面对可能出现的危机，各国积极采取行动，例如，英国提出要在 2035 年前后禁止燃油汽车上市，德国提出要在 2038 年前逐步淘汰煤炭，部分国家和地区还提出到 2050 年甚至更早实现二氧化碳净零排放等更为雄心勃勃的目标。

2020 年新冠肺炎疫情突然暴发并在全球持续蔓延，成为 "二战" 以来最严重的全球性危机，对投资、就业、经济乃至应对气候变化行动产生了全

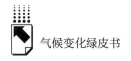

方位的影响。就应对气候变化而言，疫情在促使人们反思和探究气候变化与病毒传播关系的同时，也对全球能源、环境和碳排放以及气候治理的国际合作产生复杂影响，全球落实《巴黎协定》面临重大考验。受新冠肺炎疫情影响，原定于2020年举行的《联合国气候变化框架公约》格拉斯哥气候大会被推迟到2021年，为国际社会落实减排承诺、提升气候行动力增添了不确定性。但是，全球共同抗击新冠肺炎疫情的行动，也给国际合作应对气候变化提供了有益的启示。正如习近平总书记所深刻指出的，"只要国际社会秉持人类命运共同体理念，坚持多边主义、走团结合作之路，世界各国人民就一定能够携手应对各种全球性问题，共建美好地球家园"。

党的十八大以来，以习近平同志为核心的党中央把生态文明建设纳入中国特色社会主义"五位一体"总体布局，生态文明建设被提到新的历史高度。习近平总书记在多个国际场合提出，中国将应对气候变化作为生态文明建设的重要组成部分，并将绿色发展的理念向国际推广："将应对气候变化作为实现发展方式转变的重大机遇，积极探索符合中国国情的低碳发展道路。中国政府已经将应对气候变化全面融入国家经济社会发展的总战略。""应对气候变化《巴黎协定》代表了全球绿色低碳转型的大方向，是保护地球家园需要采取的最低限度行动，各国必须迈出决定性步伐。各国要树立创新、协调、绿色、开放、共享的新发展理念，抓住新一轮科技革命和产业变革的历史性机遇，推动疫情后世界经济'绿色复苏'。"在全球绿色低碳转型的大趋势下，坚定走绿色、低碳、循环和可持续发展的道路，是中国的战略选择。中国言必信、行必果，将把应对气候变化作为实现可持续发展的内在要求，努力承担应尽的国际责任和义务。中国通过改变能源结构、提高能源效率、大力发展可再生能源，加强农业、林业、水资源的保护和利用，改善海洋和湿地生态系统等基于自然的解决方案，加强相关领域和区域的适应气候变化工作，提前两年实现2020年应对气候变化目标，并提出了2030年前达到排放峰值，2060年前实现碳中和的新目标。未来中国还将继续践行创新、协调、绿色、开放、共享的发展理念，着力促进经济高质量发展，坚定走绿色、低碳、循环和可持续发展之路。积极加强国际合作，坚持共建绿色"一带一路",为应对气候变化国际合作汇聚更多力量,当好全球生态文明建设的重要参与者、贡献者和引领者。中国已经取得抗击新冠肺炎疫情的重大战略成果,经济发展稳定向好,生产生活秩序稳定恢复,成为疫情发生以来第一个恢复增长的主要经济体。新形势下,中国要继续坚守生态文明建设的战略定力,增强社会经济系统韧性,化"危"为"机",抓住低碳转型机遇,以新型基础设施建设引领绿色发展,为高质量发展提供新动能。

气候变化绿皮书由中国社会科学院和中国气象局牵头,联合国内一线学者共同编撰,是汇集国内外关于气候变化最新科学进展、政策、应用实践等的年度出版物,自 2009 年推出《应对气候变化报告(2009):通向哥本哈根》以来,十二年坚持不懈,在国内外产生了积极而广泛的影响。《应对气候变化报告(2020):提升气候行动力》,系统总结了国内外应对气候变化领域的新问题、新动态和新进展,希望能继续得到广大读者的关注和支持。借此机会,向为绿皮书出版做出努力的作者和出版社表示诚挚的感谢!

中国社会科学院院长　谢伏瞻
中国气象局局长　刘雅鸣
2020 年 9 月

目 录

Ⅰ 总报告

G. 1 全球净零碳排放动向与中国战略选择…………庄贵阳　窦晓铭／001

Ⅱ 特别报告

G. 2 2018年中国城市绿色低碳发展状况评估

……………………………… 中国城市绿色低碳评价研究项目组／026

Ⅲ 国际应对气候变化进程

G. 3 2020年全球气候治理形势和展望………………孙若水　高　翔／048

G. 4 国家自主贡献更新模式及中国的应对…………………樊　星／071

G. 5 欧洲绿色新政与中欧气候变化合作前景………………张　敏／086

G. 6 英国"脱欧"后的气候变化政策研究…………张海滨　胡杉宇／098

G. 7 应对气候变化行动的青年参与：历史、现状与展望

………………… 郑晓雯　付亚男　张佳萱　王彬彬／114

G. 8 绿天鹅气候事件下金融行业的低碳变革………曾文革　任婷玉／131

G.9 海洋领域应对气候变化：作用、问题及建议

………… 陈幸荣 刘 珊 王文涛 宋翔洲 宋春阳 李 凯 / 145

Ⅳ 国内应对气候变化行动

G.10 新冠肺炎疫情对全球应对气候变化的影响与启示

…………………………………………… 陈 迎 沈维萍 / 158

G.11 新型基础设施建设对重点行业碳排放的影响评估

…………………………………………… 柴麒敏 李墨宇 / 175

G.12 地方碳排放达峰的行动与实践

………………………… 曹 颖 李晓梅 闫昊本 匡舒雅 / 186

G.13 国家气候适应型城市建设试点评估

………………………… 付 琳 杨 秀 张东雨 曹 颖 / 199

G.14 我国非二氧化碳温室气体排放控制形势分析

…………………………………………… 李 湘 马翠梅 / 214

G.15 "十三五"工业应对气候变化的行动及成效

………………………… 禹 湘 刘夏青 莫君媛 / 226

Ⅴ 研究专论

G.16 气候紧急状态及其对我国气候治理的启示

……… 肖 潺 王亚伟 赵 琳 尹 红 巢清尘 何孟洁 / 241

G.17 极地气候与环境的科技、战略和治理问题研究

………………………… 刘嘉玥 陈留林 王文涛 / 253

G.18 黄河流域应对气候变化与高质量发展的挑战

………………………… 朱守先 周 兵 韩振宇 崔 童 / 264

G.19 气候变化应对措施的就业影响及治理进展 ………… 张 莹 / 282

G. 20　性别与气候变化 ………… 黄　磊　张永香　巢清尘　陈　超 / 293

G. 21　中国应对气候变化科技现状及展望 ………… 巢清尘　曲建升 / 303

G. 22　关于气候传播策略的思考 …………………………… 汪燕辉 / 322

Ⅵ　附录

G. 23　气候灾害历史统计 ………………… 翟建青　谈　科 / 335

G. 24　缩略词 ………………………… 胡国权　崔　禹 / 362

Abstract　……………………………………………………… / 368

Contents　……………………………………………………… / 371

皮书数据库阅读**使用指南**

总 报 告

General Report

G.1
全球净零碳排放动向与中国战略选择

庄贵阳　窦晓铭*

摘　要： 为保护人类生存与发展的外部环境，弥合与全球温升控制
目标相适应的排放路径之间的差距，国际减排目标逐渐提
升至净零碳排放导向。本文介绍了全球气候变化问题的最
新事实，指出全球已进入"气候紧急状态"。梳理了国家
和地区以净零碳排放为导向的长期温室气体低排放发展战
略，以及落实净零碳排放目标所面临的挑战。在从机遇及
挑战两方面分析了中国制定净零碳排放导向应对气候变化
战略的意义后，本文提出中国推进净零碳排放导向应对气
候变化战略的对策建议：一是统筹国家自主贡献目标与净
零碳排放导向目标；二是尽早调整能源结构和产业布局，

---

* 庄贵阳，中国社会科学院生态文明研究所副所长，研究员，主要研究方向为生态文明与绿色低
碳发展战略；窦晓铭，中国社会科学院大学在读博士研究生，主要研究方向为气候变化经济学。

分部门、分步骤构建零碳导向的政策体系；三是对内增强应对气候变化风险的机制效能，对外加强国际气候交流合作。

关键词： 应对气候变化　净零碳排放　长期低排放发展战略　国家自主贡献

一　引言

气候科学愈加明确，人类活动导致大气中二氧化碳浓度增加很可能是造成全球变暖的主要原因①。目前，全球变暖导致的气候变化问题正危及粮食安全，造成热浪、森林火灾、洪水和干旱等灾难性事件与政治摩擦，给国际和平与安全造成威胁。然而，目前全球温室气体排放持续增长且尚未出现达峰的迹象。2009～2018年，全球温室气体排放总量年均增长1.5%，仅在2015年因美国和中国煤炭使用量大幅减少而出现增长幅度轻微下降。与工业化前相比，全球平均气温已上升1.1℃，不同地区存在差异。为将全球温升幅度控制在1.5℃以内，2020～2030年全球每年的碳排放量需要减少7.6%，各国都必须在2020年将在《巴黎协定》中承诺的国家自主贡献目标提升至少5倍②，全球必须在2050年前实现净零碳排放③。

<hr>

① 陈其针、王文涛、卫新锋等：《IPCC 的成立、机制、影响及争议》，《中国人口·资源与环境》2020 年第 5 期，第 1～9 页。

② United Nations Environment Programme (2019), Emissions Gap Report 2019, UNEP, Nairobi.

③ IPCC, 2018：Summary for Policymakers. In：Global Warming of 1.5℃. An IPCC Special Report on the Impacts of Global Warming of 1.5℃ above Pre-industrial Levels and Related Global Greenhouse Gas Emission Pathways, in the Context of Strengthening the Global Response to the Threat of Climate Change, Sustainable Development, and Efforts to Eradicate Poverty [Masson-Delmotte, V., P. Zhai, H.-O. Pörtner, D. Roberts, J. Skea, P. R. Shukla, A. Pirani, W. Moufouma-Okia, C. Péan, R. Pidcock, S. Connors, J. B. R. Matthews, Y. Chen, X. Zhou, M. I. Gomis, E. Lonnoy, T. Maycock, M. Tignor, and T. Waterfield (eds.)]. In Press.

"净零碳排放"指在一段特定时期内，通过显著减少碳源和增加碳汇等方式平衡大气中的人为碳排放量和碳清除量，以最终达到净排放为零。[①] 在马德里气候变化会议上，有 65 个国家和次国家经济体承诺在 2050 年前实现净零碳排放目标，但仅少数向《联合国气候变化框架公约》秘书处提交长期战略规划。未来与气候有关的风险取决于全球变暖的速度、峰值和持续时间。所有国家都应遵从共同但有区别的责任原则、各自能力原则，尽早采取更为严格的减排政策以实现组合效应，并配合制定和落实相关政策与战略。中国积极推进净零碳排放导向应对气候变化战略不仅能够防治气候风险，还能调整能源结构和产业布局，促进经济社会绿色低碳化转型。这同时也是中国推进高质量增长、可持续发展，提升全球气候治理地位，做全球生态文明建设重要参与者、贡献者、引领者的必然要求。综上，认识和理解应对气候变化政策及全球气候治理进程，落实、提升国家自主贡献目标，实现净零碳排放导向的长期温室气体低排放发展显得日益重要。

二　全球气候风险与紧急状态

2019 年，大气二氧化碳平均浓度首次突破 415ppm，比工业化前的 280ppm 高出近 50%。各国政府及人类社会都已经从频发的高影响气候事件及其影响中认识到气候变化问题的严峻性。2019 年 11 月，来自世界各地的 11000 多名科学家共同宣布地球正面临"气候紧急状态"[②]。

---

① 《全球升温 1.5℃特别报告》中明确将碳中和（Carbon Neutrality）与净零碳排放（Net Zero CO_2 Emissions）等价。对于所有温室气体人为源和汇的平衡，被称为"气候中和"或"净零排放"。碳中和（净零碳排放）的概念在研究中比较清晰，但在政策实践中较为模糊。目前提出中和目标的国家有混用"碳中和"和"气候中和"概念的倾向，且无论目标为"碳中和"还是"气候中和"，目前所有明确气体范围的国家和地区，指向均为所有温室气体而非特指二氧化碳。中国"2060 碳中和"目标的减排对象也在进一步讨论、明晰中。因此，下文在总结国家和地区的政策实践时，将根据实际情况进行归纳，特此说明。

② Ripple W. J., Christopher W., Newsome T. M., et al., "World Scientists' Warning of A Climate Emergency," *BioScience*, 2019（70）：8 – 12.

（一）全球气候风险及其级联效应

全球面对气候变化问题反应迟钝，导致高影响气候事件频发，海洋生态系统遭到破坏，全球近 2200 万人将成"气候难民"。气候风险的级联效应和影响不均匀、不平衡更进一步导致全球气候状况不容乐观。

1. 全球气候状况恶化

全球高影响气候事件频发。2019 年 6 月下旬和 7 月下旬，欧洲分别发生一次强热浪。法国（46℃）、德国（42.6℃）、荷兰（40.7℃）、比利时（41.8℃）、卢森堡（40.8℃）和英国（38.7℃）分别创下国家高温纪录，赫尔辛基出现了有记录以来最高温度（33.2℃）。巴西、美国、澳大利亚、英国等连续出现的森林大火被认为与气候变化、森林砍伐等有关。澳大利亚新南威尔士州丛林大火自 2019 年 7 月 18 日起，燃烧至 2020 年 2 月 12 日，向大气中释放 4 亿吨二氧化碳，约为全球 116 个二氧化碳排放量最低的国家一年排放量的总和。2019 年 10 月，超强台风"海贝思"重创日本，对日本农林渔业造成上千亿日元的损失。2020 年 1 月，加拿大的纽芬兰和拉布拉多遭遇近半个世纪以来最大暴风雪。纽芬兰和拉布拉多省会城市圣约翰斯的降雪量达 76.2 厘米，圣约翰斯市周边一些地区更达到 93 厘米的降雪量。同期，特大暴雨袭击巴西东南部，引发大面积洪水及泥石流。

海洋生态系统遭到破坏。一方面，由于温室气体浓度增加，气候系统中积聚的多余能量中有 90% 以上进入海洋。1979 ~ 2018 年，北极海冰范围呈一致性的下降趋势。[①] 海洋变暖通过海水的热膨胀造成超过 30% 的海平面上升，通过改变洋流间接改变风暴路径并造成漂浮冰架融化。更为糟糕的是，海洋热惯性使得即使排放路径改变也无法立即逆转接下来十年里的变暖效应。另一方面，海洋吸收了二氧化碳年排放量的 23% 使得海洋酸度增加，降低部分海洋生物的钙化能力，从而影响海洋生物的生长和繁殖。海洋酸化、海水含氧量减少、海平面上升、冰川退缩，以及南北极海冰与格陵兰冰

① 中国气象局气候变化中心：《中国气候变化蓝皮书（2019）》，2019，第 2 页。

盖缩小，严重破坏了海洋和冰冻圈的生态系统。

近2200万人将成"气候难民"。2019年上半年，非洲东海岸气旋"伊代"严重威胁非洲南部的粮食安全，造成重大人员伤亡和巨额财产损失，超过18.1万人无家可归。非洲东海岸气旋"伊代"、南亚气旋"法尼"和加勒比飓风"多里安"，以及发生在伊朗、菲律宾和埃塞俄比亚的洪水使670多万人因灾流离失所，预计全年的"气候难民"总人数接近2200万。

2. 气候风险级联效应

气候变化带来的自然风险客观存在并逐渐增大，呈现出增长性、空间分异性、非定常性、非线性、系统性、递减性以及准备不足的特点。[①] 15个已知的全球气候临界点，已有9个被激活，包括亚马逊热带雨林经常性干旱，北极海冰面积减少，大西洋环流自1950年以来放缓，北美的北方森林火灾和虫害，全球珊瑚礁大规模死亡，永久冻土层解冻，格陵兰冰盖加速消融、失冰，南极西部冰盖加速消融、失冰，南极洲东部加速消融。[②] 上述临界点之间存在关联，它们被激活将导致气候效应的正反馈机制发生作用，使快速减少现有大气中的碳变得困难。冰面融化会降低地球的反射率进而导致地表温度上升、海平面上升、海洋生物死亡、海洋和大气循环模式遭到破坏，而这些模式决定了全球的温度和降雨量。森林因此死亡并释放大量温室气体，地球上多个系统将由碳汇变成碳源。临界点被突破后将触发级联效应，进一步加剧气候变化，推动更多系统越过临界点，加大对人类生存与文明的威胁。

3. 气候变化影响不均匀

尽管所有国家都将受到气候变化问题的影响，但人均国内生产总值较低的国家一般将面临更多的威胁。它们通常有着更接近危险物理阈值的气候条件，居民生活消费也更多地依赖户外工作和自然资本。极端炎热和潮湿造成贫困国家和地区宜居性和宜业性下降，但因缺乏快速适应的财政手段，贫困国家在面临气候变化问题时会显得更为脆弱。据估计，人均国内生产总值排

① 麦肯锡全球研究院：《气候风险及应对：自然灾害和社会经济影响》，2020。
② Timothy M. L., Johan R., Owen G., et al., "Climate Tipping Points—Too Risky to Bet Against," *Nature*, 2019 (575): 592–595.

名前 1/4 的国家到 2050 年面临的风险平均增加 1%～1.3%，而最后 1/4 的国家面临的风险平均增加 5%～10%。①

（二）部分国家和地区进入"气候紧急状态"

面对上述情况，多个国家和地区陆续宣布进入"气候紧急状态"，这反映出公众面对气候变化问题所产生的紧迫感与危机感。2019 年 4 月，英国苏格兰政府宣布进入气候紧急状态。法国、葡萄牙、加拿大、西班牙、阿根廷、孟加拉国等国家的政府均采取了类似行动。2019 年 9 月在第 74 届联合国大会上，联合国秘书长古特雷斯宣布进入气候紧急状态。2019 年 11 月，欧洲议会通过议案宣布欧盟进入气候紧急状态，成为第一个发表这一声明的大洲。在日本长崎县壹岐市 9 月宣布进入气候紧急状态后，12 月长野县白马村及长野县也宣布进入该状态。但也有国家和地区对"气候紧急状态"持保守态度，如澳大利亚工党和联盟党主流政治观点便不赞成类似行动。

"气候紧急状态"援引自"紧急状态"这一特殊的国家行为类别。紧急状态，即针对已发生或者即将发生的自然灾害、公共卫生事件、事故灾难、社会公共安全事件等特别重大的突发事件，政府有权采取特别措施限制社会成员行动，甚至可以强制公民有偿提供劳务或者财物，社会成员也有义务配合政府在该状态下采取的措施，以控制、消除重大突发事件的社会危害和威胁。② 国际气候治理涉及自然灾害、公共卫生以及社会公共安全等，其遵循预防性原则与代际公平、地缘政治公平原则，促使气候紧急状态的宣布具有法律意义。

在气候变化问题严重危及人类生存与文明，各国纷纷发出进入气候紧急状态的政治行动呼吁时，加快产业、经济社会绿色低碳化转型，控制温室气体排放成为抑制全球变暖的必然选择。这要求各国积极推进国际气候交流合作，加快规划、制定、落实净零碳排放导向的应对气候变化战略。

---

① 麦肯锡全球研究院：《气候风险及应对：自然灾害和社会经济影响》，2020。
② 王郅强、王志成：《风险、危机、应急：整合风险治理话语分析》，《长白学刊》2013 年第 6 期，第 57～63 页。

三 各国和地区中长期温室气体低排放发展战略

对气候变化问题的政治反应是 21 世纪的决定性问题，但几十年的行动不足使得减排差距越来越大，这对未来减排目标和行动提出更高、更迫切的要求。目前，国际减排目标逐渐过渡至净零碳排放导向。在 2019 年 9 月的联合国气候行动峰会上，共 66 个国家和 100 余个地方政府宣布到 2050 年实现净零碳排放的目标。中国主席习近平在第七十五届联合国大会一般性辩论上的讲话中提出中国努力争取 2060 年前实现碳中和。截至 2020 年 6 月，共 17 个国家和地区按照《巴黎协定》第四条第十九款规定的要求向《联合国气候变化框架公约》秘书处通报其面向 21 世纪中叶的长期温室气体低排放发展战略（下文中简称为"长期低排放发展战略"）。其中，有 6 个国家和地区将"2050 年实现净零碳排放"作为长期低排放发展战略目标。欧盟是首个承诺到 2050 年实现净零碳排放这一政治意愿并以法律形式确定下来的地区。

（一）部分国家和地区长期低排放发展战略

长期低排放发展战略面向 21 世纪中叶，指导国家、行业发展政策及行动措施；同时将各国行动目标与全球减排、可持续发展目标有效连接，弥合与全球温升控制目标相适应的排放路径之间的差距。截至 2020 年 6 月，仅德国、美国、墨西哥、加拿大、贝宁、法国、捷克、英国、乌克兰、马绍尔群岛、斐济、日本、葡萄牙、哥斯达黎加、欧盟、斯洛伐克、新加坡 17 个国家和地区依次提交并公布了长期低排放发展战略（见表 1）。意大利等 G7 国家和印度、俄罗斯等在不同场合表达了在 2020 年前提交长期低排放发展战略的积极意愿。部分国家暂时未提交长期低排放发展战略，但以书面形式确认了"到 2050 年实现净零碳排放"的目标。挪威计划在 2030 年前实现净零碳排放，并将此写入议会协议；瑞典、丹麦也均将净零碳排放目标写入立法，并分别计划于 2045 年、2050 年实现净零碳排放。

表1　部分国家和地区长期低排放发展战略

国家/地区	目标年份（年）	长期低排放发展战略目标	覆盖温室气体种类	目标是否分解至行业
德　　国	2050	温室气体较1990年水平减排80%～95%	不包含LULUCF排放	是
美　　国	2050	温室气体较2005年水平减排50%	全部温室气体	否
墨西哥	2050	温室气体较2000年水平减排50%	全部温室气体	否
加拿大	2050	温室气体排放量较2005年水平降低80%	全部温室气体	否
贝　　宁	2030	减排量不少于国家自主贡献承诺，或2030年前温室气体至少下降1200万吨和封存1630万吨	全部温室气体	否
法　　国	2050	温室气体较1990年水平减排75%	未明确是否包含LULUCF排放	是
捷　　克	2050	温室气体排放量降至3900万吨	未明确是否包含LULUCF排放	否
英　　国	2050	温室气体排放量较1990年水平降至80%	全部温室气体	否
乌克兰	2050	温室气体较1990年水平减排31%～34%	能源和工业过程温室气体	否
马绍尔群岛	2050	净零碳排放	全部温室气体	否
斐　　济	2050	净零碳排放	全部温室气体	是
日　　本	2050	温室气体排放量较2013年水平下降80%	全部温室气体	否
葡萄牙	2050	净零碳排放	全部温室气体	是
哥斯达黎加	2050	净零碳排放	全部温室气体	是
欧　　盟	2050	欧洲理事会同意在2050年前实现净零碳排放，波兰未承诺实施该目标	全部温室气体	否
斯洛伐克	2050	净零碳排放	全部温室气体	是
新加坡	2050	温室气体排放量降至33万吨二氧化碳当量，尽快在21世纪下半叶实现净零碳排放	未明确是否包含LULUCF排放	是

　　注：①LULUCF排放指土地利用、土地利用变化及林业排放。②捷克2050年长期低排放发展战略目标是相当于较1990年温室气体排放水平减排80%。
　　资料来源：根据《联合国气候变化框架公约》秘书处已公开的长期低排放发展战略整理。

　　提交长期低排放发展战略的国家和地区虽然均明确了未来长期低排放发展战略目标，但目标力度偏弱。长期低排放发展战略大多依托于国内既定国家自主贡献目标、法律或行动规划，依赖于各国的自身情况及自主意愿。马绍尔群岛、斐济、葡萄牙、哥斯达黎加、斯洛伐克承诺在2050年实现净零碳排放。欧洲理事会同意在 2050 年前实现净零碳排放，但波兰尚未承诺实施这一目标，欧洲理事会将在 2020 年 6 月重新讨论该问题。[①] 欧盟成员国中，除斯洛伐克承诺在 2050 年实现净零碳排放、德国提出 2050 年大范围温室气体排放中性的原则性目标之外，英国、法国、捷克等国的长期减排目标仅保持甚至低于欧盟于 2011 年提出的 2050 年减排 80% ~ 95% 的低限值。德国、法国、捷克、哥斯达黎加、斯洛伐克和新加坡均提出分阶段目标。德国提出 2030 年分行业目标；法国要求 2030 年温室气体排放量较 1990 年水平减少 40%；捷克要求 2040 年温室气体排放量降至 7000 万吨；哥斯达黎加划分 2018 ~ 2022 年、2023 ~ 2030 年、2031 ~ 2050 年三个阶段制定分行业目标；斯洛伐克提出 2030 年温室气体排放量较 1990 年水平下降 41% 或 47%，较 2005 年水平 ETS 部门减排二氧化碳 38.4% 或 53.5%，非 ETS 部门减排二氧化碳 10% 或 19.42%；新加坡将在 2030 年左右实现碳达峰，排放量不超过 6500 万吨二氧化碳当量。墨西哥、美国、加拿大、日本、马绍尔群岛没有以 1990 年作为减排目标的基年，实质上弱化了减排强度，也降低了国家长期低排放发展战略目标间的可比性。

各国长期低排放发展战略存在共同之处。首先，在分行业长期减排目标设定方面，各国承认分行业目标分解是落实长期低排放发展战略的关键。德国、法国、斐济、葡萄牙、哥斯达黎加、斯洛伐克、新加坡将目标分解至行业，明确了重点领域及量化目标。但上述国家在将目标向分行业和分气体目标分解落实的层面仍较为初级，有待进一步深化。[②] 其次，由于全球气候治理、产业经济社会绿色低碳化转型需要大量公共和私人投资，各国格外关注气候投融资渠道问题。欧洲理事会欢迎并支持欧洲投资银行宣布计划在 2021 年至 2030 年间为气候行动和环境可持续发展提供 1 万亿欧元的投资。

---

① 根据欧盟在 2020 年 3 月 6 日向 UNFCCC 提交的长期温室气体低排放发展战略，欧洲理事会计划在 2020 年 6 月重新讨论尚有一个成员国未承诺实施该目标的问题。截至本文发布之时，欧洲理事会暂未更新对该问题的讨论结果。
② 陈怡、刘强、田川等：《部分国家长期温室气体低排放发展战略比较分析》，《气候变化研究进展》2019 年第 6 期，第 633 ~ 640 页。

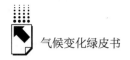
新加坡为保护国家避免遭受海平面上升的负面影响建立基金，初步注入 50亿新元，并预计在未来 100 年将花费 1000 亿新元。再次，经济社会发展与温室气体减排的协同关系受到重点关注。英国视绿色增长为降低能源价格、提高就业、增加国民收入的机遇。葡萄牙认为长期低排放发展战略需要协同循环经济战略。日本提出要实现环境与经济增长之间的良性循环。美国、加拿大将"创新"这一主题贯穿长期低排放发展战略的始终。加拿大、葡萄牙、新加坡希望在达到长期低排放目标的过程中，实现产业、经济、社会转型。

各国利益诉求和战略重点也表现出差异。各国长期低排放发展战略重点领域包括能源清洁低碳化转型，产业经济社会低碳化转型，碳捕集、利用和封存以及低碳燃料等技术创新，气候投融资，国内部门间及国际气候合作，控制能源消费总量和强度，工业、农业、交通运输等重要部门降碳、脱碳以及发展可持续。美国、加拿大、日本等发达国家高度关注长期减排对国家竞争力的影响。欧盟重视温室气体净零碳排放目标的技术可行性。墨西哥、贝宁、马绍尔群岛、斐济、斯洛伐克、新加坡等受气候变化负面影响大的国家和地区，强调适应气候变化并关注全球气候治理的资金和技术需求。哥斯达黎加特别强调防止技术"锁定"，避免在能源、运输等部门引入可以减少排放但无法实现零排放的技术路径。

秉持共同但有区别的责任原则、各自能力原则，欧盟提出尊重各国减排起点差异，新加坡也指出对自然地理条件不同的国家来说，没有放之四海而皆准的减缓与适应方法。考虑到制定和实施长期低排放发展战略几乎完全依赖于各国的自主意愿，各个国家和地区普遍以稳定经济增长为减排基础，加之减排成本效益和经济、技术可行性尚不明确等因素，全球长期温升控制目标的实现仍面临挑战。

（二）部分国家和地区国家自主贡献目标更新情况

2020 年是更新国家自主贡献目标的关键一年。截至 2020 年 8 月，11 个国家已提交更新的国家自主贡献目标，105 个国家和地区计划更新增强的气候目标，33 个国家和地区承诺将在 2020 年内更新国家自主贡献目标，部分缔约国对更新国家自主贡献目标态度和行动比较消极。

已更新国家自主贡献目标的 11 个国家的碳排放总量约占全球总量的
2.95%，已更新的国家自主贡献目标情况如表 2 所示。上述国家均以 2030
年为目标完成的时间节点。日本、新加坡分别以 2013 年、2005 年为减排目
标的基年，减排强度相对以 1990 年为目标基年较弱。苏里南共和国态度积
极但新国家自主贡献目标模糊。遵从各自能力原则，摩尔多瓦、卢旺达、牙
买加等发展中国家应对气候变化需要国际社会额外的资金和技术援助，以在
无条件目标的基础上进一步提升减排目标。

表 2　已更新的国家自主贡献目标情况

国家	温室气体排放全球占比(%)	提交时间	国家自主贡献目标
马绍尔群岛	0.00	2018 年 11 月 22 日	2030 年在 1990 年的基础上至少减排 45%
苏里南共和国	0.01	2019 年 12 月 9 日	承诺采取更有利的适应行动
挪　威	0.05	2020 年 2 月 7 日	2030 年在 1990 年的基础上至少减排 50%,努力减排 55%
日　本	2.56	2020 年 3 月	2030 年气候目标保持不变,即在 2013 年基础上减排 26%;在 2050 年左右实现"去碳化"
摩尔多瓦	0.02	2020 年 3 月 4 日	2030 年在 1990 年的基础上减排 70%(无条件目标);在外部资金和技术支持下,减排 88%(有条件目标)
新加坡	0.13	2020 年 3 月 31 日	在 2030 年达到碳排放峰值,峰值在 6500 万吨二氧化碳当量左右,相当于较 2005 年减排 36%
智　利	0.01	2020 年 4 月 9 日	在 2025 年达到碳排放峰值;并在 2030 年前将年碳排放量降至 95 万吨二氧化碳当量以内
新 西 兰	0.13	2020 年 4 月	2030 年气候目标保持不变,新增生物甲烷减排 10% 的目标
安 道 尔	0.00	2020 年 5 月 20 日	2030 年气候目标保持不变,并承诺 2050 年实现净零碳排放
卢 旺 达	0.02	2020 年 5 月 20 日	2030 年较基准情景减排 15%(无条件目标);在外部资金及技术支持下,减排 38%(有条件目标)
牙 买 加	0.02	2020 年 7 月 1 日	2030 年较基准情景减排 25.4%(无条件目标);在外部资金及技术支持下,减排 28.5%(有条件目标)

资料来源:《第 280 期 | 疫情之下,各国更新 NDCs 和提交 2050 LTS 进展一览》,创绿研究院,
http://www.ghub.org/climate-wire-280/,2020 年 8 月 6 日。

计划更新增强气候目标的 105 个国家和地区主要为气候脆弱性高、易受气候变化影响的小岛屿发展中国家、非洲和拉美国家。碳排放量约占全球总排放量的 15%。小岛屿国家联盟表示将在 2020 年内更新其国家自主贡献目标，通过扩展与国际可再生能源机构达成的"灯塔协议"等方式逐步提高清洁能源的比例，利用财政工具和创新融资方式，全方位增强气候韧性和可持续发展能力。

欧盟、韩国、古巴、阿尔及利亚和肯尼亚等碳排放量约占全球总排放量 12.1% 的国家和地区表态将在 2020 年内提交更新的国家自主贡献目标。欧盟委员会表示将于 2020 年更新国家自主贡献目标，并提升清晰度和透明度。在欧洲大陆宣布进入气候紧急状态后，欧盟提交了长期低排放发展战略，同意在 2050 年前实现净零碳排放。这一新的气候目标大幅提升了欧盟 2014 年制定的"到 2030 年把温室气体排放量减少至少 40%"的国家自主贡献目标。2019 年 12 月，欧盟委员会发布《欧洲绿色协议》和初步路线图，将 2030 年减排目标从 40% 提升到 50%~55%，其核心目标是到 2050 年欧盟达到净零碳排放并且实现经济增长与资源消耗脱钩。

在暂未提交更新国家自主贡献目标的国家和地区中，中国持续积极主动应对气候变化、落实国家承诺，并承诺提高国家自主贡献力度[1]。美国宣布退出《巴黎协定》，澳大利亚明确表示不会在 2025 年前提升原国家自主贡献目标。[2]

四 落实净零碳排放战略目标的前景

"根据本国经济社会发展情况和减排意愿提出贡献目标，再依照全球盘

---

[1] 《习近平在第七十五届联合国大会一般性辩论上发表重要讲话》，新华网，http://www.xinhuanet.com//mrdx/2020-09/23/c_139389875.htm，2020 年 9 月 23 日。
[2] 《第 280 期 | 疫情之下，各国更新 NDCs 和提交 2050 LTS 进展一览》，创绿研究院，http://www.ghub.org/climate-wire-280/，2020 年 8 月 6 日。

点结果自愿调整贡献力度"的合作模式是各国和地区 2020 年后应对气候变化的履约范式，也是各国和地区实现净零碳排放承诺的基础框架。由于全球利益博弈激烈复杂、国际社会对"共同但有区别的责任"原则及气候治理资金落实不足等原因，全球气候治理和二氧化碳减排前景不明朗，同时新冠肺炎疫情的冲击进一步增加了落实净零碳排放目标的不确定性。

（一）应对气候变化国际合作面临的挑战

2020 年后应对气候变化履约范式由《巴黎协定》确立，经联合国卡托维兹气候变化大会进一步将相关原则与理念转化为具有可操作性的具体行动机制。然而，实施与执行阶段是全球气候治理最终利益分配和权利划分的关键环节，落实应对气候变化的国际合作面临以下挑战。

1. 减排承诺缺少实施细则

各缔约方的减排承诺和减排目标处于框架性安排和中长期目标中，缺少执行的具体细节。贡献了全球 78% 碳排放量的 G20 国家均提交了国家自主贡献目标，并承诺通过国家自主贡献伙伴计划等形式协助其他非 G20 国家更好地应对气候变化。但仅有法国、德国、墨西哥、加拿大、美国、日本、英国和欧盟 8 个国家和地区出台了实现净零碳排放目标的时间表，其中只有德国、法国将减排目标分解到了行业。此外，各国国家自主贡献目标均设定了完成日期，这在一定程度上可能导致公众更关注最终成果而非具体减排轨迹。

2. 市场机制问题悬而未决

《巴黎协定》第六条市场机制实施细则的谈判事关多边主义、各国自主贡献和全球碳减排的有效性。目前发达国家和发展中国家的分歧主要集中在第六条的第二、第四和第八款上。第六条第二款允许国家和地区将碳排放权交易的规模计入国家自主贡献目标成果。第六条第四款要求国家间以项目为单位交易减排量，允许一个国家将减排成果计算在其他国家的目标成果中，该条款可以看作是清洁发展机制和联合履约机制的延续。第六条第八款规定了针对非市场方法的工作计划，例如征收税款以减少排放。各缔约方在涉及重复计算、额外性等问题上存在分歧。全球市场机制的建立需要考虑环境效

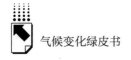

益，否则只是纸面上的数学游戏。与微观经济主体联系最为密切的第六条迟迟无法达成共识，延迟、削弱了各国自主贡献目标的落实和全球碳减排效果。

3. 长期气候资金来源及稳定性无保障

发达国家对发展中国家支持不足的问题日益突出。德班气候会议通过决议建立绿色气候基金。根据《哥本哈根协议》，发达国家承诺2013~2020年每年筹集1000亿美元支持发展中国家应对气候变化。巴黎气候会议决定在2020年以后保持发达国家对发展中国家的资助额度，并计划在2025年前确定新的数额并持续增加。然而，根据《联合国气候变化框架公约》秘书处统计，截止到2017年6月底，绿色气候基金仅从43个国家获得103亿美元的资金，与原定目标相去甚远。启动资金的主要资助方法国注资3.3亿美元，不足原承诺额度的1/3；美国注资10亿美元，仅占原承诺额度的1/3；日本注资7.5亿美元，德国注资5亿美元，均占原承诺额度的1/2；英国承诺注资12亿美元，实际支付6.8亿美元。在注资不足的情况下，部分发达国家存在对融资"贴标签"、强调以公共资金来撬动市场融资的情况，长期资金支持的稳定性难有保障。也有部分发达国家要求有能力的发展中国家在资金方面承担更多的责任。

4. 全球气候治理领导力不足

自2019年美国政府正式通知联合国，要求退出《巴黎协定》起，世界气候治理格局由三足鼎立逐渐演变为由中国和欧盟推动。然而，欧盟在气候治理中的领导地位在哥本哈根气候会议后一度遭受质疑，而中国作为人口众多、资源分布不平衡的发展中国家，还需兼顾发展，因此全球气候治理领导局面未定。

欧盟希望重拾全球气候治理领导地位，但其内部存在不同声音，也面临着绿色转型资金不足和《欧洲气候法》草案约束力存疑的尴尬境地。首先，欧盟成员国的利益诉求因经济发展水平、能源结构不同而存在差异，欧盟出台《欧洲绿色协议》剑指净零碳排放目标，给依赖传统能源的东欧国家带来挑战[①]。

---

① 张敏：《欧洲绿色新政推动欧盟政策创新和发展》，《中国社会科学报》2020年5月25日第7版。

随着煤炭价值链的延伸，波兰、德国、捷克、罗马尼亚、保加利亚等国家和地区与煤炭直接相关和非直接相关的工作岗位多达41.5万个。[①] 欧洲绿色转型的重要举措是发展可再生能源、清洁能源技术，从煤电向其他低碳和清洁能源转型。这意味着1100万采掘业、能源密集型产业和汽车产业的就业岗位将面临威胁，高度依赖煤炭的国家和地区首当其冲会面临减排压力。[②] 其次，以德国、荷兰为代表的欧盟北部国家对财政预算内支持绿色转型持保守态度，奥地利明确反对在应对气候变化问题上增加支出。[③] 英国"脱欧"使欧盟预算留下每年60亿~75亿欧元的资金缺口，这意味着其他成员国的出资需要进一步增加。[④] 再次，欧洲计划出台的《欧洲气候法》草案与国家一级的大多数同等法律相比实质内容略显单薄。新的气候法草案无法解决化石燃料行业的政治影响和环保问题，忽略了畜牧业对欧盟温室气体的重要影响，也缺少对交通脱碳的关注。

（二）新冠肺炎疫情背景下冲击与机遇并存

新冠肺炎疫情对全球带来了自20世纪30年代以来和平时期最严重的经济冲击，正在对投资、就业、经济乃至应对气候变化行动产生全方位的严重影响。各国经济因疫情原因停滞，碳排放量下降。印度自2020年3月25日起开始要求公众除了基本需求和工作以外均在家中自行隔离。班加罗尔在隔离期间各部门贡献的污染物排放量均有所减少，其中，交通部门、工业和建筑部门排放下降是使得班加罗尔污染物排放量减少的

---

① Alves Dias, P. et al. , "EU Coal Regions: Opportunities and Challenges Ahead," EUR 29292 EN, Publications Office of the European Union, Luxembourg, 2018.

② Eurostat, "Shedding Light on Energy in the EU – A Guided Tour of Energy Statistics," https://ec. europa. eu/eurostat/cache/digpub/energy/2019/.

③ 雷曜、张薇薇：《欧盟绿色新政与中欧绿色金融合作》，《中国金融》2020年第14期，第39~41页。

④ Deutsche Bank Research, "EU Budget 2021 – 2027: Europe's Future Sacrificed to the Status Quo?", https://www. dbresearch. com/servlet/reweb2. ReWEB? rwnode = RPS_ EN – PROD $ HIDDEN_ GLOBAL_ SEARCH&rwsite = RPS _ EN – PROD&rwobj = ReDisplay. Start. class&document = PROD0000000000505255.

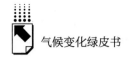

重要原因。[1]

新冠肺炎疫情影响能源需求导致温室气体排放量下降。国际能源署预计 2020 年全球一次能源需求将比 2019 年下降约 6%。由于交通需求下降明显，预计 2020 年石油需求将平均下降 8% 左右。天然气需求预计将下降 4% 左右，是天然气成为主要产业以来遭遇的最大降幅之一。由于印度等主要煤炭消费国的需求减少，预计 2020 年全球煤炭需求将下降 8%，电力需求的下降是煤炭使用量减少的主要原因。同时，由于可再生能源运营成本较低，且购电价格迅速下降，2020 年可再生能源的需求将有所增加。可再生能源发电量预计增长近 5%，这也将促使煤炭使用量进一步下降。预计 2020 年全球二氧化碳排放量将减少 25 亿～31 亿吨，相比2019 年下降 8% 左右。

但也要注意到，能源投资将下降，预计 2020 年能源领域的资本支出将比 2019 年减少近 4000 亿美元，这可能影响清洁能源技术创新。且上述能源需求下降均由于经济活动减少，而不是由于生产和消费能源方式的结构变化。除非立即采取行动实现这种结构上的改变，否则随着经济复苏，碳排放很可能会反弹。[2] 同时，新冠肺炎疫情导致的经济下滑促使国家和地区在经济复苏期间放松环境规制，以刺激经济优先。过往的全球经济危机复苏过程便通常伴随着碳排放水平的大幅跃升。疫情很可能使欧盟放宽汽车产业的二氧化碳减排计划。在全球可能与疫情长期共处的背景下，经济复苏和温室气体减排目标与执行对落实净零碳排放目标的影响如何尚不能完全确定。

五 中国制定"净零"导向气候变化战略的意义

中国作为温室气体排放总量最多的国家之一，2018 年二氧化碳排放总

---

① Centre for Research on Energy and Clean Air (2020), Impact of COVID – 19 led lockdown on Air Pollution Levels in Bengalure, CREA, Helsinki. .

② International Energy Agency (2020), Sustainable Recovery, IEA, Paris.

量达 92 亿吨，约占全球排放总量的 28%。[1] 近年来，中国积极应对气候变化，减少温室气体排放，不仅超额完成"十三五"规划目标，还有望在下一个五年内提前实现"碳达峰"。尽管未来仍有一些需要克服的困难，但中国于 2060 年前实现碳中和在技术和经济上仍具有可行性。

（一）重要性及面临的机遇

1. 防治气候风险及降低损失

20 世纪中叶以来，中国年平均气温每 10 年升高 0.24℃，升温率明显高于同期全球平均水平。[2] 气候变化正在对中国粮食安全、水资源、生态、能源、经济发展等带来严峻挑战。[3] 现阶段，全球气温上升的影响在中国已有所体现，包括雾霾天气、极端气候现象增多，水旱灾难频发、加剧等。推进净零碳排放导向应对气候变化战略将减少二氧化碳等温室气体排放，有利于长期防治极端气候事件。

中国是全球气候变化敏感区之一，也是受气候变化负面影响最严重的地区之一。中国人均可耕地、水资源、森林面积等满足基本生活的基础资源条件相对紧张，且有数以千万计的人口居住在高海拔或水资源十分短缺的地区。生态脆弱地区环境容量有限，基础设施落后，极易受气候变化问题影响。生态致贫、返贫是当地人民长期无法摆脱贫困的重要原因。中国推进净零碳排放导向应对气候变化战略将有助于防范灾变性气候"黑天鹅"风险、化解气候变化"灰犀牛"风险[4]，能够在一定程度上降低气候风险期望损失。

① 能源转型委员会、落基山研究所：《中国 2050：一个全面实现现代化国家的零碳图景》，2019。
② 中国气象局气候变化中心：《中国气候变化蓝皮书（2019）》，2019，第 1~4 页。
③ 中国国家气候变化专家委员会、英国气候变化委员会：《中－英合作气候变化风险评估》，中国环境出版集团，2019，第 85 页。
④ 潘家华、张莹：《中国应对气候变化的战略进程与角色转型：从防范"黑天鹅"灾害到迎战"灰犀牛"风险》，《中国人口·资源与环境》2018 年第 10 期，第 1~8 页。

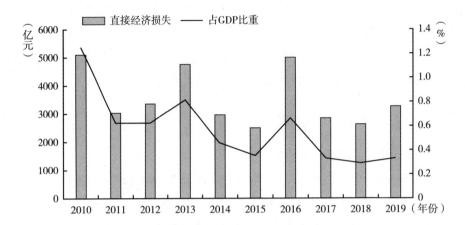

图 1 2010~2019 年中国气象灾害导致的直接经济损失及其占 GDP 比重

资料来源：各年《中国气象灾害年鉴》和《中国气候公报》。

2. 促进能源、产业、社会绿色低碳化转型

1978~2018 年，中国能源活动碳排放量增长 82.75 亿吨。[①] 能源消费总
量大、能源结构中煤炭占比高是中国碳排放量居高不下的原因之一。推进净
零碳排放导向应对气候变化战略必然要求调整能源需求和能源结构，长期抑
制煤炭消费总量，提高非化石能源在一次能源中的占比，引导能源结构向绿
色低碳转型。同时加大对可再生能源支持力度，使电力系统到 2050 年实现
零排放或负排放，在终端使用上全面实现电力化覆盖。

不同的产业结构具有不同的能源需求特征，产业结构是影响能源消费增
长的重要因素。净零碳排放目标将促进第一、第二、第三产业之间的结构优
化，提高高端制造业、高新技术产业、战略性新兴产业等高附加值工业比
重，扭转强排放行业的排放惯性和轨迹。

这一过程也将带动碳捕集、利用和封存以及低碳燃料等技术创新，气候
投融资，以及工业、农业、交通运输等部门降碳、脱碳；还将促使新基建、

---

① Xiaoqi Z., Yonglong L., Jingjing Y., et al., "Drivers of Change in China's Energy-related CO$_2$ Emissions," *Proceedings of the National Academy of Sciences*, 2020 (117): 29 – 36.

新型城镇化和重大工程建设有意识地强化绿色低碳化转型。综上，净零碳排放导向的长期低排放发展战略将气候变化纳入发展和经济规划的各个方面，有助于能源、产业、社会的绿色低碳化转型。

3. 推进高质量发展和生态文明建设

对中国国内而言，落实净零碳排放导向应对气候变化战略意味着在清晰的目标和有力的公共政策的支持下向更高水平的循环经济转型，提高人均国内生产总值和人民生活质量。净零碳排放导向的战略将打破主要依靠实物资本拉动增长的工业文明发展范式，注重高生产率和高资源效率，促进强劲的、可持续的、包容性的增长。这符合注重环境效益和高质量增长的内在要求，将推动中国实现高质量发展，落实联合国《2030 年可持续发展议程》。

在国际范围内，中国实现净零碳排放的可行性和路径不仅对其他发展中国家具有标杆作用和参考价值，也决定着到 21 世纪末全球净零碳排放目标的实现。随着欧盟身份从应对气候变化领导者向国际事务调节者转换，其对国际应对气候变化的领导力变得不似从前；美国宣布退出《巴黎协定》、气候政策连续性不足，已基本放弃引领应对气候变化的国际责任与地位。积极参与全球气候治理可以提升外交优势，化解地缘政治经济等其他方面的压力。中国政府已将引领气候治理和全球生态文明建设写进党的十九大报告，将推进净零碳排放目标，对内开展自主节能减排，对外坚持多边主义，做全球生态文明建设的重要参与者、贡献者、引领者。[①]

（二）面临的挑战

1. 能源消费、能源结构亟须调整

为实现净零碳排放目标，中国一次能源需求总量需要从目前的 45 亿吨标煤下降到 2050 年的 25 亿吨标煤。在新冠肺炎疫情后的经济复苏阶段，制造业、基础设施建设等产业将先于旅游、娱乐、餐饮等服务行业恢复到正常

---

① 庄贵阳、薄凡、张靖：《中国在全球气候治理中的角色定位与战略选择》，《世界经济与政治》第 2018 年第 4 期，第 4～27 页。

的投资和生产水平。同时，新冠肺炎疫情也会使得家庭能源消费水平上升。这对严格防范能源消费反弹提出要求，防止延迟净零碳排放目标实现。

以零碳方式满足能源需求还意味着中国要实现能源结构、能源供给组合的重大转变。不仅要使得化石燃料需求下降90%以上，非化石能源需求增加3.4倍，还要使得电力部门完全脱碳，发电结构调整为由风能和光伏发电提供电力系统中75%以上的电力，煤电基本退出。除此之外，还需要将氢能生产和消费水平提升2倍以上，从当前的2500万吨增长到8000万吨以上；并大幅扩大电力、生物质能源利用范围和规模，有针对性地部署零碳、负碳技术。[①] 同时，对支持增加零碳电力系统投资、稳定全国碳价的清晰目标和公共政策也提出要求。

2. 清洁能源技术创新研发不足

在世界范围内，净零碳排放目标与清洁能源技术水平有所脱节。尽管创新四种关键技术，即供热和运输等终端用途部门的电气化，碳捕集、利用和封存，低碳氢和氢衍生燃料，以及生物质能技术[②]，能够将国家所需累计减排量降至一半的利好消息已经广为人知，但相关政策规划和资金支持等并未准备就绪。在推动清洁能源技术创新方面，政府在确定国家总体目标和优先事项、确定市场预期、确保知识流动、投资技术设施、推进重大示范项目，并避免技术锁定方面发挥着不可或缺的作用，可以防止国家偏离净零碳排放目标。

然而，清洁能源技术的发展也意味着以煤炭为主的传统能源行业将受到冲击。在能源结构、产业结构调整的同时，如何使去煤炭产业增加就业机会，如何在产业、社会向绿色低碳循环发展转型的过程中确保公平、公正，并保障弱势群体的合法权益将成为新的课题。[③]

---

① 能源转型委员会、落基山研究所：《中国2050：一个全面实现现代化国家的零碳图景》，2019。

② International Energy Agency (2020), Clean Energy Innovation, IEA, Paris.

③ 卡梅伦·赫伯恩、尼古拉斯·斯特恩、谢春萍、迪米特里·森格利斯：《在新时代背景下推动中国实现强劲的、可持续的包容性增长系列报告》，https://www.efchina.org/Reports-zh/report-20200602-zh。

3. 消费模式影响家庭生活碳排放水平

居民家庭生活消费带来的温室气体排放是全球碳排放的重要组成部分，并已成为新的增长点。中国家庭生活消费所引发的二氧化碳等温室气体排放已占到中国温室气体排放总量的52%。中国家庭生活消费引发的碳排放量随着生活水平的不断提高仍保持着上升趋势。家庭生活消费碳排放主要来自生活用能直接碳排放与消费品在其生产、运输、销售过程中的间接嵌入式碳排放。中国家庭直接和间接的能源消耗及碳排放量占有率逐渐扩大的趋势明显，为国家实现减排目标带来困难。[①] 为落实零碳目标，应对加快推动消费模式向绿色转型提出要求，以实现消费品生产、流通、消费以及包装物回收利用全生命周期的环境影响最小化。

4. 新冠肺炎疫情增加不确定性

高传染性的新冠肺炎蔓延导致中国2020年第一季度大量经济活动放缓甚至停摆，碳排放总量随之降低。相比2019年，2020年第一季度全国碳排放总量降低9.8%。[②] 上述降幅主要是由严格的管控措施对交通部门的碳排放有较大抑制作用；春节假期各行业延期复工，对电力需求减弱，发电企业耗煤量下降；以及钢铁企业生产放缓，焦化企业整体开工率下降，煤炭和石油需求同比降幅较大所致。[③]

但我们不能对新冠肺炎疫情所产生的减排作用过分乐观。第一，新冠肺炎疫情导致全国在短期内处于被动的低碳生活模式，并非常态。若不能继续改善能源结构、产业结构、消费方式等，能源消费量和温室气体排放量将随中国经济复苏而反弹，甚至可能会超过事前的水平。[④] 第二，新冠肺炎疫情

---

① 王悦、李锋、孙晓：《城市家庭消费碳排放研究进展》，《资源科学》2019年第7期，第1201~1212页。

② 乐旭、雷亚栋、周浩等：《新冠肺炎疫情期间中国人为碳排放和大气污染物的变化》，《大气科学学报》2020年第2期，第265~274页。

③ 王科、卢梅、汪青青：《新冠疫情对中国二氧化碳排放的影响》，《北京理工大学学报》（社会科学版）2020年第4期，第11~16页。

④ Qiang W., Min S., "A Preliminary Assessment of the Impact of COVID-19 on Environment-A Case Study of China," *The Science of the Total Environment*, 2020 (728): 728-737.

也造成第三产业增加值占国内生产总值的比重下降，影响国内产业结构调整进程。第三，为应对疫情冲击，部分省市基建投资拉动了对钢铁、水泥、有色金属、玻璃等高耗能行业的需求，可能造成二氧化碳强度下降速度放缓。[①] 第四，疫情导致的经济下行削弱社会经济在生态环境保护上的支付能力，绿色发展将在资金上面临缺口。第五，全球经济受疫情冲击出现下滑导致传统能源供需失衡和价格下跌，这可能提高可再生能源利用的机会成本，进而冲击中国应对气候变化进程。[②]

新冠肺炎疫情反映了人类对自然生态平衡的破坏、气候变化可能加大病毒传播风险等客观事实。这能否促使社会反思工业文明过度追求速度和规模的发展模式，进而加速中国能源结构、产业布局向绿色低碳转型，也许是中国推进净零碳排放导向应对气候变化战略、生态文明建设进程的关键点。

六 中国的战略选择

应对气候变化不仅是全球性的重大问题，也是中国可持续发展的内在需要，是生态文明建设、推动经济高质量发展、建设美丽中国的重要抓手。现阶段，中国减缓气候变化工作全面推进，适应气候变化工作有序开展，应对气候变化体制机制不断完善，市场机制建设持续推进，积极参与全球气候治理并持续强化气候变化问题宣传。[③] 未来，中国将继续积极应对气候变化问题，推进净零碳排放导向应对气候变化战略，做全球生态文明建设的重要参与者、贡献者、引领者。为此，我们提出以下建议。

（一）统筹国家自主贡献目标与净零碳排放导向目标

尽管中国仍是发展中国家，但是在世界发展格局演化进程中，中国的相

---

① 王科、卢梅、汪青青：《新冠疫情对中国二氧化碳排放的影响》，《北京理工大学学报》（社会科学版）2020年第4期，第11~16页。
② 李志青：《以绿色发展力促进经济绿色复苏》，《中国环境报》2020年5月7日第3版。
③ 《〈中国应对气候变化的政策与行动2019年度报告〉发布会》，国新网，http://www.scio.gov.cn/xwfbh/xwbfbh/wqfbh/39595/42117/index.htm，2019年11月27日。

对地位已经发生了根本性变化。国际社会对中国减排期望很高，"只有中国净零碳排放，世界才能净零碳排放"。中国应践行习近平主席在第七十五届联合国大会一般性辩论上的承诺，提高国家自主贡献力度，二氧化碳排放力争于2030年前达峰，努力争取2060年前实现碳中和。为此，中国应尽早规划、制定、提交统筹国家自主贡献目标、净零碳排放目标和联合国可持续发展目标的长期温室气体低排放发展战略和初步路线图。在此基础上，更新、落实国家自主贡献目标，并尽快明确与净零碳排放战略导向相符的"十四五"阶段性目标。

中国应尽可能在"十四五"时期进入碳排放平台期。中国经济结构经持续调整，高耗能产业已整体进入饱和及产量下降阶段。煤炭消费总量保持持续下降趋势，能源消费总量增速长期降低。非化石能源功能比例上升并满足中国能源增长的需求。综上，中国具备进入碳排放平台期的现实基础，原则上甚至可以规划在"十四五"期间提前实现碳排放达峰目标。①

释放零碳导向信号能够向世界各国展示中国在应对气候变化领域的务实作为与责任担当。同时，也可以向国内企业和社会公众传递中国积极应对气候变化的决心，为国家发改委等相关政府机构的后续决策提供清晰的框架，进而对推进能源革命和社会绿色低碳化转型产生深远影响。

（二）分部门、分步骤构建零碳导向的政策体系

在明确的减排目标范围内，中国可以利用一系列政策手段和国家投资建立从"强度主导"过渡到"峰值引领"的碳排放总量管理制度体系，实施深度减排。中国应分部门、分步骤构建净零碳导向的政策体系，并注意不同政策杠杆之间的平衡与协调，重点关注能源、电力、工业、建筑、交通等关键部门的脱碳行动。此外，中国东西部自然地理条件、技术经济发展水平差异较大。东部地区在资金、技术方面具有优势，但人口密集、城市化水平较

---

① 中国尽早实现二氧化碳排放峰值的实施路径课题组：《中国碳排放：尽早达峰》，中国经济出版社，2017，第3~18页。

高，减排边际成本较高。西部地区受气候风险影响较大，技术和资金条件不足，但具有较大的碳汇与减排空间。碳排放总量管理制度体系的构建应保持对东部城市及城镇化路径低碳绿色发展的高要求，同时关注西部地区的碳排放总量控制目标。

在调整能源结构方面，应建立相互协调的分部门能源转型量化指标体系，投资关键基础设施，在新基建、新型城镇化和重大工程建设中有意识地强化绿色低碳化转型。具体而言，应针对工业领域加快实施天然气代煤、电代煤"双替代"；大力推进节能建筑；优化重点区域运输结构，建设低碳高效的交通运输体系；改革完善电力供应体制，发挥可再生清洁能源的作用。

政府需要尽早布局，强化单位 GDP 二氧化碳强度下降目标。通过体制改革和零碳政策体系引导大力促进第一、第二、第三产业结构优化，以及工业内部的行业结构和产品结构调整。将净零目标分解到行业，给产业发展和结构调整留有足够的空间，从而实现经济发展与节能减排的协调一致。尽快启动全国碳交易市场，并加速从单一行业突破向多行业纳入的转变，建立碳价体系。

（三）加强应对气候变化风险的机制效能及国际气候交流合作

中国对内应进一步强化适应气候变化工作，增强应对气候变化风险的机制效能。重视并提高中国适应气候变化的能力，特别是应对极端天气和高影响气候事件的能力；加强气候变化与自然灾害基础研究；在灾害风险高发区、连片贫困区、国家重大战略区等开展防灾减灾技术应用示范、推广活动；重视气候变化风险管理制度建设和保障措施，将气候变化风险管理纳入法治化轨道。把气候变化因素纳入社会经济政策决策议事日程，高度重视气候、环境、经济和社会各种风险的关联性，在经济刺激计划中统筹兼顾。[1]

在国际范围内，中国应加强国际气候交流合作。树立命运共同体意识和

---

① 谢伏瞻、刘雅鸣主编《应对气候变化报告（2019）》，社会科学文献出版社，2019，第 1～19 页。

创新、协调、绿色、开放、共享的新发展理念，跳出小圈子和零和博弈思维，坚定不移地支持多边主义，推进气候变化南南合作，分享中国减缓、适应气候变化的经验，吸取其他国家的经验教训。自美国宣布退出《巴黎协定》，世界气候治理格局由三足鼎立逐渐演变为由中国和欧盟推动全球减排。气候合作是未来中欧合作的重要领域之一。在内外一系列因素影响下，欧盟与中国的互补关系将有向竞争关系演变的趋势，强调对等性。中国可以借鉴《欧洲绿色协议》深度转型政策工具，积极开展中欧绿色产业技术合作，深化中欧绿色金融合作，携手欧盟共同引领全球气候治理。

特别报告

Special Reports

G.2

2018年中国城市绿色低碳
发展状况评估

中国城市绿色低碳评价研究项目组*

摘　要： 本文运用中国社会科学院生态文明研究所的城市绿色低碳发展
　　　　 指标体系对2018年中国的176个城市进行评估。评估发现，城
　　　　 市绿色低碳发展总体水平有所提高，得分在90分及以上的城
　　　　 市有10个，得分在80~89分的城市达到106个，80~89分是
　　　　 城市最为集中的分数段。按城市类型评估发现，绿色低碳发展
　　　　 总分呈现服务型城市＞综合型城市＞生态优先型城市＞工业型
　　　　 城市的态势；按地理位置评估发现，绿色低碳发展总分整体表
　　　　 现为东部城市＞西部城市＞中部城市的特点；三批试点城市绿

* "中国城市绿色低碳评价研究"项目由中国社会科学院生态文明研究所庄贵阳研究员牵头，
项目组成员包括中国社会科学院生态文明研究所朱守先副研究员、北京市社会科学院陈楠博
士，以及哈尔滨工业大学（深圳）气候变化与低碳经济研究中心王东研究员、李珏博士等。
本报告由陈楠博士执笔。

色低碳发展总分为第一批城市 > 第二批城市 > 第三批城市；大部分城市出现高碳消费特征，低碳管理与资金投入力度有所降低。最后，本文提出提升对绿色低碳的重视程度，加强绿色低碳治理能力建设；强化低碳试点工作，助力"十四五"碳排放达峰和完善绿色低碳指标体系等建议。

关键词： 绿色低碳 多维度评估 城市

一 引言

城市是温室气体排放的主要来源，2019 年我国常住人口城镇化率达到 60.60%，在快速城市化和工业化进程中，我国需要提升城市应对气候变化风险和解决生态环境问题的能力。中国社会科学院生态文明研究所构建了城市绿色低碳指标体系，并运用该指标体系对 2010 年、2015～2018 年城市绿色低碳发展水平进行了连续评估。评估范围从 2010 年和 2015 年的 76 个低碳试点城市逐步扩展到 2018 年的 176 个城市，实现了城市横向间对比和纵向自身对比。本报告着眼于 2018 年城市情况，从总趋势、地理位置、城市类型、试点城市、直辖市、一线城市各方面进行了综合评估。

二 评估结果与分析

（一）主要城市宏观维度评估

2018 年全国 176 个城市绿色低碳发展总体水平有所提高，评估分数集中于 68～96 分，其中得分在 90 分及以上的城市有 10 个；80～89 分的城市有 106 个；70～79 分的城市有 54 个；60～69 分的城市有 6 个，无得分不及格的城市①。2018 年全国排名前 50 的城市绿色低碳发展总分如表 1 所示。

---

① 因篇幅限制，仅展示排名前 50 的城市。

表1 2018年全国排名前50的城市绿色低碳发展总分

排名	城市	总分	排名	城市	总分	排名	城市	总分
1	深圳	96.22	18	丽水	87.21	35	金华	85.80
2	桂林	92.90	19	大连	87.16	36	吉安	85.66
3	厦门	92.85	20	连云港	87.13	37	台州	85.54
4	北京	92.31	21	苏州	87.10	38	舟山	85.40
5	昆明	92.28	22	泉州	87.05	39	武汉	85.31
6	成都	92.09	23	十堰	86.98	40	眉山	85.30
7	福州	91.21	24	重庆	86.97	41	铜仁	85.26
8	广元	90.47	25	常州	86.69	42	南昌	85.20
9	黄山	90.40	26	南平	86.41	43	长沙	85.17
10	广州	90.37	27	青岛	86.40	44	嘉兴	85.15
11	珠海	89.78	28	温州	86.39	45	贵阳	85.01
12	杭州	89.24	29	四平	86.36	46	辽源	84.98
13	三亚	89.07	30	东莞	86.35	47	秦皇岛	84.71
14	淮安	88.83	31	湖州	86.29	48	佛山	84.44
15	南通	88.21	32	德阳	86.24	49	盐城	84.41
16	上海	88.18	33	镇江	85.98	50	扬州	84.36
17	南宁	88.03	34	西安	85.86			

资料来源：笔者综合整理，下文图表同。

对比2017年，2018年城市绿色低碳发展得分在80分及以上的城市数量有所增加，其中得分在80~89分的城市最为集中，达到106个，占所有评估城市数量的60.23%；2017年城市绿色低碳发展得分主要集中于70~79分，得分在这一分数段的城市为86个，占所有评估城市数量的48.86%（见表2）。

从重要领域来看，宏观领域及产业、能源、资源环境领域的绿色低碳发展水平继续保持提升态势，低碳生活和政策创新领域的绿色低碳发展水平有减缓趋势，部分地区甚至出现倒退（见图1）。低碳生活领域的万人公共汽电车拥有量在部分省会城市如济南、南昌和湖南、四川等省份的地级市有了一定下降，侧面反映出公共基础设施和公共服务在一定程度上还不能与快速的城镇化相匹配；另一个分数下降的指标是人均生活垃圾日产生量，在四个直辖市和发达省份表现更加明显。政策创新领域涉及的碳排放管理、应对气候变化和节能减排资金占财政支出比重、低碳创新3个指标，在评价的大部分城市当中出现了下降或者维持上年水平的情况，分数提高的城市不多。

表2　2017~2018年176个城市评估得分所在分数段对比

单位：个，%

年份	90分及以上		80~89分		70~79分		60~69分	
	数量	占比	数量	占比	数量	占比	数量	占比
2018	10	5.68	106	60.23	54	30.68	6	3.41
2017	6	3.41	74	42.05	86	48.86	10	5.68

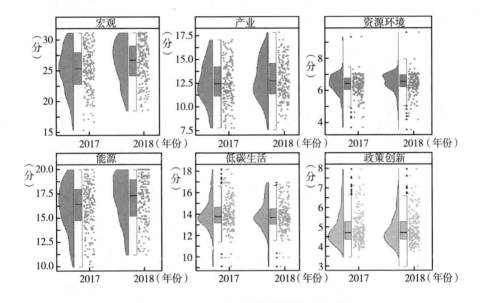

图1　2017~2018年重要领域得分情况对比

（二）按城市类型评估

1. 2018年按城市类型评估得分情况

2018年，评估城市中服务型城市24个、综合型城市68个、工业型城市46个、生态优先型城市33个，变化最为突出的是湘潭、白山等5个工业型城市进入综合型城市类别。评估结果显示,四类城市的绿色低碳发展总分呈现服务型 > 综合型 > 生态优先型 > 工业型的态势。服务型城市除了宏观领域得分在中下位次之外,在其他分领域都具有优势;综合型城市在资源环境领域得分最低;工业型城市在能源、低碳生活、资源环境领域得分处于中下位次,其他领域相对排于末尾;生态优先型城市在宏观领域得分最高,在低碳生活领域得分最低,在产业、能源、政策创新等领域都处于中后位,如图2所示。

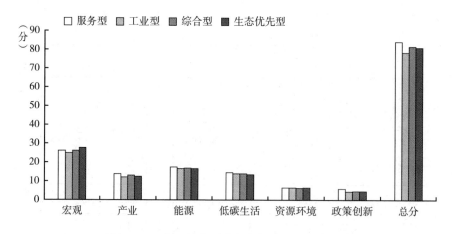

图2 2018年不同类型城市主要领域平均分对比

对四种类型城市的各项指标进行分析发现,服务型城市的 CO_2 排放总量、战略性新兴产业增加值占 GDP 比重、万人公共汽电车拥有量、PM2.5浓度以及能源领域、政策创新领域各指标分数最高,但城镇居民人均居住面积、人均生活垃圾日产生量、人均 CO_2 排放量得分较低,平均分分别为6.32分、4.37分、6.61分,充分说明服务型城市在产业与能源转型、公共服务普及度、政策支持等共同作用下,CO_2 减排取得了明显进展,但具有逐年升高的高碳消费现象。

综合型城市的资源环境和低碳生活类指标分数较高,其余指标得分处于中等水平。工业型城市除 CO_2 排放总量、人均生活垃圾日产生量指标排名第二,应对气候变化和节能减排资金占财政支出比重最低,其余指标得分在中下水平，说明地方政府对工业型城市的碳减排工作仍需要予以足够重视，工业型城市的降碳之路既有困难又有潜力。生态优先型城市的人均 CO_2 排放量、单位 GDP 碳排放、规模以上工业增加值能耗下降率、人均生活垃圾日产生量得分最高，但战略性新兴产业增加值占 GDP 比重最低，这间接说明生态优先型城市产业发展水平不高、类型较为单一（见图 3）。

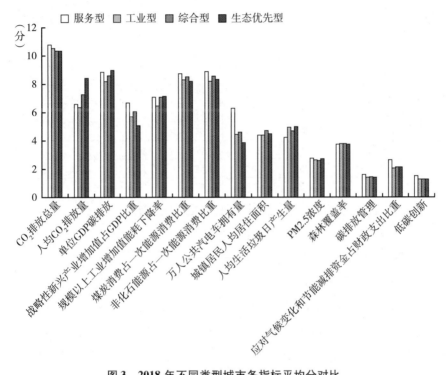

图3　2018 年不同类型城市各指标平均分对比

　　从各类城市内部来看，服务型城市中综合得分排名靠前的分别是北京、厦门、深圳，其综合得分都在 90 分以上；三亚、青岛、南宁等排在中位水平；大同、呼和浩特排名较后，原因是其能源、资源环境、宏观领域得分较低。综合型城市综合得分排名靠前的分别是福州、珠海、成都；湖州、金华、台州、苏州等城市排名中前位；包头、营口、铜川等城市排名较后，原因是其宏观领域与产业、人口、资源环境等领域分数偏低。工业型城市综合得分排名靠前的分别是南昌、泉州、嘉兴；排名后位的是晋城、大庆、乌

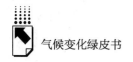

气候变化绿皮书

海、昌吉等城市，这些城市在宏观领域与产业、能源等领域得分较低。生态优先型城市综合得分排名靠前的分别是桂林、黄山、广元（见表3）。

表3 2018年不同类型城市低碳绿色发展综合得分、分领域得分排名前三位城市

类型	综合得分	宏观	产业	能源	低碳生活	资源环境	政策创新
服务型城市	深圳	南宁	深圳	厦门	昆明	深圳	深圳
	厦门	三亚	北京	贵阳	贵阳	南宁	北京
	北京	深圳	厦门	吉林	昆明	贵阳	厦门
综合型城市	成都	成都	苏州	福州	苏州	珠海	镇江
	福州	漳州	东莞	台州	绍兴	大连	石家庄
	珠海	江门	十堰	常州	重庆	白山	潍坊
工业型城市	泉州	揭阳	佛山	宜昌	佛山	泉州	南昌
	南昌	鹰潭	宝鸡	嘉兴	惠州	三明	宁波
	嘉兴	汕头	安庆	宁波	新余	宁波	晋城
生态优先型城市	桂林	四平	桂林	韶关	舟山	毕节	广元
	广元	伊宁	宿州	宁德	桂林	同仁	黄山
	黄山	丽水	舟山	铜仁	丽水	舟山	秦皇岛

2. 2017年、2018年不同类型城市对比评估

我们按城市类型对比2017年和2018年城市绿色低碳发展情况发现，2018年四种类型城市综合得分都有了提高，工业型城市和综合型城市提高较多，均提高2分以上；服务型城市和生态优先型城市综合得分提高幅度在2分以下，依次为1.52分、1.60分。从标准差来看，服务型城市综合得分的标准差最小，为1.03，集聚性较好，呈现出整体绿色低碳发展水平稳步提高；工业型城市内部差异最大，绿色低碳发展水平参差不齐（见图4）。

从2017年、2018年服务型城市综合得分增长情况对比来看，2018年平均增长1.52分，除北京和呼和浩特略微出现负增长，其余城市增长情较为稳定，均在3分以下，杭州、温州、西安、乌鲁木齐等城市增长幅度在2~3分，上海、昆明、厦门等城市增长幅度在1~2分，贵阳、兰州等城市增长幅度在0.5分以下，基本稳定（见图5）。

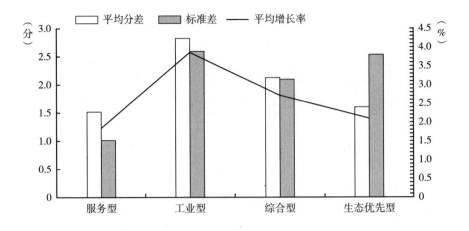

图4 相较2017年，2018年不同类型城市综合得分增长情况与标准差

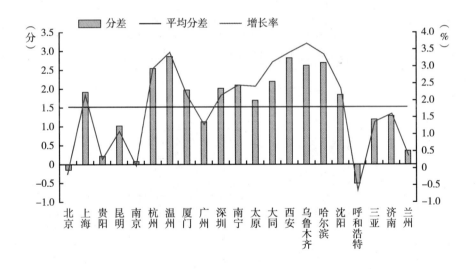

图5 相较2017年，2018年服务型城市综合得分增长情况

2018年工业型城市综合得分较2017年平均增长2.83分，其中辽源、金昌增长较快，分数增长幅度在7分以上；滁州、鹰潭、大庆、鹤壁等城市增长幅度在3~6分；但是商洛、鄂州、乌海、宝鸡、咸阳、南昌等城市都出现了不同程度的下降，特别是商洛和鄂州下降了3分以上（见图6）。

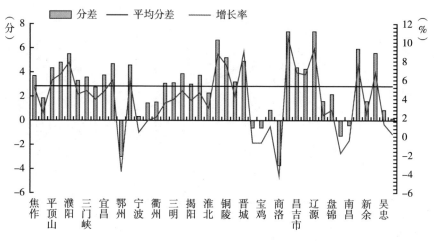

图6 相较2017年，2018年工业型城市综合得分增长情况

2018年综合型城市综合得分较2017年平均增长2.13分，其中潍坊、南阳、株洲、咸宁增长较快，分数增长幅度在6.05分以上；但是安阳、重庆、本溪、江门等城市综合得分都出现了不同程度的下降（见图7）。

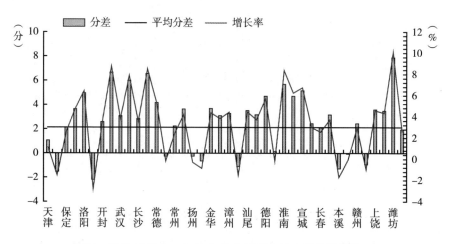

图7 相较2017年，2018年综合型城市综合得分增长情况

2018年生态优先型城市综合得分较2017年平均增长1.60分，其中亳州、达州增长较快，分数依次增长5.32分、7.34分，南平和舟山增长较少，基本与2017年持平，但绥化、鸡西综合得分下降幅度较大（见图8）。

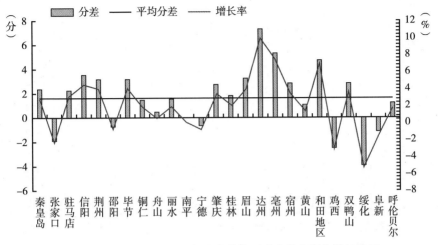

图8　相较2017年，2018年生态优先型城市综合得分增长情况

（三）按地理位置评估

按照东、中、西地区分类，我们发现2018年绿色低碳发展综合得分呈现东部城市＞西部城市＞中部城市的特征，与2017年基本一致，东部区域取得较好进展。这与东部作为我国经济最发达区域，其具有较好的产业结构优势以及较高的能源转型水平不无关系，比如东部城市的宏观领域得分分别高出中部和西部2.14%和4.42%、产业领域分别高出2.10%和5.64%，能源领域分别高出10.17%和9.69%，政策创新领域分别高出5.45%和0.40%（见图9）；但随着国家加快中、西部地区发展，中、西部的产业结构实现了优化，中部的规模以上工业增加值能耗下降率得分最高，分别高出东、西部4.08%和2.23%，西部的非化石能源占一次能源比重也分别高出东、中部1.56%和8.25%（见图10）。

从2017～2018年各指标的动态变化看，中部城市分数上升最快，表现尤为突出，特别是非化石能源消费占一次能源消费比重、规模以上工业增加值能耗下降率分数提升较快。三个区域表现为低碳管理方面的指标得分大幅度降低，资金投入方面指标得分除中部地区外，东、西部地区出现下降，特别是西部地区下降更加明显（见图11）。

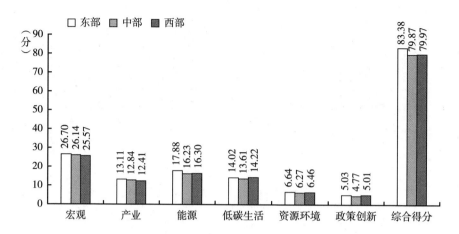

图9 2018年东、中、西部城市绿色低碳发展综合得分
及各重要领域得分情况

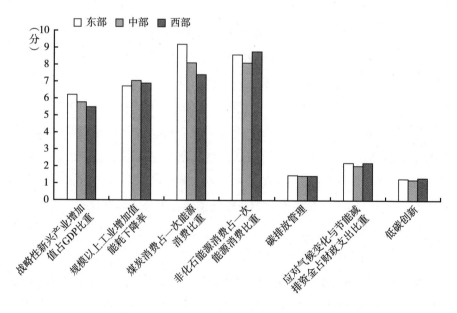

图10 2018年东、中、西部区域重要指标平均得分情况

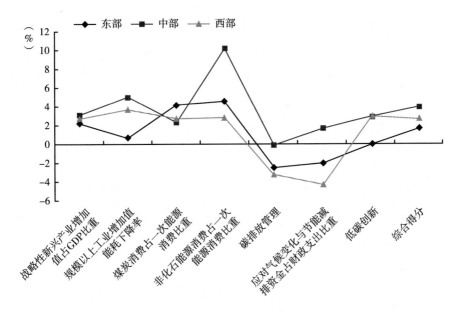

图 11　相较 2017 年，2018 年东、中、西部城市重要指标平均得分变化率情况

（四）低碳试点城市、非试点城市评估

1. 三批低碳试点城市对比评估

课题组对 2017 年和 2018 年三批 68 个低碳试点城市进行评估①。从总分来看，2018 年与 2017 年具有相同趋势，呈现出第一批 > 第二批 > 第三批的特点，第一、二、三批得分分别比 2017 年提高 1.39 分、2.12 分和 2.68 分，第三批试点城市总分提升幅度最大。横向对比中，2018 年第一批试点城市分别高出第二、三批 5.22 分和 7.39 分。三批试点城市的共性特征为：宏观、能源、产业和资源环境领域得分有所提升，而低碳生活领域得分下降；差异体现在政策创新领域上，第一批试点城市得分没有变化，第二批试点城市得分下降，而第三批试点城市得分上升，表明三批试点城市的低碳建设存在较大差距（见图 12）。下一步成功试点城市应该做好经验分享，共同助力城市低碳建设。

---

① 兼顾数据可得性和可比较维度，剔除 4 个直辖市和部分区县，共计 68 个试点城市。

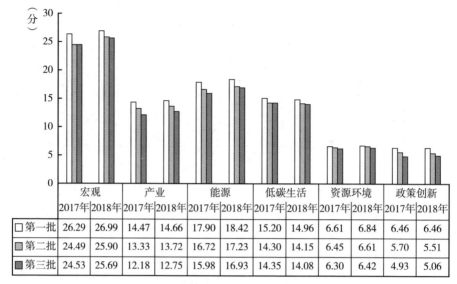

	宏观		产业		能源		低碳生活		资源环境		政策创新	
	2017年	2018年	2017年	2018年	2017年	2018年	2017年	2018年	2017年	2018年	2017年	2018年
□第一批	26.29	26.99	14.47	14.66	17.90	18.42	15.20	14.96	6.61	6.84	6.46	6.46
▨第二批	24.49	25.90	13.33	13.72	16.72	17.23	14.30	14.15	6.45	6.61	5.70	5.51
■第三批	24.53	25.69	12.18	12.75	15.98	16.93	14.35	14.08	6.30	6.42	4.93	5.06

图12 2017~2018年三批试点城市各领域得分

按照分数区间来看，2018年第一批试点城市得分在90分及以上的有2个，相较于2017年没有变化，分别为深圳和厦门；保定则从79.43分上升到了81.49分。

第二批试点城市中，得分在90分及以上的有4个，相较于2017年增加两个，分别是广州和广元；得分在80~89分的有14个，较2017年增加1个；石家庄、呼伦贝尔、济源、延安、金昌和乌鲁木齐得分处于70~79分；仅有晋城一个城市得分处于60~69分。

第三批试点城市中，总分超过90分的仅有黄山和成都两个城市。有21个城市处在第二梯队，11个城市处在第一梯队，乌海、和田处于第四梯队（见表4）。

表4 2017~2018年三批试点城市分数段变动情况

试点批次	年份	90分及以上	80~89分	70~79分	60~69分
第一批	2017	2	3	1	—
	2018	2	4	—	—
第二批	2017	2	13	8	2
	2018	4	14	6	1
第三批	2017	—	15	18	3
	2018	2	21	11	2

本文选择 2010~2018 年三批试点城市 CO_2 排放量进行分析发现：首先，试点城市平均 CO_2 排放量在 2012 年以前增长迅速，2012 年之后增长趋于稳定，低碳试点城市建设的深入一定程度上抑制了 CO_2 排放量增速。其次，分批次观察试点城市平均碳排放量变化趋势发现，三批试点城市 CO_2 排放量呈现第一批 > 第二批 > 第三批的特征，年均增长率表现为第三批 > 第一批 > 第二批。第一批低碳试点城市在 2010~2015 年年均 CO_2 排放量呈增长趋势，2015~2017 年开始下降，之后增加，年均增长率为 1.28%，这种结果可能与前两年低碳资金投入和管理力度较大、2018 年重视程度有所弱化有关。第二批试点城市在 2010~2012 年年均 CO_2 排放量总体呈增长趋势，2012~2018 年总体呈现出较稳定的下降，年均增长率为 1.1%。第三批试点城市年均 CO_2 排放量与第二批在 2015 年前大致相同，2015 年后逐渐走高，年均增长率为 2.9%（见图 13）。

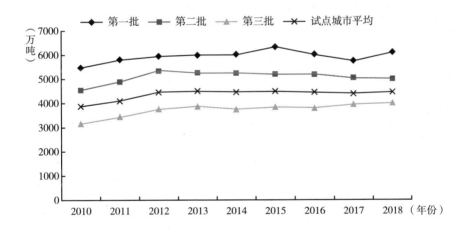

图 13　2010~2018 年三批试点城市 CO_2 排放量变化情况

2. 低碳试点城市与非试点城市对比评估

2018 年低碳试点城市与非试点城市得分分布情况如下：得分在 90 分以上的城市全部来自试点城市；在 80~89 分分数段两类城市占比相当；在 70~79 分分数段以非试点城市为主；在 60~69 分分数段两类城市数量相

气候变化绿皮书

同，但占比不同（见图14）。试点城市包括晋城、乌海这类资源型城市和伊宁这类经济与低碳发展"双慢型"城市。

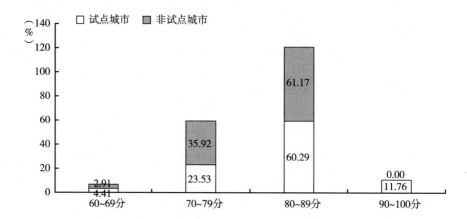

图14　2018年低碳试点城市与非试点城市各分数段的占比情况

注：低碳试点城市各分数段占比为各分数段低碳试点城市数量占试点城市总数的比重，非试点城市计算方式同。

从2018年低碳试点城市与非试点城市平均得分看，低碳试点城市成效优于非试点城市，其平均综合得分高于非试点城市2.41分，其中产业和政策创新领域非试点城市与试点城市差距最大（见图15）。

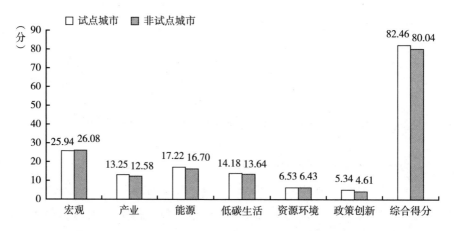

图15　2018年低碳试点城市与非试点城市综合得分及重要领域平均分情况

从 2017～2018 年细分指标看，大部分指标表现出低碳试点城市优于非试点城市的现象，但在规模以上工业增加值能耗下降率、非化石能源消费占一次能源消费比重、人均生活垃圾日产生量上非试点城市优于试点城市，出现这种现象的原因是试点城市几乎涵盖各省会城市、人口规模与经济体量大于一般非试点城市，更容易产生非绿色消费现象。试点城市基于资源禀赋特征，非化石能源消费占一次能源消费比重弱于非试点城市，但强制性"控煤"的指标和碳排放直接相关的指标优于非试点城市，取得了实质进步（见图 16）。

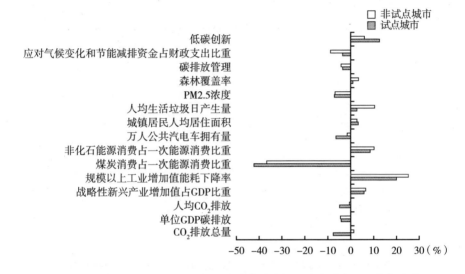

图 16　相对于 2017 年，2018 年低碳试点城市与非试点城市重要指标变化

选取 2010～2018 年低碳试点城市与非试点城市 CO_2 排放量进行分析发现，试点城市的平均 CO_2 排放体量较大，从 2010 年的 3899.62 万吨缓慢升至 2018 年的 4546.42 万吨，特别是 2014 年达到 4531.21 万吨之后基本保持在 4500 万吨左右。非试点城市 CO_2 排放整体来看基数较小，2010 年为 2877.50 万吨，2018 年增加到 3559.07 万吨，整个评价期间增长率波动较大，特别在 2015 年和 2017 年增加幅度较大，整体的"控碳"水平不如试点城市稳定（见图 17）。

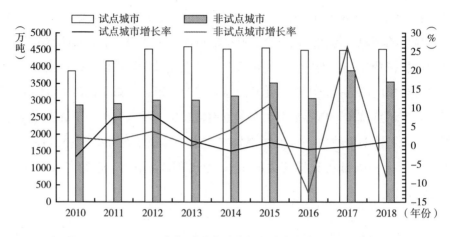

图17 2010~2018年低碳试点城市与非试点城市 CO_2 排放情况

（五）直辖市评估

2018年四个直辖市的综合得分为北京＞上海＞重庆＞天津，在所有参评城市中，北京排名第4、上海排名第16、重庆排名第24、天津排名第68。其中，北京在宏观、产业、政策创新领域均优于其他城市；上海在能源和低碳生活领域得分最高，重庆在资源环境领域得分最高；天津在资源环境和政策创新领域得分相对较低（见表5）。

表5 2018年四个直辖市绿色低碳发展综合得分和分领域得分排名情况

排名	综合得分	宏观	产业	能源	低碳生活	资源环境	政策创新
1	北京	北京	北京	上海	上海	重庆	北京
2	上海	重庆	上海	天津	天津	北京	重庆
3	重庆	天津	天津	北京	重庆	上海	上海
4	天津	上海	重庆	重庆	北京	天津	天津

相对于2017年，北京、重庆总分有所减少，上海和天津分数缓慢增加，但四个直辖市排名全部下降。下降的共性原因是政府管理层面的绿色低碳资金投入不足、低碳政策管理与创新水平下降，而百姓生活层面的高碳消费现象不断涌现。具体看，北京和重庆宏观领域增长放慢，在低碳产业和低碳生

活领域需要提升；上海宏观领域升高幅度最大，2018 年相对 2017 年增加了 2.21%，资源环境领域的得分贡献了 10.87%；天津被赋予高端制造业中心和北方航运中心的城市定位，但产业和能源得分在四个直辖市里处于中下水平，其定位与低碳发展还没有完全匹配（见图 18）。

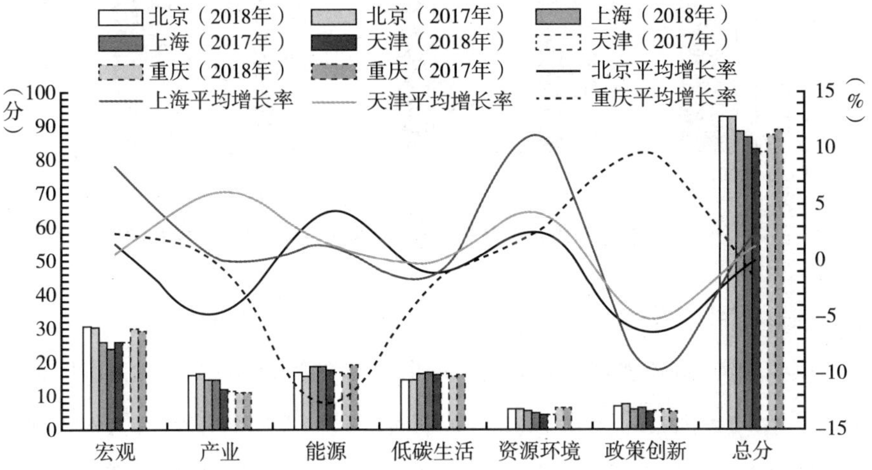

图 18　2017 年、2018 年四个直辖市绿色低碳发展水平对比

（六）一线城市评估

本文选取北京、上海、广州、深圳四个一线城市进行绿色低碳发展水平的直接对比。静态来看，每一年排名前两位的分别都是北京和深圳；动态看，相对 2010 年，2015～2018 年四个城市绿色低碳发展总分都有了提高，其中相对于 2010 年，2018 年深圳提高 10.23 分、广州提高 9.65 分、上海提高 9.05 分、北京提高 4.13 分（见图 19）。

选取最直观的 CO_2 排放总量、单位 GDP 碳排放（碳强度）和人均 CO_2 排放量实际数据进行评估发现，北京整体集约性发展较好，在有限的承载范围内碳强度指标和人均 CO_2 排放指标维持了较快速下降；上海 CO_2 排放总量基数最大，导致碳强度和人均 CO_2 排放量绝对值在一线城市中最高，但与人口规模接近的北京相比，其年均增长率的下降幅度更大；深圳是一线城市中

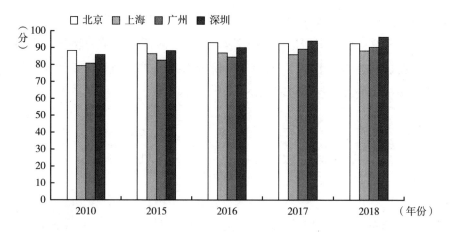

图 19　一线城市 2010 年与 2015～2018 年绿色低碳发展综合得分对比

最为低碳的城市，各方面表现均不俗；广州与深圳最具可比性，虽然与深圳仍有一定差距，但碳强度保持以年均 10.45% 的速度下降，特别是从 2016 年起，广州的各项指标下降幅度非常明显，CO_2 排放总量、人均 CO_2 排放量、单位 GDP 碳排放年均分别减少 1.65%、8.92%、10.45%（见表 6）。

表 6　2010 年、2015 年、2016 年、2017 年、2018 年一线城市碳排放相关指标实际数据

指标	城市	2010 年	2015 年	2016 年	2017 年	2018 年	年均增长率(%)
CO_2 排放总量(万吨)	北京	11883	13910.78	13849.19	14550.99	14674.03	2.67
	上海	24978.52	24369.12	24512.8	26528.49	26328.41	0.66
	广州	12410.77	14966.84	15391.36	10552.84	10867.69	-1.65
	深圳	9365.65	11811.79	12186.48	7575.39	7809.59	-2.25
	城市	2010 年	2015 年	2016 年	2017 年	2018 年	年均增长率(%)
单位 GDP 碳排放 (吨/万元)	北京	0.84	0.6	0.54	0.56	0.48	-6.66
	上海	1.46	0.97	0.87	0.93	0.81	-7.16
	广州	1.15	0.83	0.78	0.50	0.48	-10.45
	深圳	0.98	0.68	0.63	0.36	0.32	-12.97
	城市	2010 年	2015 年	2016 年	2017 年	2018 年	年均增长率(%)
人均 CO_2 排放量 (吨/人)	北京	9.45	6.41	6.38	6.76	6.81	-4.01
	上海	17.69	10.09	10.14	10.89	10.86	-5.91
	广州	15.4	11.09	11.18	7.50	7.29	-8.92
	深圳	9.04	10.38	10.47	6.23	6.00	-5.00

三 结论与建议

对 2018 年全国 176 个城市的绿色低碳发展水平进行评估发现，整体水平较上年有了稳步提高，主要结论及建议如下。

（一）主要结论

第一，176 个城市绿色低碳发展总体水平有所提高，评估分数集中于 68 ~ 96 分，其中得分在 90 分及以上的城市有 10 个；80 ~ 89 分的城市有 106 个；70 ~ 79 分的城市有 54 个；60 ~ 69 分的城市有 6 个，无得分不及格的城市。其中得分在 80 ~ 89 分的城市达到 106 个，80 ~ 89 分是城市最为集中的分数段。宏观领域与产业、能源、资源环境领域的绿色低碳发展水平继续保持提升态势，低碳生活和政策创新领域的绿色低碳发展水平有减缓趋势，部分地区甚至出现倒退。高碳消费、部分城市公共交通与快速城镇化不匹配及碳排放管理、资金投入和低碳创新相关指标得分减少是此次评价中出现的需要关注的问题。

第二，按照城市类型评估发现，得分呈现服务型城市＞综合型城市＞生态优先型城市＞工业型城市的态势。其中服务型城市在产业与能源转型、政策支持等共同作用下，CO_2 减排取得较好进展，但持续出现高碳消费特征。工业型城市内部低碳发展水平差异最大，减排困难与潜力共存；生态优先型城市出现 CO_2 排放总量缓慢增加趋势，需要引起重视，警惕过度消耗资源环境换取经济利益的现象；综合型城市表现与上年持平，未取得较明显的低碳成效。

第三，按东、中、西地区分类评估发现，绿色低碳发展水平表现出东部城市＞西部城市＞中部城市的特点，特别是宏观、产业和能源方面低碳贡献明显。但相对于 2017 年，三个地区表现为低碳管理方面指标得分大幅度降低，资金投入方面指标得分除中部地区外，东、西部地区出现下降。

第四，从三批低碳试点城市评估结果看，2018 年与 2017 年整体趋势一致，表现为第一批＞第二批＞第三批，宏观、能源、产业和资源环境领域得分基本上升，低碳生活领域得分下降。第一批试点城市分数全部在 80 分以上，第二、三批试点城市进入 90 分及以上和 80～89 分分数段的城市有所增加，停留于 60～69 分分数段的试点城市仅为 3 个。对 2010～2018 年三批低碳试点城市的 CO_2 排放量分析发现，CO_2 排放绝对量呈现第一批 > 第二批 > 第三批的特征，CO_2 排放年均增长率表现为第三批 > 第一批 > 第二批的特征，说明第三批低碳试点城市的碳减排工作仍具有较大潜力。

第五，对低碳试点城市与非试点城市评估发现，两类城市分数均有所提高，试点城市整体效果最好，得分在 90 分及以上的城市全部为试点城市，但存在内部不平衡的情况，晋城、乌海等资源型城市的转型任务依然较为艰巨。分领域看，在产业、低碳生活、政策创新以及宏观领域的 CO_2 排放总量、单位 GDP 碳排放和人均碳排放控制效果方面，试点城市优于非试点城市。从 2010～2018 年的 CO_2 实际排放量看，试点城市整体基数较大，但 2014 年之后平均 CO_2 排放量维持在 4500 万吨左右，而非试点城市虽然 CO_2 排放基数相对较小，但整个评价期增长率波动较大，"控碳"水平不如试点城市稳定。

第六，2018 年四个直辖市的综合得分为北京 > 上海 > 重庆 > 天津，相对于 2017 年四个直辖市排名均有一定程度的下降。北京、上海宏观领域低碳贡献最大，需要提升低碳生活领域的水平；天津、重庆需要进一步发展战略性新兴产业，通过产业转型和技术提升来降低规模以上工业增加值能耗水平。从一线城市低碳水平来看，深圳各方面处于领先位次；北京整体绿色集约性发展较好；上海碳排放核心指标绝对量最大，但年均减少速度最大；广州属于"后起之秀"，2016 年之后碳减排效果明显。

（二）主要建议

第一，提高对绿色低碳的重视程度，强化绿色低碳治理能力建设。2018年中美贸易摩擦正式拉开序幕，国家机构亦进行重组，原负责气候变化的气候司被纳入新成立的生态环境部。可能由于国际、国内各种大事件的发生和当年聚焦点的变化，在此次评估中我们发现政府对低碳的管理、资金投入以及各方对绿色低碳创新制定的举措明显减少，对机构改组后的低碳管理程度我们需要进行持续评估。但落实《巴黎协定》的承诺仍将继续，各方主体需要推动能源转型、促进生态产业化和产业生态化，政府需要从供给侧提供与绿色可持续发展、城镇化相匹配的公共基础设施和公共服务，协助市场进行低碳生产和低碳消费模式转型，逐步健全多维协同的制度能力体系，全方位提升绿色低碳的治理能力。

第二，强化低碳试点工作，助力"十四五"碳排放达峰。低碳试点开创了顶层设计和试点示范相结合的治理模式，经过多年实践也取得了一定的经验。深圳创新发展模式、广元后发地区转型发展模式、成都和广州后来居上的模式均需要总结与推广。但部分地区仍然保持着"守成"和"迷茫"状态，特别是在当前国际国内环境变数较多、经济下行压力较大的情况下，地方绿色低碳发展容易懈怠或进入瓶颈期。大部分试点都把碳排放达峰年份定于2025年之前，进入"十四五"时期后，国家应加强宏观指导作用，设立低碳发展先进标准、专项资金或颁发奖励之类的激励政策，鼓励和帮助地方明确自己的达峰路径。

第三，把控新趋势，完善绿色低碳指标体系。指标体系建设和评价工作需要紧跟时代步伐，不断修正与完善。从连续几年的评价中我们发现，低碳生产已取得实质进展，但消费端的高碳现象和建筑节能以及大量中小城市快速城镇化引起的公共基础设施和公共服务不匹配带来的非绿色行为、高碳行为逐渐增加。同时，数字已成为新的要素资源，以数字信息技术带来的绿色高质量发展方式也应纳入指标考虑范围。

国际应对气候变化进程

International Process to Address Climate Change

G.3
2020年全球气候治理形势和展望*

孙若水　高　翔**

摘　要： 2019年马德里气候大会未能达成预期，给全球气候治理进程
带来了挑战。受新冠肺炎疫情影响，原定于2020年举行的
《联合国气候变化框架公约》附属机构会议和格拉斯哥气候
大会均被推迟到2021年，这进一步增添了不确定性。2020年
全球气候治理的核心任务从完成《巴黎协定》实施细则谈判
并推动各方落实在国际气候变化条约下的义务，转变为在全
球应对新冠肺炎疫情和疫后经济复苏的背景下，保持对气候
变化的重视度，并为2021年格拉斯哥大会取得成果造势。当

---

*　本文是国家重点研发计划课题"全球盘点方案的框架和制度设计"（批准号：2017YFA0605301）
的阶段性成果。

**　孙若水，清华大学环境学院在读硕士研究生，主要研究方向为全球气候治理；高翔，博士，
国家应对气候变化战略研究和国际合作中心研究员，主要研究方向为气候变化国际政策、全
球气候治理。

前国际舆论存在重未来目标，轻既有承诺实施和确保行动得到资源保障的偏差，同时格拉斯哥气候大会还面临《巴黎协定》碳市场规则等议题艰难的谈判。英国作为主席国只有妥善处理谈判与实施、条约规则与行动倡议、未来目标与既有进展、行动与匹配的支持等诸多复杂问题，树立全面、正确的"力度观"，平衡照顾各方关切，发挥创造力和"2020年后"首次气候大会的影响力，才能使格拉斯哥大会取得成功。

关键词： 气候大会　全球气候治理　气候行动力度　绿色复苏

2020年5月29日，《联合国气候变化框架公约》（以下简称《公约》）秘书处宣布，原定于2020年11月9～20日在英国格拉斯哥举行的第26次《公约》缔约方大会（COP26）暨第16次《京都议定书》缔约方大会（CMP16）和第3次《巴黎协定》缔约方大会（CMA3）（以下统称"格拉斯哥气候大会"）因新冠肺炎疫情缘故，推迟到2021年11月1～12日举行，举办地点仍为英国格拉斯哥。[1] 紧接着，《公约》附属科技咨询机构（SBSTA）和附属执行机构（SBI）召开了为期十天的"六月造势"（June Momentum）在线活动，在全球严峻的抗疫形势下，保持继续关注全球气候治理问题的势头。[2] 格拉斯哥气候大会作为全球应对突发新冠肺炎疫情后的首次全球气候治理标志性活动，在全球治理和应对气候变化领域的重要程度都将大幅度提升。

---

① UNFCCC, "COP 26 to Take Place From 1 – 12 November 2021," UNFCCC, 2020, https: // unfccc. int/news/cop – 26 – to – take – place – from – 1 – 12 – november – 2021，最后访问日期：2020年6月5日。

② UNFCCC, "June Momentum for Climate Change Gets Underway," UNFCCC, 2020, https: // unfccc. int/news/june – momentum – for – climate – change – gets – underway，最后访问日期：2020年6月5日。

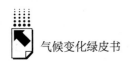

一 2020年全球气候治理形势

2019年12月，由智利担任主席国的COP25在西班牙马德里闭幕，但未能就各方最为关注的《巴黎协定》第六条实施细则达成一致共识。会前各方对于COP25普遍认为其关键任务是完成《巴黎协定》第六条实施细则谈判。然而在马德里大会前，联合国秘书长在9月举行了气候行动峰会，主席国智利倡议建立"雄心联盟"，敦促各国以2050年净零碳排放和1.5℃温升控制为目标，制定和提高国家自主贡献力度，并在马德里大会期间始终将工作重心放在"雄心"倡议上，忽视对谈判进程的投入和有效管理。会议最终共达成实质性决定或结论的议题39项，因各方分歧过大而无法形成结论的议题18项，近半数议题仅形成程序性结论。

研究认为，会议成果平淡主要有四个原因：第一，过度强调提高各方减排目标力度而未能聚焦《巴黎协定》第六条相关谈判；第二，主席国和部分缔约方急切地将各方尚未形成政治共识的提高承诺力度问题引入谈判进程，破坏了谈判氛围；第三，各个议题推进不平衡；第四，发达国家企图逃避责任，促使发展中国家更加团结并形成对立。[①] 马德里气候大会的经验教训，为英国主办COP26提供了重要借鉴。

2020年，新冠肺炎疫情波及全球，造成各种多边进程推迟，各国对气候变化的关注均让位于防疫和疫后复苏。在新冠肺炎疫情造成"全球停摆"影响前，2020年全球气候治理的形势主要包括五个方面。第一，各方为了在格拉斯哥完成《巴黎协定》实施细则未尽事宜谈判，开展了什么样的准备工作；第二，如何准确理解行动的"力度"；第三，COP26作为英国"脱欧"后的政治首秀，将在哪些方面推动全球应对气候变化的进程；第四，美国将在2020年11月正式退出《巴黎协定》，这将给COP26带来什么影响；第五，各国在疫后是否能实现"绿色复苏"，以及对全球气候治理将带

---

① 樊星等：《马德里气候大会盘点及全球气候治理展望》，《气候变化研究进展》2020年第3期。

来什么样的影响。

格拉斯哥气候大会如何促进各国实现应对气候变化、应对全球性公共卫生安全、应对经济增长需求的协同共赢,成为各方新的关注重点。

二 2020年各方关注的格拉斯哥气候大会主要谈判任务

尽管2020年不会举行正式的多边气候谈判,但《公约》秘书处和各方仍在通过组织线上会议研讨、集团线上协调会等方式,加强各方对谈判相关问题的交流。

(一)2020年讨论的谈判议题和形势

《公约》体系下的气候变化谈判是一个延续性的进程。从1990年各方就建立《公约》开始谈判以来,30余年间全球各国在国际气候变化法体系下,围绕建立更加公平合理的气候治理机制开展了持续的谈判。各方预期在《巴黎协定》实施细则谈判完成后,《公约》体系下的全球气候治理进程将从谈判进程逐渐转向实施进程。[①]

《巴黎协定》实施细则原计划在2018年波兰卡托维兹COP24上完成谈判,但最终未能实现,因为关于第六条碳市场的实施细则未能完成谈判,由此关于第六条碳市场的实施细则成为2019年COP25的焦点问题。与此同时,《公约》体系下还有许多长期存在的谈判议题,如给发展中国家提供资金、技术、能力建设支持的议题,审议《公约》体系下各种附属机构、论坛、专家组等机制履职的议题,以及缔约方大会授权开展的后续谈判议题,如《巴黎协定》下NDC的共同时间框架、《巴黎协定》透明度通用报表和报告大纲等。其中最受关注的与资金相关的议题,一直以来都是谈判的焦

---

① 李慧明:《全球气候治理制度变迁与挑战》,载谢伏瞻、刘雅鸣主编《应对气候变化报告(2019):防范气候风险》,社会科学文献出版社,2019,第40~55页;朱松丽:《从巴黎到卡托维兹:全球气候治理中的统一和分裂》,《气候变化研究进展》2019年第2期,第206~211页。

点，透明度问题也在2009年后持续成为谈判焦点。

2019年马德里气候大会未能取得成功，其中一个重要原因就在于发达国家企图抛弃《公约》，片面推动《巴黎协定》下的进程，破坏了整个《公约》体系的平衡。

自《公约》达成近30年来，《公约》下各项履约规则均发生了显著变化，但其总体趋势是在维持《公约》确立的"共同但有区别的责任和各自能力"等原则不变的情况下，由发达国家和发展中国家在《公约》体系下承担的义务"不对称"向着"对称"的方向演变。[1] 发达国家为了将减排、出资等责任转嫁给发展中国家，极力推动在《巴黎协定》下细化各项履约细则，以"不在《公约》和《巴黎协定》下重复劳动""《公约》下的机制将在2020年后被《巴黎协定》下的机制取代"等为名，阻挠《公约》下各项履约细则的更新和谈判。

尽管由于线上讨论模式受到时差、通信质量等影响，尤其是发展中国家难以公平有效地参与讨论，各方均认同不能开展在线谈判，但发达国家整体抛弃《公约》的形势在2020年仍然十分明显。尽管存在美国即将退出《巴黎协定》的重大事件，但发达国家和一些发展中国家在各种场合只称《巴黎协定》不称《公约》仍然成为其惯例。这种情况预计在格拉斯哥气候大会召开时仍然存在，因此如何平衡《公约》和《巴黎协定》下的谈判议题的进展，将成为COP26主席国英国面临的重要挑战。

（二）《巴黎协定》第六条实施细则

《巴黎协定》第六条实施细则是2018年"《巴黎协定》卡托维兹实施细

① 薄燕：《〈巴黎协定〉坚持的"共区原则"与国际气候治理机制的变迁》，《气候变化研究进展》2016年第3期，第243～250页；巢清尘等：《巴黎协定——全球气候治理的新起点》，《气候变化研究进展》2016年第1期，第61～67页；何建坤：《全球气候治理新机制与中国经济的低碳转型》，《武汉大学学报》（哲学社会科学版）2016年第4期，第5～12页；吕江：《〈巴黎协定〉：新的制度安排、不确定性及中国选择》，《国际观察》2016年第3期，第92～104页；秦天宝：《论〈巴黎协定〉中"自下而上"机制及启示》，《国际法研究》2016年第3期，第64～76页。

则"中主要未能达成共识的部分，也成为 COP25 谈判的重中之重。然而在 COP25 大会上，以欧盟为首的发达国家和集团，与以巴西、埃及为代表的发展中国家在 3 项政治性问题上尖锐对立，导致最后无法达成共识。

1. 收益分成问题

收益分成问题即《巴黎协定》第 6.2 条所设"合作方法"如何支持发展中国家开展适应气候变化的行动。《巴黎协定》第 6.6 条明确规定，各方使用第 6.4 条所设"可持续发展机制"，其收益需要有一定比例分成用于支持发展中国家适应气候变化。埃及等发展中国家在谈判中提出《巴黎协定》第 6.1 条明确规定，各方在第六条下开展的合作应同时促进减缓和适应，并且第六条所设两类市场机制需保持平衡，因此在"合作方法"的实施细则中，应明确对支持发展中国家开展适应行动的资金贡献方式；美国等发达国家则以该要求缺少《巴黎协定》明确授权等为由予以坚决反对。

2. 国家自主贡献（NDC）相应调整问题

NDC 相应调整问题，即在核算 NDC 目标完成情况时，如何避免因使用"可持续发展机制"而产生双重计算的问题。根据《公约》缔约方大会第 1/CP.21 号决定，各方使用《巴黎协定》第 6.2 条所设"合作方法"买进或卖出减排指标，在核算 NDC 进展时，需要对 NDC 范围内的温室气体排放源或吸收汇的量进行调整。然而使用第六条机制时，如果减排指标东道国出售其本身 NDC 边界以外产生的减排指标时，东道国是否需要对自身的排放量或 NDC 本身进行调整，以及如何界定"国家自主贡献边界以外"这一范畴，各方存在争议。①

3.《京都议定书》下的市场机制向《巴黎协定》过渡的问题

这主要涉及清洁发展机制（CDM）下已签发的减排指标和注册项目是否可以用于在《巴黎协定》下履行 NDC。印度、巴西等国强调 CDM 顺利过渡，对保障整个《公约》体系下市场机制政策稳定、吸引私营部门参与十

---

① Lambert S., Duan M. S., et al., "Double Counting and the Paris Agreement Rulebook: Poor Emissions Accounting Could Undermine Carbon Markets," *Science*, 2019 (10): 180 – 183.

分重要；小岛国等则认为将在《京都议定书》下签发的减排指标过渡到《巴黎协定》下，会冲击 2020 年后市场供需关系，以坚持环境完整性、尽可能提高各国减排力度为由，反对过渡。同时，各方围绕如果允许过渡，应设立何种限制条件产生了分歧，如允许哪一年份以后签发的 CDM 项目和减排指标过渡，存在不限制、允许 2013 年以后、允许 2015 年以后、允许 2016 年以后等多种意见。

这些问题是 2020 年各方在线讨论的焦点，预计也将继续成为格拉斯哥气候大会谈判的焦点。同时，由于这些问题涉及许多技术细节，尤其是 NDC、过渡年限等各种边界界定以及收益分成、允许过渡比例等，格拉斯哥气候大会可能会出现两种情景：第一种是各方政治意愿足够强烈，主席国推动的一揽子成果也能平衡满足各方诉求，这有可能能够全面解决《巴黎协定》第六条实施细则的问题；第二种可能是各方具有政治意愿，但仅限于原则上议定第六条实施细则，而对于技术细节则授权继续谈判。当然，也可能各方缺乏政治意愿，导致这一议题继续无法达成一致共识。

（三）《巴黎协定》实施细则其他问题

在卡托维兹气候大会上，各方就《巴黎协定》的多数实施细则达成了一致，但又启动了一些直接相关的后续谈判。其中最受关注的，一是 NDC 的共同时间框架，二是透明度通用报表和报告大纲。

1. NDC 的共同时间框架

《巴黎协定》本身没有规定 NDC 的时间框架，即各国可根据国情，自行决定 NDC 覆盖的时间段。同时，《巴黎协定》第 4.10 条要求第 1 次缔约方大会审议 NDC 的共同时间框架，但并未要求就此达成一致。在各国通报 NDC 的实践中，绝大多数国家所通报的第一轮 NDC 覆盖了 10 年的时间段，极少数国家 NDC 覆盖的时间段为 5 年，没有出现其他的时间段。2018 年卡托维兹气候大会上，各方完成了关于 NDC 特征、信息和核算导则的谈判，审议了共同时间框架问题，决定自 2031 年起各国适用共同时间框架，然而并未就共同时间框架的年限做出决定。相应地，各方决定在 2019 年继续就此问题开展谈判。2019 年，谈判各方基本坚持之前的立场。一些缔约方认为各国必须制定 5 年期的 NDC，一些认为必须制定 10 年期的 NDC，还有一些认为应当尊重各国自行选择的权利，但必须要求统一。由于时间框架是否统一并不对全球气候治理的效果产生实质性影响，相反，如果强求统一反而不利于一些国家结合自身的发展规划、政府换届等因素制定符合本国国情的NDC，因此除极少数国家希望尽早确定共同时间框架的年限外，其他各方在这一问题上更倾向于尊重各国自己的选择。预计在格拉斯哥气候大会上，对这一问题仍将难以达成一致认识。

2. 《巴黎协定》透明度通用报表和报告大纲

《巴黎协定》第 13 条建立了"强化的透明度框架"，相应的实施细则在卡托维兹气候大会上达成。这一透明度体系在为发展中国家提供履约灵活性和支持的情况下，遵循通用的模式、程序和指南，有利于提高缔约方履约报告质量和可比性，督促各方履行条约义务，增进全球气候治理多边机制互信。[①] 透明度实施细则是《巴黎协定》实施细则中篇幅最大的一个细则，在2016～2018 年谈判期间耗用了各方大量的谈判精力，最终谈判就各方履约进展报告的版块、内容、方法学、模式，以及专家审评和促进性多边审议的性质、内容、组织等达成了一致，并决定授权继续就细则中涉及通用报表的内容开展报表设计谈判，同时完成关于报告大纲和审评专家培训计划的设计。

这一议题谈判在 2019 年取得了进展，按照授权应在格拉斯哥气候大会上完成，因此各方原本并未预期在马德里气候大会取得成果，仅需要做出阶段性总结，然而，由于发达国家片面推动《巴黎协定》下的规定制定，忽视《公约》下相应的透明度议题进程，引起发展中国家不满，最终发展中国家不同意就此议题做出结论，捍卫了整个《公约》体系的公平性。这一议题当前存在的分歧主要是以何种形式反映透明度实施细则赋予发展中国家的报告灵活性，以及各方对个别条款存在的不同解读如何在报表设计谈判中

---

① 王田等：《〈巴黎协定〉强化透明度体系的建立与实施展望》，《气候变化研究进展》2019年第 6 期，第 684～692 页。

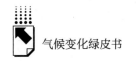

达成一致。由于按照谈判授权，这一议题应当在格拉斯哥谈判中达成，且透明度问题长期以来一直是各方和舆论关注的焦点，预计这一议题仍将在格拉斯哥气候大会上受到关注。能否达成决定，既取决于各方能否在技术层面拿出让彼此满意的方案，也取决于大会整体成果是否能够全面、平衡、包容。

（四）向发展中国家提供资金支持的问题

自《公约》谈判以来，向发展中国家提供资金支持一直是各方关注的焦点。《公约》为发达国家设立的提供资金支持义务，体现了"共同但有区别的责任和各自能力"原则。2019年马德里气候大会上，与会各国在向发展中国家提供资金支持问题上分歧严重，未能就《公约》下长期资金和《巴黎协定》下适应基金问题达成一致。格拉斯哥气候大会除了需要继续就这两个议题以及其他与资金相关的常规议题开展谈判外，还将就发达国家按照《巴黎协定》第9.5条通报计划向发展中国家提供的资金支持议题进行讨论。

资金谈判的本质是解决发展中国家应对气候变化缺乏资源与发达国家缺乏向发展中国家提供支持的意愿之间的矛盾。《公约》给发达国家设立提供资金支持的义务，既是考虑到发达国家要为其造成全球气候变化的历史责任负责，也是考虑到应对气候变化必须依靠全球各国的行动，而发达国家发展水平高、资金技术和智力资源充足，有能力帮助发展中国家共同应对气候变化。然而随着一部分发展中国家的崛起，以及发达国家近年来经济增长放缓、社会矛盾迭出、财政压力增加，发达国家在履行这一义务方面越来越消极。

为满足发展中国家对资金的需求，从而换取其支持，以实现发达国家要求发展中大国加大减排力度、提高行动透明度等方面的诉求，发达国家在谈判中和谈判外的政治活动中采取了三种策略。第一，要求发展中大国也加入出资行列，从而将出资的义务转嫁到部分发展中国家，如《巴黎协定》第9.2条鼓励发达国家以外的"其他国家"也向发展中国家提供资金支持，全球环境基金、绿色气候基金等也鼓励发展中国家自愿出资；第二，积极推动吸纳私人部门参与向发展中国家提供支持，将发达国家政府承担的义务转嫁到私人部门，并将"动员"的私人部门资金作为发达国家履约贡献，如"坎昆协议"①、《巴黎协定》第9.3条等，都将"动员"的私人部门资金与发达国家"提供"的资金并列；第三，积极推动发展中国家自己筹资应对气候变化，从而在不增加发达国家提供资金规模的同时，扩大发展中国家应对气候变化的资金总量，如《巴黎协定》第2.1条第（c）款就要求各国使资金流向低温室气体排放和气候韧性发展道路，发达国家也在各种机制下推动包括发展中国家在内的各国取消化石燃料补贴等不利于应对气候变化的财政政策，以置换出支持应对气候变化的资金资源。然而这些举措并不能取代发达国家在《公约》和《巴黎协定》下的义务，也并不能为发展中国家带来新的、额外的资金支持，甚至会模糊缔约方在国际法下的义务和市场行为之间的区别。预计在格拉斯哥气候大会上，资金问题仍将是最难达成一致的议题，并且由于其处于发展中国家关切的核心地位，因此还有可能会成为阻碍其他议题完成谈判的外部因素。

三 如何准确理解气候行动力度

自2018年《巴黎协定》卡托维兹实施细则谈判达成起，联合国秘书长古特雷斯（António Guterres）和欧盟、瑞士、挪威等欧洲国家，哥伦比亚、智利等部分拉美国家，小岛国和最不发达国家就开始将关注重点转向要求各国提高未来减排力度，以实现1.5℃全球温升控制目标。② 古特雷斯和上述

---

① UNFCCC, "The Cancun Agreements: Outcome of the Work of the Ad Hoc Working Group on Long-term Cooperative Action under the Convention," Decision 1/CP.16, 2010.

② António Guterres, "Secretary-General's Remarks at the Closing of the High-Level Segment of the Talanoa Dialogue, COP-24," UNSG, 2018, https://www.un.org/sg/en/content/sg/statement/2018-12-12/secretary-generals-remarks-the-closing-of-the-high-level-segment-of-the-talanoa-dialogue-cop-24-delivered, 最后访问日期：2020年6月5日；António Guterres, "Secretary-General's Remarks at the Conclusion of the COP24," UNSG, 2018, https://www.un.org/sg/en/content/sg/statement/2018-12-15/secretary-generals-remarks-the-conclusion-of-the-cop24-0, 最后访问日期：2020年6月5日。

这些国家在一系列发言中①，不断提及要求各方提高气候行动力度，但是完全不提《巴黎协定》确定的2℃全球温升控制目标，只提1.5℃，对全球形成误导，但这已经成为当前各方在线讨论的热点问题，并深刻地影响着全球气候治理的走向。

（一）全面准确理解气候行动力度

实现《公约》和《巴黎协定》目标，必须依靠所有缔约方善意履约，全面落实国际条约设定的减缓、适应、发达国家向发展中国家提供支持等实质性义务，以及提高信息透明度等程序性义务。提出未来一个时间段的行动目标承诺，仅仅是履约的一部分。如果只有承诺，没有行动兑现承诺，对于实现《公约》和《巴黎协定》目标没有任何用处。由于《公约》和《巴黎协定》没有建立针对各方承诺实现与否的遵约机制②，无法对缔约方只做承诺而不履行的行为进行约束，因此在履约过程中强调既有气候承诺实施的力度，比强调未来目标和政策措施承诺的力度更加重要。与此同时，由于发展中国家普遍面临应对气候变化资金、技术、政策工具、人力资源不足等问题，因此，为实现具有雄心力度的全球应对气候变化目标，发展中国家获得应对气候变化支持的力度也同样重要。

（二）未来气候行动目标的力度

自2015年各方根据《公约》缔约方大会第1/CP.19号决定和第1/CP.20号决定提出"国家自主贡献意向"（INDC）和"国家自主贡献"

---

① António Guterres，"Secretary-General's Remarks at Closing of Climate Action Summit，"UNSG，2019，https：//www. un. org/sg/en/content/sg/statement/2019 – 09 – 23/secretary – generals – remarks – closing – of – climate – action – summit – delivered，最后访问日期：2020年6月5日；António Guterres，"Secretary-General's remarks to Petersberg Climate Dialogue，"UNSG，2020，https：//www. un. org/sg/en/content/sg/statement/2020 – 04 – 28/secretary – generals – remarks – petersberg – climate – dialogue – delivered，最后访问日期：2020年6月5日。

② Christina Voigt，Xiang Gao，"Accountability in the Paris Agreement：The Interplay between Transparency and Compliance，"*Nordic Environmental Law Journal*，2020（2）．

（NDC）以来，联合国环境署（UNEP）、研究机构、非政府组织等都对各国拟在《巴黎协定》下做出的减排目标承诺开展了评估。UNEP的《排放差距报告2019》[①] 分析认为，当前各国提出无条件实施的NDC，在2030年导致的全球温室气体排放量，超出实现2℃温升控制目标的全球排放路径150亿吨二氧化碳当量，有条件实施的NDC也超出120亿吨二氧化碳当量；无条件实施的NDC超出实现1.5℃温升控制目标的全球排放路径320亿吨二氧化碳当量，有条件实施的NDC超出290亿吨二氧化碳当量。

正是基于UNEP和其他国际组织、研究机构的类似分析和宣传，国际社会普遍认识到按照这样的情景分析，全球难以实现《巴黎协定》确定的温升控制目标。然而这个结论具有两个明显的缺陷。一是全球平均气温变化与大气中累积的温室气体排放相关，而并不是与某一年的排放相关，除非世界各国都按照情景分析中给出的全球排放路径排放温室气体，否则仅凭单一年份全球排放量来判断《巴黎协定》确定的21世纪末全球平均温升控制目标能否实现，不具有科学性。二是由于技术和经济社会发展存在巨大不确定性，科学家们在做情景分析时，对各种经济活动、物质资源投入、减排技术的应用规模等进行了假设，这使得排放路径只能代表科学界基于当前对社会经济活动和科学技术的认知，而做出的对未来发展和温室气体排放的假设，并不代表实现《巴黎协定》目标的必需选择，就如同在新冠肺炎疫情以前，谁也不会预料到新冠肺炎疫情暴发后，全球经济停摆、社会活动模式发生巨大变化，造成排放量显著下降，暂时性地改变了全球排放路径；同时当代社会的人类也很难预期未来几十年的技术进步，因此基于对当前可预期技术的应用，包括夸大规模的应用，来预期未来全球的发展和排放路径，本身就具有很大的不确定性，可以供决策参考，但以此作为决策的必须遵循并不符合科学决策的要求。

从全球气候治理机制来看，《巴黎协定》之所以能够吸引全球各国参与，一定程度上是因为它牺牲了对力度的追求。《巴黎协定》建立的"自下

---

① United Nations Environment Programme, Emissions Gap Report 2019, 2019, Nairobi: UNEP.

而上"自主承诺机制，从逻辑根本上说就没有要求各国一定要做出多大力度的贡献，而是将力度交由各国酌定。为了帮助各国在制定与力度有关的政策决策时有充分的信息参考，尤其是对全球形势有准确的把握，《巴黎协定》建立了全球盘点的机制，通过盘点科学认知、未来排放控制需求和目标、既有实践进展、技术发展、资金资源等，使各国形成提高自主贡献力度的决心和信心，并做出自主决策。当前形势下，在未对既有实践进展进行盘点、技术发展没有变革性突破、资金资源没有保障预期的情况下，企图通过舆论迫使其他国家提高自主承诺力度，违背了《巴黎协定》的精神，将注定无解。

（三）既有气候承诺实施的力度

根据2010年达成的"坎昆协议"，《公约》所有附件一缔约方承诺了到2020年的全经济范围量化减排目标（QEERTs）[1]，部分非附件一缔约方承诺了国家适当减缓行动（NAMAs）[2]。同时，作为《京都议定书》缔约方的附件一缔约方，在《京都议定书多哈修正案》下做出了2013～2020年的第二承诺期量化减排或限排承诺（QELRCs），但《京都议定书多哈修正案》至今尚未生效，因此相应的QELRCs并不具有效力。

根据《公约》相关要求，附件一缔约方需于每年4月15日报告最新温室气体清单。按照缔约方会议决定和实践可得性，最新的清单是提交当年前两年的数据，即2020年清单是2018年的数据。截至2020年6月1日，全部43个附件一缔约方均提交了包含2018年数据的国家温室气体清单。根据规定，发展中国家暂不提交年度温室气体清单，而是根据获得资金支持的情况提交国家信息通报和双年更新报告，并在其中报告最新清单信息，因此总体上，发展中国家温室气体清单信息的完整性、时效性、提交频率相对欠佳，目前尚难以开展对其2020年NAMAs的量化评估。

---

① UNFCCC, "Compilation of Economy-wide Emission Reduction Targets to be Implemented by Parties Included in Annex I to the Convention," FCCC/SBSTA/2014/INF. 6, 2014.

② UNFCCC, "Compilation of Information on Nationally Appropriate Mitigation Actions to be Implemented by Developing Country Parties," FCCC/SBI/2013/INF. 12/Rev. 3, 2015.

根据发达国家（地区）报告的 2018 年排放数据，按照其 2020 年减排目标承诺的基准年、减排承诺数值、减排目标所涵盖的温室气体种类和范围，可以量化得出目标实现进展，如图 1 所示。

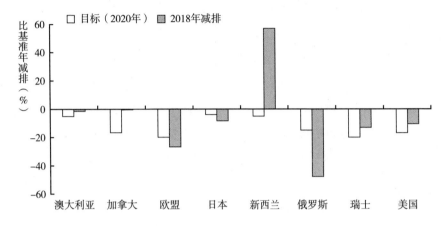

图 1 主要发达国家（地区）2020 年减排目标完成进展

资料来源：各国（地区）2020 年向《公约》秘书处提交的国家温室气体清单。

在主要发达国家和地区中，只有欧盟、俄罗斯和日本已经完成了 2020 年减排目标承诺。日本原本承诺 2020 年比 1990 年减排 25%[①]，但 2011 年福岛事故后，日本调低了减排目标，改为比 2005 年减排 3.8%。2018 年日本排放量比 2005 年降低 8.3%，已经实现 2020 年减排承诺，但这一水平仅比 1990 年降低 2.2%。俄罗斯由于 1990 年以后经济转轨，排放量急剧下降，1998 年全国排放量仅有 1990 年的 46%。之后尽管经济复苏，但全国排放量也只发生小幅变化，到 2018 年排放量仍只有 1990 年的 52%，远远超出减排 15%～20% 的要求。

美国、瑞士减排虽已取得了进展，但能否实现 2020 年目标尚不明确。与基准年 2005 年相比，美国 2018 年全国温室气体净排放量下降了 10.2%，在剩下两年时间内要实现下降 6.8 个百分点，难度很大；类似地，瑞士

---

① UNFCCC, "Compilation of Economy-wide Emission Reduction Targets to be Implemented by Parties Included in Annex I to the Convention," FCCC/SB/2011/INF.1, 2011。

2018年比基准年1990年排放下降了13.1%，剩下两年需下降6.9个百分点，难度很大。

澳大利亚、加拿大、新西兰减排乏力甚至出现排放增长。澳大利亚全国温室气体排放自基准年2000年以来出现先增后降，在2007年达到峰值，比2000年增长了16.4%，之后出现下降，到2016年实现比2000年减排3.5%，但2017年和2018年又出现反弹，2018年减排幅度收窄到1.5%，如果这一反弹趋势持续，预计很难完成QEERTs目标。加拿大排放量自1990年以来总体呈增长趋势，在2008年金融危机导致的排放急剧下降后，2018年又回升到危机前的2007年水平，仅比基准年2005年减排了0.1%，距离减排17%的目标差距显著，且2018年比1990年排放增长了31.8%。新西兰排放趋势与加拿大类似，2018年比1990年排放增长了57.2%，但由于其QEERTs基准年就是1990年，因此尽管新西兰QEERTs仅承诺比基准年降低5%，但2018年出现的不降反增效果最为突出。

新冠肺炎疫情波及全球以来，世界各国的经济停摆、交通运输暂停、能源消费与物质商品生产大幅下降，有可能导致各国2020年碳排放出现8%的大幅度下降①，这与2008年全球金融危机导致的各国排放下降类似，这或许会帮助发达国家在数值上实现2020年QEERTs目标，但在此之后，排放有可能出现反弹。

（四）实施承诺获得资源保障的力度

发达国家在2009年"哥本哈根协定"中承诺到2020年每年提供1000亿美元新的、额外的、可预见的、充分的资金，支持发展中国家应对气候变化，随后这一承诺成为2010年缔约方大会决定，成为"坎昆协议"的一部分。②

---

① IEA, "Global Energy Review 2020," 2020, https：//www.iea.org/reports/global－energy－review－2020/global－energy－and－co2－emissions－in－2020#abstract，最后访问日期：2020年6月15日。

② UNFCCC, "Copenhagen Accord," Decision 2/CP.15, 2009; UNFCCC, "The Cancun Agreements: Outcome of the Work of the Ad Hoc Working Group on Long-term Cooperative Action under the Convention," Decision 1/CP.16, 2010.

发达国家随后根据"坎昆协议",自 2014 年起每两年按照缔约方大会通过的报告指南提交"双年报告",其中包括对提供资金支持的详细报告。

《公约》资金常设委员会(SCF)自 2014 年起,根据发达国家的报告以及其他数据来源,每两年编写一次《气候资金双年评估报告》。根据 2018 年底发布的报告,2016 年发达国家通过公共资金向发展中国家提供了 619 亿美元资金[①];而根据发达国家 2020 年 1 月前后提交的最新"双年报告"[②],2018 年除美国和冰岛以外的发达国家提供的资金支持为 497 亿美元。从出资渠道看,发达国家通过世界银行、亚洲开发银行、非洲开发银行等多边开发机构以及全球环境基金(GEF)提供气候相关资金约 112 亿美元,向绿色气候基金(GCF)、适应基金以及最不发达国家基金(LDCF)等多边气候基金提供专项气候资金 66 亿美元,通过双边渠道提供气候资金 319 亿美元。这些资金支持帮助了发展中国家减缓和适应气候变化,提高了相应能力,但是与发达国家自身的承诺及发展中国家的需求相比,还有很大差距。

根据《公约》和《巴黎协定》,发展中国家履行条约下的义务应获得发达国家提供的支持。许多发展中国家在提出《巴黎协定》下拟实施的 NDC 时,也同时提出了相应的资金需求。有 127 份 NDC 明确提出其自主贡献是有条件的,以小岛国、最不发达国家为主,其中 53 份提出了明确的资金需求数额,总额约为 4.4 万亿美元,平均每年约 3000 亿美元。[③] 各国提出资金需求的数量级从百万美元到万亿美元不等,体现出发展中国家开展气候行动对于资金、技术转移和能力建设支持的迫切需求。例如,印度的资金支持需求为 2.5 万亿美元、南非约 8000 亿美元、埃塞俄比亚为 1500 亿美元、巴基斯坦为 1450 亿美元、摩洛哥为 1275 亿美元、津巴布韦为 980 亿美元、坦桑尼亚为 748 亿美元、孟加拉国为 670 亿美元、赞比亚为 500 亿美元、肯尼亚为 400 亿美元等。

---

① Standing Committee on Finance, "2018 Biennial Assessment and Overview of Climate Finance Flows," Bonn: United Nations Climate Change Secretariat.

② 注:截至 2020 年 6 月 1 日,美国和冰岛尚未提交。

③ 注:数据为本研究根据各国 NDC 整理;多数国家 NDC 提出的资金需求未区分本国资金需求与国际资金支持需求。

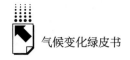

发展中国家能否有效实施 NDC，甚至能否在既有 NDC 基础上进一步加大力度，将在很大程度上取决于发达国家向发展中国家提供资金、技术、能力建设支持的落实力度。

四 "绿色复苏"对全球气候治理的影响

联合国秘书长古特雷斯在 2020 年 4 月 22 日 "世界地球日" 当天提出绿色高质量复苏的倡议。新冠肺炎疫情下全球各国政府的响应政策导致 2020 年全球日碳排放量较 2019 年下降 17% （11% ~ 25%）[①]，但是对实现全球气候目标的贡献可忽略不计。如果在疫情结束后采取化石燃料经济恢复路径，则全球温升幅度还会较基线水平有所增长；如果采取具有绿色激励性质与减少化石燃料投资的恢复路径，2050 年温度升幅可以减小 0.3℃。[②] "绿色复苏"（Green Recovery）旨在借助恢复经济的机会，摆脱传统发展模式的路径依赖，从而让各国在后疫情时代走上更加绿色低碳的发展模式。欧盟、美国等在不同场合都提出了相应的绿色复苏计划。中国生态环境部部长黄润秋多次提出，各国在恢复经济的过程中应当坚持绿色低碳的大方向。发达国家要加强对发展中国家的支持，与发展中国家携手推动全球绿色低碳复苏。各国对 "绿色复苏" 的响应和践行程度将影响 2020 年全球气候治理的格局和 COP26 谈判的进程。

（一）欧盟："绿色复苏"一揽子方案

欧盟在 2019 年 12 月推出了《欧洲绿色协议》（European Green Deal），又称 "欧洲绿色新政"，其最核心的目标是 "2050 年实现碳中和"。在此目标下，欧盟提出了涉及能源、清洁生产、建筑、交通、农业和生物多样性六个方面的气候

[①] Le Quéré, C., Jackson, R. B., Jones, M. W. et al., "Temporary Reduction in Daily Global CO$_2$ Emissions during the COVID – 19 Forced Confinement," *Nat. Clim. Chang*, 2020, https://doi.org/10.1038/s41558 – 020 – 0797 – x.

[②] Forster, P. M., Forster, H. I., Evans, M. J. et al, "Current and Future Global Climate Impacts Resulting from COVID – 19," *Nat. Clim. Chang*, 2020, https://doi.org/10.1038/s41558 – 020 – 0883 – 0.

行动计划，以及资金支持、国际合作、社会动员三个方面的保障机制。① "绿色新政"提出了具有雄心的气候目标，展现了冯德莱恩领导下的欧盟争夺全球气候治理话语权的决心。同时，"绿色新政"几乎涉及所有经济领域，体现了欧盟摆脱传统发展路径的政策目标。② 在此背景下，后新冠肺炎疫情时代欧盟的"绿色复苏"政策是与"绿色新政"一致的、摆脱路径依赖的积极举措。

2020年7月21日，欧盟领导人就2021～2027年复苏计划和长期预算达成一致。该项目一共涉及18243亿欧元，其中7500亿欧元为"欧盟下一代"（Next Generation EU）短期复苏计划的援助和贷款，10743亿欧元为增强长期预算。③ 其中，关于气候行动的投资占30%（约5500亿欧元）。"欧盟下一代"复苏计划由三个投资方向构成：支持成员国复苏、重启经济帮扶私人投资和对疫情危机的反思与补救。该计划的目标为"投资一个更加绿色、数字化和韧性的欧洲"④。该计划特别强调将"与《巴黎协定》相一致"，且不损害"绿色新政"的原则。

"绿色复苏"计划主要包括建筑翻新、可再生能源（氢能）和清洁交通等领域。欧盟各成员国也分别出台了各自的绿色复苏计划。法国在2020年6月底宣布了150亿欧元的全新绿色基金，在7月底追加了包含200亿欧元气候投资的复苏计划，主要加大了建筑物翻新领域的投资。德国在2020年6月初宣布了500亿欧元绿色复苏投资，关注领域为能源转型和可持续交通，并且对氢能给予了特别的关注。⑤ 芬兰宣布了将55亿欧元用于交通运

① European Commission, "A European Green Deal," https：//ec. europa. eu/info/strategy/priorities - 2019 - 2024/european - green - deal_ en. 最后访问日期：2020年8月7日。

② 郑军：《欧盟绿色新政与绿色协议的影响分析》，《环境与可持续发展》2020年第2期。

③ European Commission, "Coronavirus Response", https：//ec. europa. eu/info/live - work - travel - eu/health/coronavirus - response_ en, 最后访问日期：2020年8月9日。

④ European Commission, "The EU Budget Powering the Recovery Plan for Europe," Brussels：European Union, 2020, https：//ec. europa. eu/info/sites/info/files/factsheet_ 1_ en. pdf.

⑤ Coalition Committee, "Fight the Corona Consequences, Secure Prosperity, Strengthen Sustainability," Berlin, 2020, https：//www. bundesfinanzministerium. de/Content/DE/Standardartikel/Themen/Schlaglichter/Konjunkturpaket/2020 - 06 - 03 - eckpunktepapier. pdf? _ _ blob = publicationFile&v =8.

输（包括道路维护升级）的财政计划。匈牙利也发行了 15 亿欧元绿色债券用于运营、维护和升级铁路系统。然而，欧盟对绿色复苏计划中"气候行动投资占比"的方法学定义尚未达成共识，导致欧盟和各国的绿色复苏计划是否能够切实带来气候效应，还有待国际社会观察，这将对其实施效果带来不确定性。

同时，欧盟南北经济发展水平差异和东西绿色发展水平差异也将对"绿色复苏"计划的具体实施带来挑战，例如北欧国家对"公平回报"原则的关切、煤炭转型国家对新能源的抵触依旧将给计划的实施带来不确定性。然而，欧盟的绿色复苏计划具有较以往更强的政治推动力和财政金融保障，凝聚了欧洲的政治和社会共识，是目前全球力度最大、政策最具体的复苏计划，其减少温室气体排放、保障就业、稳定经济的效果也将影响其他国家后疫情时代的路径选择。因此，如果"绿色复苏"计划能够有效落实，并且在 COP26 前展现出较好的效果，将提振各集团进行绿色复苏和转型的信心，并起到巨大的示范和带头作用，进一步加大欧盟在气候谈判中的话语权。

（二）美国：拜登的气候承诺

美国特朗普政府在目前的四轮经济纾困中投入了 2.8 万亿美元，然而其中并没有与气候行动相关的方向。在即将到来的大选中，民主党候选人约瑟夫·拜登在 2020 年 7 月 9 日的演讲中对他当选后的经济恢复计划进行了细致的阐述。拜登明确指出，"建设更加韧性的经济"是他的复苏计划的核心之一，他领导下的美国政府将"购买清洁能源、解决气候变化问题"，并且在第一个四年任期内对电池技术、人工智能、生物科技和新能源将投入 3000 亿美元。[①] 同时，拜登也承诺将重返《巴黎协定》，并且在气候行动领域重新采取积极行动。

虽然拜登的气候承诺在目前没有任何法律效力，其是否能够当选也充满未知，但是这一气候政策与民主党一直以来的立场相一致，因此可以判断如果拜登能够成功当选，美国的复苏道路会较特朗普政府时期产生巨大变化。特别地，美国也将借绿色复苏的机会重新建立其在气候领域丢失的领导权，这一考虑也将加大美国对绿色复苏投入的力度。

（三）其他国家

相较于欧盟国家对绿色复苏的支持力度，其他国家的复苏计划就保守很多。韩国的复苏计划中绿色支出占比为15%，是除欧盟国家绿色复苏计划以外力度最大的绿色复苏计划。韩国在数字经济转型上的投入，也体现了韩国试图通过复苏计划对传统经济模式进行升级的意愿。与此同时，韩国的复苏计划也考虑到既有产业的现实，例如其在煤炭产业上投入8亿美元。

英国财政大臣苏纳克声称其复苏计划"将绿色复苏放在核心地带"，将复苏计划财政支出的10%（约30亿英镑）投入气候相关领域，其中20亿英镑用于房屋效率升级，10亿英镑用于建筑绿色升级。然而其演讲中提及的气候行动的次数、气候投资所占比例和投资领域都难以足够体现英国对实现绿色复苏的决心。美国由于特朗普政府一如既往的消极气候态度，在四轮总额超过2.8万亿美元的经济纾困计划中并没有与气候相关的政策。

发展中国家的经济复苏计划普遍没有将"气候行动"作为独立的政策进行考虑。尼日利亚的经济复苏计划强调了对光伏产业和天然气的投资。然而其能源结构的调整更多出于对国际油价下跌的考虑而非全球气候治理，因此其政策也可能会受到国际油价的回升而调整。印度20万亿卢比的复苏计划中与气候行动相关的政策较少，反而对传统煤电等高污染工业给予更多支持，同时也计划将更多林地用于工业。中国的经济复苏计划以"六稳""六保"作为重心，同时存在着气候积极和气候消极的因素。在"新基建"投资计划中，城际高速铁路和城际轨道交通、新能源汽车以及特高压都属于绿色产业范畴，5G、人工智能等对于未来环境友好型社会的建设也不可或缺，体现了刺激计划对可持续发展的长远布局。然而短期内燃煤发电等传统工业的复苏也难以避免，这对气候目标的实现带来了挑战。

　　"绿色复苏"是国际社会对后疫情时代发展方式所达成的共识，但是不同国家对绿色复苏的响应程度和执行手段有很大不同。在以欧盟为首的发达国家（地区）的复苏计划中，绿色复苏往往构成重要且独立的议题，但是不同国家对执行这一计划的态度不尽相同。同时，"气候行动投资占比"的方法学定义为绿色复苏的执行力度带来了较大的不确定性。发展中国家的经济复苏计划更多侧重于民生保障和经济恢复，绿色复苏并非复苏计划的核心任务。基建和能源领域的投入不可避免会对气候行动造成短期压力，而新能源领域的投入更多是为了创造新动能和补偿传统工业造成的气候压力。

表1　部分国家或地区绿色复苏计划

国家/地区	复苏总投资（亿美元）	气候相关投资（亿美元）	占比（%）	主要领域
欧盟	21504	6483	30	建筑翻新、可再生能源(氢能)、清洁交通
意大利	1827	—	—	
法国	1627	413	25	建筑翻新、电动汽车
德国	1460	560	38	新能源、交通
芬兰	—	65	—	道路交通
英国	391	39	10	建筑翻新
美国	28000	0	0	—
印度	2660	—	—	
中国	5382	—	—	
尼日利亚	66	9	14	新能源(光伏)、天然气
韩国	725	106	15	新能源

资料来源：Carbon Brief, "Coronavirus: Tracking How the World's 'Green Recovery' Plans Aim to Cut Emissions," 2020, https://www.carbonbrief.org/coronavirus – tracking – how – the – worlds – green – recovery – plans – aim – to – cut – emissions，最后访问日期：2020年8月9日。

五　格拉斯哥气候大会展望

　　《公约》秘书处在2020年6月23日已经宣布，COP主席团决定将原计划2020年6月召开，后因疫情推迟到10月的附属机构会议，再次推迟到

2021 年举行。这意味着 2020 年将不会有任何正式的现场谈判活动，成为
《公约》生效以来的首次。这也使得各方将更加关注 2021 年的格拉斯哥气
候大会。格拉斯哥气候大会成为《巴黎协定》全面实施后的首次缔约方大
会，既需要完成已经确定的各项谈判授权，又承载了新冠肺炎疫情后全球对
构建人类命运共同体和绿色复苏的期待，在多重因素影响下，有可能成为又
一次全球应对气候变化的峰会。

从当前 COP26 主席国英国在各种公开场合表达的意愿看，英国没有把
谈判作为 COP26 的重点，而是把推动全球全面行动作为 COP26 的核心任务，
包括推动能源低碳化、道路交通零碳化，推动各方关注适应气候变化和气候
韧性，为转向零碳经济和适应气候变化提供资金，确保全球气候和生物多样
性保护相互支持。这使得各方有可能面临一个全新的 COP 模式，即在谈判
之前的准备期和 COP26 的谈判议题之外，需要投入更多的精力考虑如何就
全球行动形成倡议、安排，甚至将有共识的方面以妥善的方式引入缔约方会
议决定。COP25 主席国智利曾经做了这样的尝试，但是因为没有把握好平
衡，没有做好事前准备，最终失败了。英国作为传统外交强国能否在 COP26
做出变革，值得关注。

作为全球气候治理的另一个关键参与者，美国将于 2020 年 11 月 4 日退
出《巴黎协定》。这给原本计划在 2020 年底举行的格拉斯哥气候大会带来
重大的负面政治影响。然而格拉斯哥大会推迟一年举行，而其间面临美国总
统大选。如果 2021 年 1 月特朗普连任，那么在其第二任期内美国联邦政府
和各州、企业、NGO 等对《公约》《巴黎协定》和全球气候治理的态度会
不会发生改变？如果民主党人拜登当选美国下一任总统，按照拜登目前的表
态，其将在就任后第一时间重新加入《巴黎协定》，这又将对全球气候治理
的格局，尤其是大国博弈产生重大影响。因此对美国在接下来这几个月内的
动态，也需要予以密切关注。

绿色复苏是全球气候行动的巨大变量。为了避免疫情过后的报复性温室
气体排放，并借此机会摆脱传统路径依赖，绿色复苏政策对气候目标的实现
至关重要。欧盟在绿色复苏中担任领导者，其实施效果也将决定其他国家的

复苏政策。发展中国家的复苏计划将更多关注经济的恢复，在短期内给气候行动带来较大压力，也给自身气候形象带来挑战。然而，发展中国家对于新能源、建筑等领域的投资将带来长远的气候红利，这也可成为发展中国家捍卫自身正当性的重要抓手。

格拉斯哥气候大会是将继续聚焦未来减排目标和路径，成为向排放大国和经济大国施压的大会，还是将全面平衡推动应对气候变化行动的落实，成为全球气候治理从制定规则到有效实施的转折，既取决于英国的态度，也取决于各方在会前这一年半时间内的博弈。为此，中国应当主动、积极地与各方进行沟通交流，推动全球气候治理朝着更加公平合理的方向发展。

G.4
国家自主贡献更新模式
及中国的应对

樊　星*

摘　要： 国家自主贡献（NDC）是《巴黎协定》最核心的制度，体现了全球气候治理模式从"自上而下"到"自下而上"的变迁。根据《巴黎协定》及相关会议决定，各方将在 2020 年通报或更新其国家自主贡献。分析各国 NDC 的更新模式和特征，对于推动《巴黎协定》的实施具有重要意义。2015 年左右，193 个缔约方提交了 165 份预期的自主贡献（INDC），展示了各方积极采取气候行动的意愿。截至 2020 年 7 月 1 日，13 个缔约方通报或更新了 NDC，更新模式主要包括七类：提高目标数字、拓展减缓目标类型和范围、增加 2050 年目标、丰富政策措施、主动适用导则、突出实施进展亮点和增加适应目标。经过分析，部分国家的更新暴露出了一些问题，包括量化目标数字调高但实际力度倒退、调整目标类型后力度不可比、回避近期 2030 年目标而提出 2050 年远期目标，仅提出目标而缺乏相应政策措施，以及实施 NDC 的资金需求巨大但既有资金支持不到位缺乏实施保障。建议我国加强与各方对话，巩固《巴黎协定》"自下而上"的安排，树立合理的"力度观"，强化国内的 NDC 筹备工作并加强关于 NDC 实施的国际合作和交流。

---

* 樊星，国家应对气候变化战略研究和国际合作中心助理研究员，主要从事应对气候变化国际机制及国际气候谈判战略研究。

关键词：　《巴黎协定》　国家自主贡献　减排目标

一　引言

国家自主贡献（Nationally Determined Contributions，以下简称 NDC）是《巴黎协定》所确定的"自下而上"核心机制，各国将以"自主决定"的方式确定其气候目标和行动。2020 年是《巴黎协定》下 NDC 正式开始实施前的最后一年，也是各缔约方通报或更新 NDC 的关键一年。2019 年 9 月，联合国秘书长古特雷斯在美国纽约组织召开了气候行动峰会，敦促各国以实现 2050 年净零碳排放和 1.5℃ 温升控制为目标，制定和提高 NDC 力度[①]，随后，在 2019 年底的马德里会议上，智利主席提出以提高减排力度和在 2050 年实现全球净零碳排放为核心要务，并且在国际社会形成声势[②]。根据《巴黎协定》及巴黎大会一号决定，各方将在 2020 年通报或更新其 NDC，因此，《巴黎协定》各缔约方如何通报或更新其 NDC 成为国际社会关注的焦点。2015 年左右，193 个缔约方曾提交了 165 份数 INDC，展示了各方积极采取气候行动的意愿。截至 2020 年 7 月 1 日，共有 13 个缔约方通报或更新了其 NDC。由于各方 NDC 具有"由国家自主决定"的特征，各方 NDC 在目标类型、内容、形式等方面有所差异，更新模式也各不相同。《巴黎协定》的持续有效实施需要各方的积极参与和务实推动，而不应片面关注目标数字的提升和不加区分地要求所有国家制定相同的 2050 年净零碳排放战略。

---

① United Nations "Report of the Secretary-General on the 2019 Climate Action Summit and the Way Forward in 2020," 2019, https：//www. un. org/en/climatechange/assets/pdf/cas_ report_ 11 _ dec. pdf.

② 樊星、王际杰、王田、高翔：《马德里气候大会盘点及全球气候治理展望》，《气候变化研究进展》2020 年第 3 期，第 367 ~ 372 页。

二 《巴黎协定》及其实施细则对国家
自主贡献的安排和要求

（一）关于 NDC 频率、力度的要求

《巴黎协定》第四条①就 NDC 的提交、更新、力度和目标类型等做出了规定。关于 NDC 提交的频率，《巴黎协定》要求各缔约方每五年通报一次NDC，并且缔约方也可随时基于提升贡献目标水平的方向来调整已经提出的NDC。关于后续贡献的力度，《巴黎协定》要求各国后续的 NDC 比当前的有所进步，并反映其尽可能大的努力。关于贡献目标的类型，《巴黎协定》要求发达国家缔约方继续起带头作用，努力实现全经济范围内的绝对减排目标，发展中国家继续加强减缓努力，鼓励根据不同的国情，逐渐转向全经济范围减排或限排目标。

（二）细则对于 NDC 信息和核算透明度的要求

NDC 导则②旨在为各方通报国家自主贡献提供指导和帮助，主要在以下几方面做出了安排：第一是导则"何时适用"的问题。导则明确了各方从其通报第二轮国家自主贡献时开始适用的信息和核算导则，同时还明确了那些已经提出 2030 年国家自主贡献目标的国家，在 2020 年通报的 NDC 仍属于第一轮；导则也"非常鼓励"（strongly encourage）各方在 2020 年通报或更新其 NDC 时适用本信息导则。第二是"报什么"的问题。信息导则提供了附件，各缔约方将根据其国家自主贡献的适用性，选择附件中的信息要素进行通报；此外，导则还指出，不排除 NDC 包括减缓以外的其他内容，并

---

① "Paris Agreement," https：//unfccc. int/sites/default/files/resource/docs/2015/cop21/eng/10a01. pdf.

② UNFCCC, "Further Guidance in Relation to the Mitigation Section of Decision 1/CP. 21. Decision 4/CMA. 1," https：//unfccc. int/sites/default/files/resource/cma2018_ 03a01E. pdf.

特别明确了《巴黎协定》第七条第 10 款和第 11 款所涉及的适应信息通报的信息，可以作为 NDC 的一部分提交。第三是"如何核算"的问题。核算导则对核算方法前后一致性、度量衡以及核算原则等做出了安排。

三 国家自主贡献通报或更新的最新情况

（一）2015 年左右各国首次提交 INDC 情况

2015 年左右，共有 193 个缔约方提交了预期的国家自主贡献（INDC）[1]，其中，欧盟及其 28 个成员国为一份。随着各国批准《巴黎协定》，各方 INDC 将自动转为 NDC，被记载于《联合国气候变化框架公约》临时登记簿。[2] 在已经提交了 INDC 的这些国家中，也门、南苏丹、伊朗、伊拉克和土耳其这 5 个国家到目前为止尚未批准《巴黎协定》[3]，因此在《联合国气候变化框架公约》临时登记簿中没有以上国家的 NDC。尼加拉瓜、巴勒斯坦、叙利亚、特立尼达和多巴哥这四个国家未提交 INDC，直接提交了 NDC。厄立特里亚和利比亚签署了《巴黎协定》，但至今尚未批准，并且未提交 INDC 和 NDC。

（二）2020 年各国再次通报或更新 NDC 的情况

截至 2020 年 7 月 1 日，《联合国气候变化框架公约》临时登记簿中共有 186 个缔约方[4]通报的 NDC。截至 2020 年 7 月 1 日，13 个国家通报或更新了 NDC，按提交顺序分别为：马绍尔群岛、苏里南、挪威、瑞士、摩尔多

---

[1] 《各缔约方提交的 INDC 文件载于〈联合国气候变化框架公约〉INDC Portal》，https：//www4. unfccc. int/sites/submissions/indc/Submission%20Pages/submissions. aspx。

[2] 《各缔约方提交的 NDC 文件载于〈联合国气候变化框架公约〉临时登记簿》，https：//www4. unfccc. int/sites/ndcstaging/Pages/Home. aspx。

[3] 《〈巴黎协定〉批准情况》，https：//treaties. un. org/Pages/ViewDetails. aspx？src = TREATY&mtdsg _ no = XXVII－7－d&chapter = 27&clang = _ en。

[4] 注：厄立特里亚至今尚未批准《巴黎协定》，不属于《巴黎协定》缔约方，但也提交了 NDC，被记载于 UNFCCC 临时登记簿。

瓦、赞比亚、新加坡、日本、智利、新西兰、卢旺达、安道尔和牙买加。其中，马绍尔群岛和苏里南曾经提出的是 2025 年目标，本次提出了 2030 年目标。关于 NDC 的"轮数"定义，根据 4/CMA.1 第 7 段①，在 2020 年通报或更新的 NDC 均属于第一轮。2015 年 3 月，欧盟 28 国（含英国）提交了 INDC，欧盟在 2019 年底颁布的《欧洲绿色协议》中提高了减缓目标，因此，预计欧盟将在其 2020 年更新的 NDC 中提高其减缓目标。英国于 2020 年 1 月 31 日正式脱欧，并表示将在 2020 年以英国的缔约方身份更新其 NDC。

（三）各国更新 NDC 的主要模式

1. 提高目标数字

自 2018 年达成卡托维兹实施细则后，在联合国、《联合国气候变化框架公约》（以下简称《公约》）秘书处和欧盟成员国等部分发达国家缔约方的力推下，"提高 NDC 目标力度"成为气候多边进程的主题并且持续发酵。在马德里会议期间，智利主席国还试图以为提高目标的国家亮灯的方式，向未提高目标的国家施加压力。"提高 NDC 目标力度"也成为目前气候多边进程中对于 2020 年 NDC 更新模式呼声最高的方式之一。

目前已经通报或更新 NDC 的 13 个缔约方中，马绍尔群岛、挪威、摩尔多瓦和牙买加提高了其 NDC 的目标数字。马绍尔群岛曾经提交的 NDC 指出，到 2030 年温室气体相比 2010 年水平减少 45%，新提交的 NDC 将其 2030 年目标提高到"至少减少 45%"②。挪威提出 2030 年，温室气体排放相比 1990 年水平减少至少 50%，并力争 55%，③ 这与其 2015 年提出的 NDC

---

① 4/CMA.1，https：//unfccc.int/sites/default/files/resource/cma2018_03a01E.pdf.

② 《马绍尔群岛国家自主贡献》（The Republic of the Marshall Islands Nationally Determined Contribution），https：//www4.unfccc.int/sites/ndcstaging/PublishedDocuments/Marshall%20Islands%20Second/20181122%20Marshall%20Islands%20NDC%20to%20UNFCCC%2022%20November%202018%20FINAL.pdf.

③ 《挪威国家自主贡献更新》（Update of Norway's Nationally Determined Contribution），https：//www4.unfccc.int/sites/ndcstaging/PublishedDocuments/Norway%20First/Norway_updatedNDC_2020%20（Updated%20submission）.pdf。

目标相比提高了 10 个百分点。摩尔多瓦将 2030 年相对 1990 年水平无条件减排目标从 64%~67% 提高至 70%，有条件减排目标从 78% 提高至 88%。[①]牙买加的 2030 年无条件减缓目标由原来的相比 BAU 情景减排 7.8% 提高到减排 25.4%，有条件减缓目标由原来的相比 BAU 情景减排 10% 提高到减排 28.5%。[②]

2. 改变或拓展减缓目标类型和范围

在各国 2015 年左右提交的 NDC 中，发达国家基本以全经济范围量化减排目标作为 NDC 减排目标，除此之外，瑞士和新西兰还提出了碳预算的目标。一些国家选择以拓展目标的范围来更新 NDC，一方面，是拓展减排所涉的部门、行业和气体等；另一方面，是增加其他类型的目标，例如增加碳强度目标、可再生能源目标和非二氧化碳目标等。

在本次通报或更新的 NDC 中，改变目标类型或拓展目标范围的包括挪威、新加坡、智利、新西兰和苏里南。挪威曾经提出 2021~2030 年的碳预算目标，本次将目标更新为 2030 年的单年目标。新加坡在 2015 年通报的 NDC 中承诺，到 2030 年其温室气体排放强度（以下简称排放强度）相比 2005 年水平降低 36%，并在 2030 年左右温室气体排放达到峰值，温室气体包括除 NF_3 以外的其他 6 种气体（CO_2、CH_4、N_2O、HFCs、PFCs、SF_6）。本次更新为 2030 年达峰并提出了具体排放控制数值，将达峰目标改为与发达国家类似的全经济范围量化限排目标，即"在 2030 年左右达到 6500 万吨 CO_2 当量的排放峰值"。此外，新加坡还扩大了温室气体覆盖范围，将 NF_3 纳入减缓目标。[③]

① 《摩尔多瓦共和国国家自主贡献更新》（Updated Nationally Determined Contribution of the Republic of Moldova），https：//www4.unfccc.int/sites/ndcstaging/PublishedDocuments/Republic%20of%20Moldova%20Second/MD_Updated_NDC_final_version_EN.pdf。

② 《牙买加国家自主贡献更新》［Update of Nationally Determined Contribution（NDC）of Jamaica］，https：//www4.unfccc.int/sites/ndcstaging/PublishedDocuments/Jamaica%20First/Updated%20NDC%20Jamaica%20-%20ICTU%20Guidance.pdf。

③ 《新加坡第一轮国家自主贡献更新及相关信息》［Singapore's Update of Its First Nationally Determined Contribution（NDC）and Accompanying Information］，https：//www4.unfccc.int/sites/ndcstaging/PublishedDocuments/Singapore%20First/Singapore%27s%20Update%20of%201st%20NDC.pdf。

智利曾经提出森林和碳强度目标，本次提出的目标是全经济范围量化减排目标和黑炭目标。① 新西兰在 2015 年的 NDC 中提出了全经济范围量化减排目标，即 2021~2030 年温室气体排放相比 2005 年水平减少 30%，未提及适应目标和措施，本次提交的 NDC 未调高其减排目标数字，但是增加了甲烷减排的目标，提出了生物甲烷排放目标，即到 2030 年，生物甲烷排放相比 2017 年水平减少 10%，到 2050 年，生物甲烷排放相比 2017 年水平减少24%~47%。② 苏里南曾提出的减缓贡献体现在森林和可再生能源两个方面，本次通报的 NDC 提出了森林、电力、农业和交通四个方面的贡献。③ 牙买加的减缓目标覆盖范围由仅包括能源部门更新为既包括能源部门也包括 LULUCF（土地利用、土地利用变化和森林）部门。

3. 增加2050年目标愿景

自 2019 年联合国气候行动峰会以来，在部分发达国家的引导下，全球气候多边进程中各国对于各方"提高力度"的期待主要聚焦于两个方面，一方面是各方目标数字的提高，另一方面则是将目标放远到 2050 年，提出 2050 年实现碳中和。在已经通报或更新 NDC 的 13 个国家中，7 个国家在 NDC 中对于"2050 年实现碳中和"作出了相关承诺，可见，提出 2050 年目标也成为更新 NDC 的方式之一，甚至在多边进程中被部分国家视作"提高目标力度"的标志。

---

① 《智利国家自主贡献（2020 更新）》［Chile's Nationally Determined Contribution（Update 2020）］，https：//www4. unfccc. int/sites/ndcstaging/PublishedDocuments/Chile% 20First/ Chile%27s_ NDC_ 2020_ english. pdf。
② 《根据〈巴黎协定〉通报和更新的新西兰国家自主贡献》（Submission under the "Paris Agreement" Communication and update of New Zealand's Nationally Determined Contribution），https：//www4. unfccc. int/sites/ndcstaging/PublishedDocuments/New% 20Zealand% 20First/ NEW% 20ZEALAND% 20NDC% 20update% 2022% 2004% 202020. pdf。
③ 《苏里南 2020 年国家自主贡献》（The Republic of Suriname Nationally Determined Countribution 2020），https：//www4. unfccc. int/sites/ndcstaging/PublishedDocuments/Suriname% 20Second/ Suriname% 20Second% 20NDC. pdf。

表1　通报或更新的 NDC 中提出 2050 年目标的相关表述

国家	2050 年目标表述
新西兰	到 2050 年,将温室气体(生物甲烷除外)的净排放量减少到零,以及生物甲烷排放量将比 2017 年水平减少 24% ~47%
马绍尔	重申最迟到 2050 年实现温室气体净零排放
智利	到 2050 年实现温室气体中和,需要从降低温室气体排放和增加自然碳汇两方面行动
瑞士	瑞士正在制定 NDC,将通过反映联邦委员会决定的"旨在到 2050 年实现净零排放"以及应用 2018 年达成的自主贡献导则来体现 NDC 的提升
挪威	实施 2030 年强化的 NDC 将是挪威到 2050 年向低排放社会转型进程的重要组成部分
日本	日本将通过人工光合作用和其他 CCUS 技术、实现氢社会等颠覆性创新,力争在 2050 年后尽早实现"脱碳社会"
安道尔	安道尔打算采取各种行动,以在 2030 年之前减少温室气体排放,并在 2050 年之前实现温室气体排放的中和

4. 强化或丰富政策措施

各国 NDC 内容由国家自主决定,因此,各国的 NDC 目标类型和描述方式各具特点。从各方 2015 年左右提交的 INDC 情况来看,国际社会普遍关注 NDC 中提出的减缓目标,同时也有相当一部分国家除了提出目标以外的政策措施,还更为清晰地描述了如何实现目标。但是,提出政策措施较多的是发展中国家,大部分发达国家 NDC 中只有目标,而没有提供"如何实现目标"的政策措施内容。因此,补充或细化政策措施是各方在通报或更新 NDC 中可能采取的模式。

本次更新的 NDC 中,尽管日本和新西兰两个国家更新的 NDC 篇幅均不长,但两个国家的共同之处在于均补充了政策措施的相关内容。日本指出:"2016 年 5 月,日本在 INDC 后,提出了应对全球变暖的计划,其中包括具体的应对措施和政策措施。此后,日本进行了年度进展审查,并作出了坚定的努力。"① 新西兰指出,"新西兰建立了排放预算框架并制定了实现长期目标的计划和政策……在 2019 年 12 月成立了新的独立气候变化委员会,将提

---

① 《日本国家自主贡献 (提交版)》(Submission of Japan's Nationally Determined Contribution)。

供专家咨询和监测服务，旨在协助历届政府实现气候长期目标"。

5. 主动适用导则提高 NDC 透明度

2018 年卡托维兹会议达成了国家自主贡献实施细则，4 号决定（4/CMA.1）形成了关于国家自主贡献的特征、信息和核算导则，为各方后续 NDC 的提交提供了参考。其中，信息导则"强烈欢迎"各方在其第一轮 NDC 中适用信息导则的要求，并提供相关信息。本次通报或更新的 NDC 中，马绍尔群岛、挪威、新加坡、智利和牙买加均已参考 4/CMA.1 信息导则的要求通报了七方面的内容，以更为透明、清晰和易懂的信息呈现其 NDC 目标。瑞士和日本表示，之后将按照 4/CMA.1 的要求提供国家自主贡献相关信息。

6. 突出实施进展亮点

《巴黎协定》实施细则达成后，全球气候治理的多边进程重心逐渐由谈判转向实施。在 NDC 更新中提供更多实施进展信息和进展亮点，将对于《巴黎协定》的全面、持续、有效实施释放积极信号，以呈现推动落实《巴黎协定》的良好进展。与此同时，这也将实现与其他各方分享最佳实践的目的，全面呈现各国积极开展行动的意愿和已经取得的行动成果。

目前，在 13 个已经通报或更新 NDC 的国家中，日本和苏里南提供了其减排成效和进展。日本指出："日本从 2014 财年（FY）到 2017 财年（根据 2018 财年的初步数据，连续五年）连续四年减少温室气体（GHG）排放。截至 2017 财年，累计降幅超过 8%，而 2018 财年的初步数据显示约为 12%。因此，日本为减少全球温室气体排放作出了贡献。"苏里南在此次 NDC 中提供了其关于森林和可再生能源的立法进展，以及农业和交通部门的规划执行成效。

7. 增加或丰富适应目标及政策

根据《巴黎协定》第 3 条，NDC 不仅包含减缓，还包括适应、资金、技术和能力建设等各要素。尽管在某些发达国家的引导下，国际社会对于 NDC 中减缓贡献的关注较多，但也不能改变国家自主贡献包括减缓以外要素的特性，添加或丰富适应措施也成为更新 NDC 的方式之一。

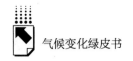

新西兰、智利在本次更新的 NDC 中添加了适应的目标和政策。新西兰指出，其将以协调的方式制定定期措施以应对气候变化影响，包括国家气候变化风险评估和国家适应计划。智利将适应目标由原来的两方面扩展为四方面，分别为：一是到 2021 年智利将构建长期气候适应成分战略，并确定目标、范围、目标和要素；二是将通过国家适应计划来强化国家适应气候行动；三是到 2025 年将强化地方层面的适应气候变化能力和机构；四是在 NDC 的执行阶段，将更新和扩大关于智利气候脆弱性和风险的现有研究和分析，并考虑到方法学中的性别问题。

四 国家自主贡献通报和更新的问题

2020 年不仅是各方通报或更新 NDC 的重要时间节点，也是《巴黎协定》正式开始实施前的最后一年。各方通报或更新 NDC，一方面反映了《巴黎协定》缔约方自愿积极采取气候行动的意愿，另一方面也是推动《巴黎协定》持续有效实施的重要信号。但是，结合目前气候多边进程中部分国家对于将《巴黎协定》目标仅锁定为 1.5℃温升控制的偏颇呼声，以及对各方只有提高 NDC 减缓目标数字才是真正"提升力度"的呼吁，我们发现目前已经提交的 13 份 NDC 反映出了一些问题，这些问题将对气候多边进程走向产生一定影响。

（一）数字调高但实际力度倒退

在联合国秘书长和《公约》秘书处以及部分发达国家的引导和呼吁下，国际社会对于 NDC 力度增大的理解锁定于"数字的提高"。但需要注意的是，并非所有目标数字的提升都意味着力度的增大。本次更新 NDC 的国家中，就有国家看似提高了目标数字，但实际承诺目标的排放水平反而更高，目标力度有所倒退。如此次更新中，摩尔多瓦将 2030 年相对 1990 年水平无条件减排目标从 64% ~67% 提高至 70%，有条件减排目标从 78% 提高至 88%，但同时，摩尔多瓦也调高了 1990 年基准年的排放数据，将含

LULUCF 温室气体排放总量从 3750 万吨调高至 4340 万吨。将基准年排放水平调高，使得更新后 2030 年减排 70% 后的排放量（约为 1302 万吨），与更新前减排 67% 后的排放量（约为 1237.5 万吨）相比，实现目标后的排放水平反而更高，减排力度不但没有提升，反而有所倒退。

（二）更换目标类型后力度不可比

NDC 具有"由国家自主决定"的特征，对于其目标是否有力度由国家自己来评判，当缔约方在此次更新的 NDC 中更换了目标类型后，虽然缔约方将围绕其力度作出解读和评估，但外界无法将两次 NDC 目标的力度进行比较。例如，此次智利称提高了其 NDC 的目标力度，但是，智利第一次提出的目标是碳强度目标和森林目标，此次提出的是绝对量化限排目标和黑炭目标。智利曾承诺到 2030 年将其单位国内生产总值二氧化碳排放量减少到 2007 年水平的 30%，在获得国际资金支持的情况下，将其单位国内生产总值二氧化碳排放量减少到 2007 年水平的 35%~45%。但由于未提供 2007 年的碳强度水平以及构成强度水平的 GDP 数值和绝对排放量，因此也无法计算出 2030 年的绝对排放量，此次 NDC 承诺"2020~2030 年的温室气体排放预算不超过 1100 百万吨 CO_2 当量，2025 年达到最大（峰值）温室气体排放量，2030 年达到 95 百万吨 CO_2 当量"更换了目标类型，因此两次目标力度无法进行比较。

（三）回避近期目标但提出远期目标的"向远看"趋势明显

在 2019 年的联合国气候行动峰会上，古特雷斯呼吁各缔约方提高 NDC 目标力度并制定 2050 年碳中和战略，此后，全球气候多边进程中聚焦 2050 年远期目标的趋势越发明显，似乎形成了一种偏颇的理解：把"力度"锁定为目标数字的提高和制定 2050 年碳中和战略，否则难以体现力度的提升。但是，"聚焦落实"始终是气候多边进程中的重点，各方都不应回避盘点既有承诺的实施进展。2020 年不仅是各方通报或更新 NDC 的一年，也是盘点 2020 年前气候行动的关键一年，其意义不仅是回顾以往承诺的履行情况，更是各国实施 NDC 和实现 2025 年或 2030 年气候目标的重要基础。可以看到，部分国家提出了"2050 年实现碳中和"的战略，其充满力度的气候雄心和积极意愿值得肯定。然而，通过分析我们也注意到，一些附件一国家，例如瑞士，其 2020 年目标履行情况欠佳（2018 年仅完成了 2020 年目标的 65.3%），并且其在 2019 年提供的第四次双年报中预测 2030 年目标"无法完成"①，在此次更新 NDC 时，瑞士没有提高其 2030 年的 NDC 目标，但却表示将制定 2050 年碳中和战略。② 回避当下近期目标却试图聚焦远期目标，似乎有失目标的"务实性"，也不利于各方聚焦落实，更不利于为《巴黎协定》的持续有效实施奠定基础。

（四）仅有目标，缺乏具体措施和行动

NDC 是各国展现其气候行动意愿和贡献的重要载体，在 NDC 中提供目标是体现各国贡献的一种方式，但也有相当部分的国家除目标之外还提供了丰富的政策措施，这将更好诠释如何实现目标，提供政策措施也将更容易理解其如何确保目标的实现。从各方在 2015 年提交的 NDC 情况来看，部分国家特别是发达国家，在 NDC 中仅提供了目标，但是缺乏具体的措施和行动。在《公约》附件一的 43 个缔约方中，仅有澳大利亚、日本、挪威、摩纳哥这 4 个缔约方报告了目标以外的减缓政策和措施信息，37 个缔约方（占《公约》附件一国家的 86%）都仅报告了气候行动目标，未报告落实目标将采取的政策和措施信息。在目前通报或更新的 13 份 NDC 中，马绍尔群岛、苏里南、智利和卢旺达提供了更丰富的政策措施，但挪威、瑞士、新西兰仍仅对目标作出了澄清，没有提供政策措施的相关信息。

（五）"有条件"的 NDC 资金需求巨大

获得充足的资金、技术和能力建设支持，是发展中国家开展气候行动的

---

① 《瑞士第四次双年报》，https：//unfccc.int/documents/204758。
② 《根据 UNFCCC 第 1/CP. 21 号决定第 24 ~ 25 段通报和更新的瑞士 NDC》（Communication and update on Switzerland's NDC in accordance with UNFCCC decision1/CP. 21, § 24 – 25），https：//www4. unfccc. int/sites/ndcstaging/PublishedDocuments/Switzerland% 20First/Letter% 20NDC% 20Communication% 20UNFCCC_ Switzerland. pdf。

基本前提，也是很多国家制定"有条件"NDC 的重要原因。对于发展中国家而言，应对气候变化面临巨大挑战，一方面，诸多发展中国家除应对气候变化外，还面临经济建设、环境保护、减少贫困、粮食安全、教育普及等多项国内发展优先事项，国内财政预算很难确保在应对气候变化的减缓和适应行动上有充足的资金支持。另一方面，受国情和能力约束，发展中国家在低碳技术和应对气候变化能力方面与发达国家存在较大差距，需要获得与行动相匹配的支持和援助，以确保其 NDC 的实施。

根据各方 2015 年左右提交的 NDC，约 80% 是有条件的 NDC，无条件的 NDC 以发达国家为主。其中，53 份 NDC 提出了明确的资金需求数额，总额约为 4.4 万亿美元，平均每年约 3000 亿美元。[①] 各国提出资金需求的数量级从百万美元到万亿美元不等，体现出发展中国家开展气候行动对于资金、技术转移和能力建设支持的迫切需求。例如，印度的资金支持需求为 2.5 万亿美元、南非约 8000 亿美元、埃塞俄比亚为 1500 亿美元、巴基斯坦为 1450 亿美元、摩洛哥为 1275 亿美元、津巴布韦为 980 亿美元、坦桑尼亚为 748 亿美元、孟加拉国为 670 亿美元、赞比亚为 500 亿美元、肯尼亚为 400 亿美元等。可见，发展中国家实施 NDC 的资金需求巨大，但是，仅以目前发达国家"提供 1000 亿美元"承诺的履行情况来看，发展中国家获得的支持有限，其 NDC 缺乏有效实施的资金保障。

五 中国的应对策略

（一）加强与各方对话沟通，巩固《巴黎协定》"自下而上"的安排

《巴黎协定》确定了全球气候治理"自下而上"的机制，为各国以"自

---

① 注：多数 NDC 提出的资金需求未区分本国资金需求与国际资金支持需求。

主决定"的方式制定行动目标做出了制度安排，也是各缔约方经"自主决定"后作出承诺的规则保障。从2020年上半年各国更新NDC的模式来看，更新模式具有多种。《巴黎协定》作为全球气候治理所取得的重要成果，需要各方携手推动落实，这既包括履行《巴黎协定》所规定的义务，例如定期通报或更新NDC等，也包括在履约过程中贯彻《巴黎协定》所确定的"自下而上"的精神，这是确保各方积极参与和《巴黎协定》全面、持续、有效实施的关键。尽管在某些缔约方的推动下，当前国际气候多边进程中"以1.5℃温升控制为目标呼吁各方提高NDC减缓目标力度"的声势很高，但不应仅仅倡导甚至约束各方以"提高减缓目标数字"为唯一更新方式。各国具有不同的国情和能力，应充分尊重NDC"由国家自主决定"的属性，也应鼓励并支持各方以不同的模式更新其NDC。在未来各国落实《巴黎协定》的过程中，还可能产生更多类型的更新方案，我国应加强与各方的对话沟通，增进彼此理解和信任，为更好地推动落实《巴黎协定》创造积极氛围。

（二）引导树立全面合理的"力度观"

尽管原定于2020年底举行的格拉斯哥会议已经推迟至2021年底，但各方对于"提高力度"的关注没有改变。在欧盟等的引导下，很可能在COP26会前各缔约方会通过重大气候双边、多边活动不断推动全球聚焦各国2030年减排目标，聚焦各方是否提高减排力度，尤其是针对我国等排放大国。我国应加强与其他各缔约方、非政府组织、科学机构等不同攸关方的对话，呼吁各方全面平衡关注"目标、实施和支持力度"。2020年是《巴黎协定》所确立的NDC正式开始实施前的最后一年，全球气候多边进程聚焦于《巴黎协定》的落实。实现《公约》和《巴黎协定》所需的力度不仅包括目标力度，还包括行动实施的力度和支持保障的力度，尤其是为发展中国家提供支持保障的力度。建议我国从政治、科学、舆论等多个方面向外传导我国支持"三个力度"平衡并进的观点，扭转多边进程片面推崇提高目标数字的力度观。

（三）强化国内 NDC 实施与实践经验的国际交流

《巴黎协定》实施细则达成后，国际社会更加聚焦各国的履约和落实，通报和更新 NDC 是各国履行《巴黎协定》义务的机制性工作。为推动《巴黎协定》的全面有效实施，一方面，中国应强化国内的 NDC 筹备工作，建议组建机制化的专家咨询委员会，邀请应对气候变化、能源、经济、国际贸易、国际关系等领域专家，为 NDC 的更新和通报方案提供咨询建议，并组建相对稳定的编写组，为 NDC 的制定和通报提供有力的研究支撑。另一方面，中国应通过国际合作强化实施 NDC。在 NDC 中提出的气候目标是各缔约方作出的庄严承诺，为更好落实 NDC 的目标承诺，有必要加强国际交流对话，围绕编制和实施 NDC 的最佳实践经验和困难挑战进行交流。这既可以发挥最佳实践经验的示范效应，促进各国高质量履约，同时也可以通过总结各国普遍遇到的困难和挑战，为未来 NDC 导则修订的谈判做好相应准备。

G.5
欧洲绿色新政与中欧气候变化合作前景

张　敏[*]

摘　要： 新上任的欧委会主席冯德莱恩在《欧洲绿色协议》（European Green Deal）中提出宏大目标：2050 年欧洲将成为世界首个"碳中和"大洲，实现绿色低碳转型。鉴于欧盟在全球气候治理中具有一定的影响力，这一战略必将在中长期内对中欧气候变化合作产生影响。展望中欧气候变化合作前景，有几点值得关注和重视：第一，中欧双方均受新冠肺炎疫情的严重冲击和影响，但加强中欧气候变化合作仍是中欧峰会的主要议题和深化中欧关系的重点领域；第二，欧洲绿色新政将给中欧气候变化合作带来新的挑战，中方必须审慎考虑积极应对；第三，欧洲绿色新政将推动欧盟气候治理手段由市场规制向法律规制转型，引领全球气候变化领域的新一轮规制建设；第四，欧洲绿色新政设立的"转型资金公平供给机制"将加快高碳地区的产业转型和去碳化进程，为不同资源禀赋地区提供公平发展新机遇。在欧洲绿色新政下中欧在气候变化上具有合作潜力。

关键词： 欧洲绿色新政　碳中和　中欧气候伙伴关系

---

[*] 张敏，中国社会科学院欧洲研究所首席研究员，博士生导师，兼任中国社会科学院西班牙研究中心主任、中国社会科学院葡萄牙科英布拉大学中国研究中心中方执行主任，主要从事欧洲科技创新、绿色经济、西班牙等区域国别问题研究。

一 引言

气候变化合作应是 2020 年深化和发展中欧关系的最大亮点之一，此前国务委员兼外长王毅明确传达了这一信息。2019 年 12 月 16 日，王毅在欧洲智库举办的媒体交流会上发表演讲："气候变化是当前最突出的全球性问题之一，也是中欧合作的一大亮点……"①对此，欧盟方面表示认同，2020 年 1 月 7 日，欧盟驻华大使郁白展望了 2020 年中欧关系：2020 年是中欧合作交流重要的一年，为共同应对气候变化等问题，双方将分别于 3 月底和 9 月中旬召开领导人峰会。②

2020 年初新冠肺炎疫情暴发，严重影响了世界各国人民的生命安全和社会经济秩序。中欧各国均是疫情重灾区，当务之急是积极控制疫情蔓延，加快疫苗研发。为此，中欧双方及时调整工作重点和磋商议程，原定于 2020 年 3 月底举行的中欧领导人峰会延期，短期内对中欧气候变化合作进程产生影响，但从长期看，新冠肺炎疫情不会根本性中断或改变中欧气候变化合作长期走向。2020 年 6 月 22 日，中欧领导人首次以视频形式举行会晤，会上双方表达了在气候变化领域加深合作的意愿。待疫情常态化后，加快推进中欧既定的气候变化合作议程，仍是深化中欧关系的重要关切。新一届欧委员提出的欧盟发展战略——欧洲绿色新政，虽对中欧气候变化带来了挑战，但更多的是合作机遇。

二 欧洲绿色新政基本内容及其含义

欧委会主席冯德莱恩在《欧洲绿色协议》（European Green Deal）中提

---

① 《王毅在欧洲智库媒体交流会上发表演讲》，新华网，http：//www. xinhuanet. com/2019 - 12/17/c_ 1125357258. htm。

② 周文元：《欧盟驻华大使郁白：中欧全面投资协定有望 2020 年达成》，《欧洲时报》，http：//www. oushinet. com/ouzhong/ouzhongnews/20200118/339288. html。

出宏大目标：欧洲将在2050年发展为首个"碳中和"大洲，实现绿色低碳转型。鉴于欧盟在全球气候治理中具有一定的影响力，这一战略必将在中长期内对中欧气候合作产生影响。"《欧洲绿色协议》的核心要素是推动欧洲社会向全方位绿色化、产业循环化、碳中和化方向转型"[1]，使欧洲实现可持续发展。在未来的30年内，要达到碳中和目标，欧盟成员国的各大行业，如能源业、主要工业、交通业、粮农产业、建筑行业，以及基础设施、社会福利等诸多领域，都要加大减排力度，共同完成《欧洲绿色协议》中的减排任务。

（一）一项长期发展战略：《欧洲绿色协议》

欧委会主席冯德莱恩多次强调《欧洲绿色协议》[2]是欧盟的一项长期发展战略，围绕着"碳中和"目标，未来欧盟将至少在多个领域进行政策调整：①欧盟将调整2030年和2050年气候与能源框架中的减排目标，加快气候变化减缓进程。具体调整方案是：将原定2030年的减排目标提高10%～15%，从40%提高至50%～55%，原定2050年的减排目标上调10%～20%，达到碳中和，即2050年的排放量与1990年持平。②大力发展数字经济，为欧盟产业向绿色清洁、循环经济转型提供技术支撑，让绿色经济成为欧盟新的增长点。③绿色安全的能源供应必须是清洁可再生的、家庭或企业可支付的、具有可持续性的。按照绿色新政要求，未来欧盟将把提高能源效率目标置于优先考虑地位，在现有的能源供应结构中，将会考虑对高碳能源进行脱碳化技术处理，不断提高可再生能源的发电率。④对老旧建筑进行再造和翻新工作，增加建筑业的保温和防寒性能，提高节能建筑比重，通过老旧建筑的翻新，为更多的失业者创造新的就业岗位。⑤建立从农场到餐桌全

① 张敏：《欧洲绿色新政推动欧盟政策创新和发展》，中国社会科学网（域外版），2020年5月25日。
② European Commission, "The European Green Deal," Brussels, 2019, https：//ec. europa. eu/info/strategy/priorities – 2019 – 2024/european – green – deal_ en. https：//eur – lex. europa. eu/resource. html? uri = cellar：b828d165 – 1c22 – 11ea – 8c1f – 01aa75ed71a1. 0002. 02/DOC _ 1&format = PDF.

程监督的卫生健康营养体系，欧盟要求成员国在食品生产和消费环节，均符合绿色健康标准，最大限度地保障每个公民的食品卫生和安全。⑥交通业是高碳排放行业，为改变交通行业的高排放率，未来欧盟将在智慧出行方面下大功夫，在公共和私人交通上引入更为数字化智能化的出行模式，逐渐减少交通行业中的高碳排放污染问题，创造一个更为洁净的交通环境。⑦按照计划，2021年欧盟有望颁布"大气、水和土壤的零污染行动计划"，即通过净化手段和洁净技术，将大气、水和土壤的各种污染减少至零，依靠科技力量，努力为人类创造一个无毒的生存环境。⑧保护与修复生态系统和生物多样性。2020年欧盟无法达到《生物多样性公约》的"爱知目标"，欧盟正在考虑从战略层面上实现"生物多样性"目标，保持生物多样性，建立可持续的生态环境。

（二）《欧洲绿色协议》的出台背景及其动因

在上述各个领域推行绿色化、去碳化政策，需要欧盟投入巨额资金，那么欧盟为何要推出绿色新政呢？第一，欧洲倡导的发展模式兼顾经济增长、社会公平和生态发展三者均衡，由此产生的绿色增长率、绿色低碳发展、可持续生态等都是欧洲社会价值观的基本因素，《欧洲绿色协议》传承了这些价值观。

第二，《欧洲绿色协议》将推动欧盟实现"碳中和"目标，并通过综合化的节能减排措施，在推进和履行《巴黎协定》方面发挥欧盟的引导作用，进一步奠定和提升欧盟在全球绿色治理中的主导权和领导力。

第三，《欧洲绿色协议》将成为欧盟深化一体化、加强内部团结和扩大自身影响力的一项重大战略。从短期看，英国"脱欧"对欧盟未来发展带来不利隐患：脱欧之前，英国是欧盟中的重要国家和欧盟内部的权力平衡力量，英国脱欧意味着欧盟内部长期存在的离心势力持续增强，并最终发展为削弱欧盟整体实力的一股离心力量。为遏制英国脱欧对欧盟内部造成的离心连锁反应，欧盟提出绿色新政，希望欧盟成员国能够致力于绿色新政长期发展目标，实现共同发展，推动欧洲一体化的深入发展。

（三）《欧洲绿色协议》将加快欧盟低碳化发展进程

为达到新政目标，欧盟将从法规、资金投入及高碳排放行业政策等多个层面进行机制创新和政策改革。欧盟已起草了首部《欧盟气候变化法》，从法律上对成员国实现碳中和减排目标进行约束；通过转型资金公平供给机制（Just Transition Mechanism），推进高碳地区或行业减少或彻底放弃使用化石燃料。在欧盟 2017～2021 年财政预算框架内，转型资金投入额高达 1000 亿欧元；在高排放的四大重点行业包括能源、建筑、工业和交通部门，采用低碳技术和生态数字化工具，加快去碳化进程。

迄今为止，欧盟正在朝着绿色新政的目标迈进，例如，2020 年 1 月 14日发布了"绿色新政投资计划"和"转型机制公平供给机制"；2020 年 3月 4 日正式出台了《欧盟气候变化法》草案。紧接着在 3 月 10 日和 11 日，连续发布欧洲工业新战略和"新循环经济行动计划"。

"为配合欧洲绿色新政的实施，未来欧盟将会出台更多的政策和行动计划。从长远看，实现'新政'的碳中和目标，将极大地助推欧盟向低碳经济社会真正转型；从短期看，将倒逼高能耗高排放产业进行重大调整，对严重依赖化石燃料的东欧国家带来巨大的调整成本，制约经济增长。"[1]

三 新形势下构建更为务实的中欧气候伙伴关系

欧盟绿色新政不仅会推进欧盟成员国的绿色低碳发展进程，也必然会对外部世界产生影响，尤其表现在中欧气候变化合作上。虽然中欧处于不同的经济发展阶段，政治制度不同，社会治理理念存在差异，但是中欧是全球应对气候变化的积极行为体。在应对气候变化上，中欧作为世界两大重要力量，为《巴黎协定》的最终达成发挥了积极作用。美国作为世界上最为发

---

[1] 张敏：《欧洲绿色新政推动欧盟政策创新和发展》，中国社会科学网（域外版），2020 年 5月 25 日。

达的国家，多年来一直是全球温室气体最大排放国，但在应对全球气候变化上，却一直"倒行逆施"，在签署《京都议定书》后又单方面宣布退出，在这一新形势下，中欧加强气候变化合作、构建更为务实的气候伙伴关系意义尤为重大，这将有助于履行和落实《巴黎协定》各项细则，有效控制地球变暖给人类生存环境带来的不利影响。欧洲绿色新政或许会为未来中欧构建新型气候伙伴关系带来新的契机，不断深化中欧关系。迄今为止，中欧双方已建立 70 余个磋商和对话机制，涵盖政治、经贸、人文、科技、能源、环境等各领域，中欧在气候变化领域持续推进合作，在中欧关系中具有独特意义。

（一）中欧建立气候伙伴关系将进一步深化中欧关系

相比中欧在政治、经贸、科技等领域的合作关系，中欧在气候变化领域合作时间较晚。在中欧关系发展 20 周年之际，双方才决定在气候领域加强合作。2005 年，中欧发表《气候变化联合宣言》[1]，正式建立气候伙伴关系[2]，这既考虑了现实因素，也反映了双方共同利益的基本诉求。这一伙伴关系有助于加强欧盟与中国在气候变化和能源问题上的合作与对话[3]，切实履行《联合国气候变化框架公约》和《京都议定书》。紧随 2014 年中美发表气候变化联合声明之后，2015 年中欧双方签署《中欧气候变化联合声明》，表明中欧在全球气候变化领域将发挥共同引领作用的强烈意愿。

（二）气候变化部长级对话机制密切了中欧双方的对话与沟通

为夯实中欧气候伙伴关系，加强在气候变化领域的政策对话与沟通，中

---

[1] European Commission, "EU and China Partnership on Climate Change," https://ec.europa.eu/commission/presscorner/detail/en/MEMO_05_298.
[2] 外交部：《中国同欧盟关系》，https://www.fmprc.gov.cn/web/gjhdq_676201/gjhdqzz_681964/1206_679930/sbgx_679934/。
[3] European Commission, "EU and China Partnership on Climate Change," 2005, https://ec.europa.eu/commission/presscorner/detail/en/MEMO_05_298.

欧气候变化部长级对话机制应运而生。[①] 2010 年 4 月 29 日，国家发展和改革委员会副主任解振华和欧盟委员会气候行动委员康妮·赫泽高在北京举行中欧气候变化部长级磋商，并发表中欧气候变化对话与合作联合声明，在此基础上建立了中欧气候变化部长级对话与合作机制。[②] 这一部长级对话机制有助于中欧就气候变化国际谈判中的关键问题、各自的政策和措施以及气候变化具体合作项目的开发和实施交换意见。

（三）中欧碳市场项目合作成为近年来的最大亮点

迄今为止，中欧已在气候变化领域开展了两大合作项目。2014～2017 年开展了"中欧碳交易合作项目"。借鉴欧盟经验，中国在七大城市开展了碳市场试点工作，并探讨了建立中国碳市场的可行性。2016 年 6 月 28 日，中欧在气候变化领域达成了总额为 1000 万欧元（超过 7000 万人民币）的"中欧碳市场对话与合作项目"。该项目旨在通过建立有关碳市场的定期政策对话，继续支持中国建立有助于减少排放的全国碳市场，加强与中国在气候变化方面的合作。目前"中欧碳市场对话与合作项目"（2017～2020 年）正按计划推进，并已接近尾声。该项目启动以来，已在全国各省市轮流举办培训班。2019年 12 月 10～11 日，第二十三期"中欧碳市场对话与合作项目"在云南举办了"云南省生态环境系统及电力系统企业能力建设培训班"。经过两轮的中欧碳市场项目，中欧双方在碳市场方面的政策对话和培训成效显著。

四　中欧气候变化合作前景

展望中欧气候变化合作前景，有以下几点值得关注和重视。

---

① European Commission, "The EU and China Have A Long-standing Cooperation on Climate Change and Have Agreed to Further Step up Joint Efforts," https：//eeas. europa. eu/headquarters/ headquarters - homepage/15394/china - and - eu_ en.

② European Commission, "Joint Statement on Dialogue and Cooperation on Climate Change," https：//ec. europa. eu/clima/sites/clima/files/international/cooperation/china/docs/joint _ statement _ dialogue_ en. pdf.

（一）中欧双方均受新冠肺炎疫情的严重冲击和影响，但加强中欧气候变化合作仍是中欧领导人峰会的主要议题和深化中欧关系的重点领域

2020 年 6 月 22 日，中欧领导人峰会首次以视频的形式举行，会上中欧双方均表示将积极采取经济复苏计划应对经济危机和全球气候变化问题，并承诺继续推进和履行《巴黎协定》，以此深化中欧气候伙伴关系和推动清洁能源转型。对此，各方对中欧气候合作前景抱有极大的期待，尤其是西方的一些气候变化领域的非政府组织。在本次视频峰会举行当天，欧洲气候行动网络（欧洲气候与能源非政府联盟）主席文德尔·特里奥（Wendel Trio）这样评论道："在 2020 年加强气候领域的国际合作和履行承诺尤为重要，按照《巴黎协定》，今年是所有国家承诺在 2030 年实现新的、大幅提高减排目标的最后期限。深化中欧应对气候危机伙伴关系是向世界发出的重要信号。现在中欧双方必须履行承诺，在 2030 年达到《巴黎协定》中的 1.5℃温控目标。下一次中欧峰会必须尽快举行，争取在 2020 年底之前做出具体而有效的承诺，以说服其他排放大国也这样做。"[1] 新冠肺炎疫情在一定程度上延缓了中欧气候变化合作进度，但并未改变中欧领导人在气候变化领域合作的信心与意愿。德国总理默克尔邀请中欧领导人于 2020 年 9 月在莱比锡举行首脑会晤，届时将重点讨论全球气候变化问题。推进中欧气候变化领域合作也将是德国作为本届欧盟轮值主席国期间重点讨论和落实的重要事项之一，德国总理默克尔在多个公开场合评价中国为"本世纪的世界事务积极参与者"，并表示"欧盟与中国的积极合作具备重大战略利益"[2]。

（二）欧洲绿色新政将给中欧气候变化合作带来新的挑战，中方必须审慎考虑积极应对

在当前形势下，欧盟在绿色新政中提出的碳中和目标，不仅表明了欧盟

---

① Climate Action Network（CAN）Europe, Press Releases, EU and China Set to Foster Cooperation on Climate Action, http: //www. caneurope. org/publications/press – releases/1949 – eu – and – china – set – to – foster – cooperation – on – climate – action.

② 中德人文交流网：《默克尔再次强调，中欧合作"具备重大战略利益"》，https: //sino – german – dialogue. tongji. edu. cn/43/c5/c7120a148421/page. htm。

落实《巴黎协定》的雄心，同时也敦促中欧重新审视《巴黎协定》的各项
细则及落实情况。就目前而言，即使各国落实了《巴黎协定》实施细则，
可能仍然无法促使缔约方提升其国家自主贡献的力度。根据气候行动追踪
（Climate Action Tracker）最新发布的全球排放状况评估结果，即使所有缔约
方都能实现在《巴黎协定》中的承诺，到 21 世纪末世界各国气温仍然可能
上升 3.0 ℃，是《巴黎协定》提出的 1.5℃ 目标的 2 倍。[①]《巴黎协定》目
标与气候变化现实之间仍存在较大的差距。因此，各国还必须在国家自主贡
献上提高目标。

这就意味着，绿色新政不仅对欧盟成员国具有指导性和法律约束性，也
会产生外部溢出效应，对外部世界产生深刻影响，尤其是对中欧气候变化合
作构成新的挑战。假设欧盟采用自身标准来要求中国加快减排，倒逼中国也
要在 2050 年达到 "碳中和" 目标，对此，中国是被动接受欧盟的减排标
准，与欧盟配合，借此机会推动能源生产和消费结构进行重大调整，还是按
照我国自身的低碳化发展节奏，执行和落实适合我国社会经济发展的国家自
主贡献目标？未来针对如何及何时实现碳中和目标，中欧之间的分歧或许不
可避免。

（三）欧洲绿色新政将推动欧盟气候治理手段由市场规制向法律规制转型，引领全球气候变化领域的新一轮规制建设

绿色新政下欧盟颁布并将实施首部《欧盟气候变化法》，从法律法规
角度看，这为世界各国推动气候变化治理提供了示范和参考。欧盟将着力
推出这部法规，旨在从法律上实现绿色新政倡导的发展战略，实现欧盟向
公平和繁荣社会转型；达到碳中和目标，建立现代化、资源节约型、更具
竞争性的经济，不断改善人们的生活质量。因此，为实现绿色低碳转型，
将资源利用与经济增长相脱钩，欧盟必须正面积极应对气候变化带来的挑

[①] Climate Action Tracker, "Governments Still Showing Little Sign of Acting on Climate Crisis," https：//climateactiontracker. org/publications/governments - still - not - acting - on - climate - crisis/.

战。欧洲公民普遍认识到气候变暖正在威胁人类生存，严重破坏地球生态系统、生物多样性、人类健康和人们赖以生存的环境。为应对这一挑战，欧盟将主动采取行动，谋求其在全球气候治理中的领导力。颁布《欧盟气候变化法》，将实现碳中和目标上升到欧盟及其成员国的法律层面，有助于欧盟实现长期战略愿景——为全人类创造一个清洁的地球——实现繁荣、现代、竞争、碳中和经济。

欧盟的这一做法与之前建立的欧盟碳排放体系机制有相似之处，但本质却不同。为履行《京都议定书》的目标任务，从2005年起，欧盟创建了碳排放交易体系，通过划定减排行业和企业、规定成员国排放总额、成员国根据本国发展情况自行确定和分担减排量等机制，利用市场力量有效规范和实现减排。如今欧盟碳排放交易体系的成功经验已被推广到世界各地，借鉴欧盟经验，中国建立了碳排放交易市场。欧盟碳排放交易体系依靠市场力量实现减排，而《欧盟气候变化法》则将减排作为一项法律责任，显然两者之间有着本质区别。碳排放交易体系不具有硬约束性，规定所覆盖的减排行业和产业以及各成员国在分权或分担减排量时，彼此之间具有灵活调整的余地，在这种软约束机制下，一国或某个行业即使未能完成既定的减排任务，也仍存在讨价还价的空间。

一旦《欧盟气候变化法》生效并付诸实施，那么在这一法律规定下的各种减排任务、目标等便均具有强制约束力，各成员国和不同地区以及各个产业或不同行业都必须严格依法执行。因此，欧盟制定气候变化法，将推动欧盟气候治理从市场规制向法律规制转型。中国作为世界排放大国，在"十四五"规划期间，在建设生态文明、贯彻落实习近平总书记的"青山绿水就是金山银山"理论方面，还必须加大减排力度、加快绿色低碳转型的步伐。因此，《欧盟气候变化法》的制定也为中国在气候治理的法治化进程方面提供了新的思路。依靠气候变化法等法律工具，中欧应在落实《巴黎协定》细则上掌握更多主动权，尽量避免全球气候治理中各个行为体和参与方为谋求各自最大利益，开展一轮又一轮的低效对话与磋商。

（四）欧洲绿色新政设立的"转型资金公平供给机制"将加快高碳地区的产业转型和去碳化进程，为不同资源禀赋地区提供公平发展新机遇

转型资金公平供给机制是专门针对欧盟成员国内高碳地区和高碳行业去碳化进程提供资金补贴的机制。如果这部分资金单纯用于补贴关停高碳产业带来的失业、地方 GDP 减少等损失，这种转型资金就难以体现公平性，将会造成地区的进一步萧条和长期失业问题，地区（或行业）将失去可持续性发展的未来。对此，欧盟专家分析道："除了应对气候变化的挑战，欧洲绿色新政还意味着经济现代化和发展战略。与应对新冠肺炎疫情采取的经济复苏一揽子计划相结合，欧洲绿色新政为启动和加快地区产业转型进程，提供独特的机会。唯此，绿色新政中提倡的'公正转型'概念才具有实际意义并能取得实际进展，从而有利于人类生存和环境发展。随着时间的推移，为应对气候变化，全球将会迎来类似可再生能源领域出现的新技术革命。汽车、钢铁以及所有以化石燃料为基础的产业集群或中东欧煤炭地区将发生根本性变革。"[1] 欧洲绿色新政中提出的转型资金主要将推动产业或地区转型、为转型地区实现新的繁荣和发展提供机会。

长期以来，为加快经济一体化，欧盟地区发展政策采用聚合基金帮助欧盟落后地区实现趋同发展，产生了积极的效果，实现成功转型的地区包括波兰卡托维兹、德国鲁尔地区、荷兰南林堡、法国北部老工业区加来海峡大区（the Nord-Pas de Calaisregion）等。欧盟一体化实践已经证明，转型资金公平供给机制可以有效解决高碳排放地区或行业的产业转型和地区再发展问题。

利用好这一转型新机遇，首先应建立一套评估体系，科学界定欧盟区内

---

① Christian Egenhofer, Jorge Núñez Ferrer Irina Kustova and Julian Popov, "The Time for Rapid Redevelopment of Coal Regions is Now", Policy Insight, No 2020 – 13 / May 2020, Center for European Policy Studies, https: //www. ceps. eu/ceps – publications/the – time – for – rapid – redevelopment – of – coal – regions – is – now/.

的高碳地区和高碳行业，确定申领转型资金的标准和范围；其次，有资格获得转型资金的地区或行业，应提交关于一份产业转型或地区可持续发展的建设方案，为后续引进技术和加大投资提供参考依据；最后，转型资金运转的成功与否，不仅取决于欧盟内部推动力，也受外部驱动力影响。比如，借助转型资金，中欧未来可以在高碳地区或行业的相互投资上建立更为紧密的合作关系。在转型资金公平供给机制下，中欧地区和行业之间具有很大的合作空间。或许可以参考欧盟"转型资金公平供给机制"的运行模式，设立"中欧应对气候变化合作公平转型资金机制项目"，推动中欧气候伙伴关系的互利平等发展。

　　从全球范围看，格拉斯哥气候大会宣布延期给世界各国带来两大新机遇：为改革国际气候谈判提供机会——无论如何，改革势在必行；更为重要的是，在共同抗击新冠肺炎疫情的过程中，各国进一步认识到，在解决全球性问题尤其是全球气候变化问题时，必须团结一致、同舟共济、共同努力①。因此，中欧加强气候合作将推动全球气候治理机制朝着更加公平有序的方向发展。

---

① Richard J. T. Klein, "Two Opportunities to Seize Now COP26 is Postponed," Stockholm Environment Institute (SEI), https：//www. sei. org/perspectives/two – opportunities – to – seize – now – cop26 – is – postponed/.

G.6
英国"脱欧"后的气候变化政策研究[*]

张海滨 胡杉宇^{**}

摘　要： 英国"脱欧"是欧洲一体化进程乃至世界政治领域中的一件
大事，影响深远。由于英国是全球气候治理中的关键角色之
一，英国"脱欧"后的气候变化政策走向备受关注。"脱欧"
公投以来，英国的气候变化政策既有"不变"，也有"变
化"。不变的是，气候变化政策依然是英国内政外交的优先议
程。主要的变化是：第一，机构调整，将能源与气候变化部
与商业、创新和技术部合并，成立了商业、能源与工业战略
部，将气候变化更多地纳入能源和工业战略；第二，立法调
整，新修订的《气候变化法案》2019 年开始生效，正式确立
英国到 2050 年实现温室气体"净零排放"的目标；第三，国
际合作政策调整，进一步加大国际气候合作力度，主办《联
合国气候变化框架公约》第 26 次缔约方大会，展现英国大国
形象。英国"脱欧"后的气候变化政策也面临诸多不确定
性，其中"脱欧"过渡期谈判未决和新冠肺炎疫情蔓延是两
大不容忽视的不确定性因素。展望未来，英国"脱欧"后的
气候变化政策尽管面临一些不确定性，但英国对内致力于低
碳发展、对外积极开展气候外交的大方向不会改变，因为这
符合英国的核心国家利益。

* 本文得到国家重点研发计划项目"气候变化风险的全球治理与国内应对关键问题研究"课题
　一（2018YFC1509001）的资助。
** 张海滨，北京大学国际关系学院副院长，教授；胡杉宇，北京大学国际关系学院 2019 级在读
　硕士研究生。

关键词： 英国"脱欧"　气候变化政策　气候合作

　　2016年6月英国举行"脱欧"公投，投票结果是过半数投票人支持英国退出欧盟。2017年3月，英国正式开启"脱欧"程序。经过多轮艰难谈判，2020年1月30日，欧盟正式批准了英国"脱欧"。2020年1月31日，英国正式"脱欧"。目前，英国正在与欧盟展开为期一年的最后过渡期的谈判。

　　由于英国在欧盟气候决策和全球气候治理中发挥着重要作用，自英国"脱欧"公投结束以来，越来越多的学者和分析家开始关注"脱欧"对英国气候政策的影响及其可能带来的政策调整。加之2020年《联合国气候变化框架公约》缔约方大会将由英国主办（已推迟至2021年），其政策动向更是备受国际社会关注。有的观点认为，"脱欧"不会对英国的气候政策产生大的影响。比如英国环保组织E3G发表了一份关于未来英国气候行动的重要报告，其主要观点是，"没有任何实际或法律的理由说明为什么英国退出欧盟必然会导致英国气候行动的减少"[1]。E3G的乔纳森·加文塔（Jonathan Gaventa）在一篇文章中断言："原则上，英国'脱欧'之后，在气候和清洁能源方面的立场应该和以前一样坚定。"[2] 他强调，有了《气候变化法案》，英国就有了一个能够确保实现长期温室气体减排的框架。然而，也有学者发出警告，英国退出欧盟"可能对实现《气候变化法案》及相关立法规定的目标产生影响"[3]。英国"脱欧"后可能面临法律框架缺乏关键原则

[1] Clutton-Brock, Peter, "Catalysing Cooperation: Maintaining Eu-Uk Cooperation On Energy & Climate Change Post-Brexit," E3g, 2017.

[2] J. Gaventa, "Brexit and the Energy Union-Keeping Europe's Energy and Climate Transition on Track," 2017.

[3] Ward, B. and Carvalho, M., "Submission to the Inquiry on 'Brexit: Environment and Climate Change' by the House of Lords EU Energy and Environment Sub-Committee," 2017, http://www.lse.ac.uk/GranthamInstitute/wp-content/uploads/2017/03/LSE-submission-to-HoL-brexit-inquiry_ FINA L.pdf.

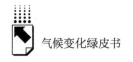

和欧盟层面监管缺失造成的政策缺口，进而导致该国气候行动的减少。本文旨在分析英国"脱欧"后气候变化政策的调整及其未来发展趋势。

一 英国"脱欧"前的气候变化政策

英国在应对气候变化方面有着比较良好的历史记录。20 世纪 80 年代，时任英国首相玛格丽特·撒切尔夫人是最早就气候变化的原因和危险发表讲话的国家领导人之一。[1] 20 世纪 90 年代，英国政府推广"dash for gas"运动，在一定程度上将燃煤发电转向了天然气发电，推动了温室气体减排，甚至因此提出了更具雄心的减排计划——2010 年实现二氧化碳减排 20%（以 1990 年为基线）。[2] 然而，雄心并不总能带来政策上的成功。由于公众的强烈反对，英国为逐步减少车辆使用而设计的燃油税不得不在 2000 年报废。工党政府提出的"2010 年二氧化碳减排 20%"的目标也被悄悄放弃。[3]

21 世纪的前十年，英国在国际舞台上扮演了气候变化议题引领者的角色。2002~2003 年，英国率先试行了碳排放交易机制，这是欧盟碳排放交易机制（EUETS）的前身。2003 年英国制定的能源白皮书《我们的能源未来——构筑低碳经济》首次把能源问题、气候变化和经济发展紧密联系在一起。[4] 该报告首次提出的低碳经济概念今天已被国际社会普遍接受。

2006 年世界银行前首席经济学家、时任英国政府经济顾问尼古拉斯·斯特恩（Nicholas Stern）发布了《斯特恩报告》（Stern Review），这份报告认为不断加剧的温室效应将会严重影响全球经济发展，其严重程度不亚于经

① Thatcher, M., "Speech to United Nations General Assembly (Global Environment)," United Nations Building, New York, 1989.

② Silverwood J., Moulton J., "On The Agenda? The Multiple Streams Of Brexit-Era UK Climate Policy," *Marmara Journal of European Studies*, 2018, 26 (1): 75 – 100.

③ Rayner, T. and Jordan, A., "The United Kingdom: A Record of Leadership under Threat," in R. Wurzel, J. Connelly, D. Liefferink eds., *The European Union in International Climate Change Politics: Still Taking a Lead?* Abingdon: Routledge, 2017.

④ 李伟:《〈气候变化法〉与英国能源气候政策演变》,《国际展望》2010 年第 2 期。

济大萧条；为了避免气候变化所带来的最坏影响，各国政府必须立即采取有效的减排行动。该报告产生了广泛的国际影响。2007 年英国外交大臣玛格丽特·贝克特（Margaret Beckett）积极推动"气候外交，明确将气候变化问题作为其任内英国外交政策的核心支柱"。同年 4 月，英国利用其安理会轮值主席的身份，推动安理会历史上首次就能源、气候变化与国际安全举行辩论，对气候变化问题"安全化"起到重要助推作用。

2008 年英国议会顺利通过了《气候变化法案》（CCA），使英国成为世界上第一个以法律形式明确中长期减排目标的国家。这一法案设定了英国2050 年在 1990 年的基础上至少减排 80% 温室气体的目标。同时成立了"气候变化委员会"。该委员会作为一个独立于政府之外的法定实体机构，为英国政府制定低碳目标提供支持，代表英国议会监督英国温室气体减排和碳预算执行的进展情况并向议会提供年度进展报告。同年，英国设立了专门的部级机构——能源与气候变化部（Department of Energy and Climate Change, DECC），以处理气候变化问题，"气候变化"一词首次出现在英国政府部门名称当中。新部门责任"汇集了商业、工业战略、科学、创新、能源和气候变化的责任"。2017 年，英国在"气候变化绩效指数"评估中位列全球各国气候行动努力程度前三名。[①]

与其他国家相比，英国"脱欧"之前在气候变化和能源方面的立法已经相对完善。英国比较丰富的多边外交经验、比较广泛的国际外交网络及其联合国安理会常任理事国的地位为其在全球推动气候行动提供了有利的条件。

二　英国"脱欧"后的国内气候变化政策

（一）国内能源政策

"脱欧"公投之后的英国并未停止发展低碳经济。其电力结构也以低碳

---

① Burck, J. et al., Climate Change Performance Index: Results 2017, 2016, https://germanwatch.org/en/download/16484.pdf.

能源为主，2017～2018 年，在英国的总发电量中，煤炭发电量所占的份额从 6.7% 下降至 5.1%，下降了 1.6 个百分点，继续保持长期下降的趋势。化石燃料发电量的下降是由于可再生能源发电量的增加，可再生能源发电量的份额从 29.2% 增加到 33.0%（见图 1）。①

2019 年 5 月英国连续 2 周未使用煤炭发电，创 19 世纪 80 年代以来最长纪录。英国政府希望在 2025 年之前淘汰所有火力发电厂，以达成减碳目标。随着英国加速迈进"净零排放"时代，英国政府对碳捕获与封存（CCS）、碳捕集与利用（CCU）技术的推广和实施不断提供强有力的经济支撑，并且鼓励在国际上推广这些技术。

但是正因为英国和欧盟的能源部门通过能源供应的贸易和互联早已实现了一体化，英国退出欧盟这一决定可能会对英国的民用核工业，以及其在欧盟内部能源市场进行交易的电力和天然气产生较大影响。其他可能受到影响的领域包括爱尔兰的"单一能源市场"和通过贸易合作、人员流动实现的能源基础设施的建设。② 首先，就核能领域而言，英国政府表示，作为其脱离欧盟的一部分，英国将离开欧洲原子能共同体。离开欧洲原子能共同体有可能影响英国目前的核运作，包括燃料供应、废物管理、与其他核国家的合作、医用放射性同位素的供应以及核研究。2018 年 11 月，英国政府和欧盟之间达成的《退出协议》和《未来关系政治宣言》提到，双方有意在一些领域开展合作。③ 英国政府已经立法复制欧洲原子能共同体的核保障制度，并与某些国家开始就核贸易协定进行谈判。其次，英国、欧洲大陆和爱尔兰有五个电力互联网络，更多的正在建设或计划中。英国目前是欧盟内部能源市场（IEM）的成员，该市场允许通过互联网络在整个欧洲范围内进行天然气和电力的协调、无关税贸易。英国政府表示，希望探索英国与

① UK Energy in Brief 2018, https：//assets. publishing. service. gov. uk/government/uploads/system/uploads/attachment_ data/file/857027/UK_ Energy_ in_ Brief_ 2019. pdf.

② Brexit：Energy and Climate Change, 2019, https：//commonslibrary. parliament. uk/research - briefings/cbp - 8394/.

③ Gov. UK, "Withdrawal Agreement and Political Declaration," 2018.

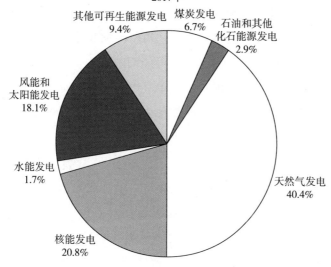

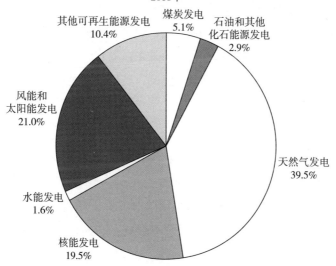

图1 2017年和2018年英国的电力结构对比

资料来源：UK Energy in Brief 2018。

IEM 未来合作的新形式，但并未承诺试图保留其成员资格。离开 IEM 可能会影响英国能源交易的效率，有可能导致更高的成本。① 另外，英国退出欧盟对爱尔兰来说是一个挑战，爱尔兰共和国和北爱尔兰运营着一个一体化的"单一能源市场"（SEM），现在可能面临产生监管分歧的风险。2018年，围绕 IEM 规则设计的新的一体化单一电力市场启动。离开 IEM 可能会导致爱尔兰市场变得与欧盟市场不太能融为一体，从而降低在 SEM 上交易的效率。从长期来看，监管分歧可能会对 SEM 的持续运行带来问题。2018年的《未来关系政治宣言》也提到了"爱尔兰/北爱尔兰协议"，包括一系列未来将继续适用的法规，从而允许爱尔兰单一电力市场在过渡期结束后爱尔兰/北爱尔兰协议生效的情况下继续运行。②

上述情况表明，英国无序的"崩溃退出"可能会扰乱跨境能源流动、清洁能源部署，以及带来更多的成本，损害欧洲企业和消费者的利益。为了降低这些风险，需要尽早确立未来英国与欧盟能源关系的基本原则，包括英国未来参与欧盟市场内能源市场所需的条件、规范。但也有学者指出，离开欧盟可能会给英国带来能源方面的机遇，包括使能源补贴制度合理化，重新考虑智能电表的推出，为可再生能源的未来重新设计批发市场，以及促进与爱尔兰、挪威和北美的进一步融合。因此，英国有可能在新一轮能源市场改革中引领全球潮流。③

（二）国内气候政策

英国"脱欧"公投后，其国内气候政策已经或将要发生一些调整。

首先，从体制上看，2016 年，英国政府为了更好地进行"脱欧"谈判，将能源与气候变化部（Department of Energy and Climate Change）与商业、创

---

① Brexit：Energy and Climate Change, Number CBP 8394, 2019, https：//commonslibrary. parliament. uk/ research – briefings/cbp – 8394/.

② Brexit：Energy and Climate Change, Number CBP 8394, 2019, https：//commonslibrary. parliament. uk/ research – briefings/cbp –8394/.

③ Brexit：Energy and Climate Change, Number CBP 8394, https：//commonslibrary. parliament. uk/research – briefings/cbp –8394/.

新和技术部（Department of Business, Innovation and Skills）进行了合并，成立了商业、能源与工业战略部（Department for Business, Energy and Industrial Strategy）。虽然一些评论者将这一举动描述为气候变化议题重要性的降级，但英国气候变化委员会认为此举将气候变化更多地纳入能源和工业战略，会在更多部门的减排中发挥关键作用。[①] 例如，商业、能源与工业战略部国务秘书 Greg Clark 于 2016 年 10 月宣布为电动面包车的研发提供一定数量的资金，从而推动"净零排放"。[②] 另外，英国于 2016 年 11 月批准《巴黎协定》时明确表示，一旦离开欧盟，它便将提出自己的"国家自主贡献"（NDCs）。图 2 显示，英国在《气候变化法案》中提出的总体国内减排目标比欧盟的目标更加雄心勃勃。虽然欧盟的目标是到 2030 年将排放量减少40%（相比 1990 年的水平）[③]，但英国于 2016 年 7 月（即英国脱欧公投后）立法的第五个碳预算中的国内目标则是削减 57% 的碳排放[④]。2019 年 6 月，英国新修订的《气候变化法案》开始生效，正式确立英国到 2050 年实现温室气体"净零排放"的目标。英国由此成为世界主要经济体中率先以法律形式确立这一目标并有彻底淘汰煤炭计划的国家。2019 年底欧盟也随后发布《欧洲绿色协议》，计划到 2050 年实现"净零排放"目标，宣誓将使欧洲成为第一个实现净零排放的大陆。

① Committee on Climate Change, "Meeting Carbon Budgets—Implications of Brexit for UK Climate Policy," 2016, https：// www. theccc. org. uk/wp－content/uploads/2016/10/Meeting－Carbon－Budgets－Implications－ofBrexit－for－UK－climate－policy－Committee－on－Climate－Change－October－2016. pdf.

② BEIS, "£ 4 Million Boost to Help Businesses Switch Vans and Trucks to Electric," Department for Business, Energy and Industrial Strategy, 2016, https：//www. gov. uk/government/ news/4－million－boost－to－help－businesses－switch－vans－and－trucks－to－electric

③ European Commission, "A Policy Framework for Climate and Energy in the Period from 2020－2030," Communication from the Commission, 2014, http：//eur－lex. europa. eu/ legal－content/EN/ALL/? uri = CELEX：52014DC0015

④ Committee on Climate Change, "The Fifth Carbon Budget：The Next Step Towards A Low-carbon Economy," 2015, https：//www. theccc. org. uk/wp－content/uploads/2015/11/Committee－onClimate－Change－Fifth－Carbon－Budget－Report. pdf.

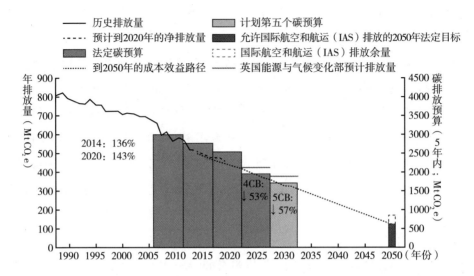

图例：
- 历史排放量
- 预计到2020年的净排放量
- 法定碳预算
- 到2050年的成本效益路径
- 计划第五个碳预算
- 允许国际航空和航运（IAS）排放的2050年法定目标
- 国际航空和航运（IAS）排放余量
- 英国能源与气候变化部预计排放量

2014：136%
2020：143%

4CB：↓53%
5CB：↓57%

图2 与《气候变化法》碳预算相比，英国过去和未来的排放量

资料来源：气候变化委员会（2016）。

其次，英国可能需要重新确定其碳排放交易体系。欧盟气候政策的核心支柱是欧盟碳排放交易体系（EUETS），该体系是世界上最大的碳排放交易体系。与所有欧盟（以及非欧盟欧洲经济区）国家一样，英国的发电和工业排放都被 EUETS 覆盖。英国"脱欧"使英国继续参与 EUETS 的情况具有不确定性。如果英国选择离开欧盟但留在或重新加入欧洲经济区，那么，就像挪威一样，它将继续参加 EUETS。但如果英国继续以欧盟正式成员以外的任何身份参与 EUETS，它很可能会失去其目前在制定贸易计划方面的大部分影响力。如果英国退出 EUETS，就需要一个新的碳价格来符合其自主意愿下的碳预算。备选办法可以包括确立英国范围内的碳排放交易体系（通过将排放量固定在适当的水平来保证达到《气候变化法》中的碳减排目标），或者完全用碳税来取代。① 最新的谈判结果是在 2020 年 12 月 31 日之前，英国将留在欧盟碳排放交易体系之

---

① Cameron Hepburn, Alexander Teytelboym, "Climate Change Policy after Brexit," *Oxford Review of Economic Policy*, 2017（33）.

内。但此后英国可能面临由（欧盟）最低碳价向（英国）碳税转型的问题。

再次，英国获得的清洁技术研发基金可能减少。清洁技术研发本身会带来广泛且积极的外溢效应，但是脱欧可能导致英国失去欧盟清洁能源创新基金的支持。如果与清洁技术研发相配套的基金投入不足，英国本土的绿色经济将受到冲击。英国是高等教育、科学和工程领域的世界领先者，特别是在研究和开发新的低碳技术方面。这在很大程度上是由于英国通过 LIFE 计划（Horizon2020）和 NER300 机制①获得了大量的欧盟研究资金份额。英国脱欧后，将无法获得欧盟结构和投资基金以及欧洲能源复苏方案的支持。②2016 年以来，包括恐怖主义袭击、跨境难民等欧洲问题也开始困扰英国，"脱欧"表明英国国家战略和外交政策或许带有一定的保守性和内向特征，也使得外界对英国绿色投资信心下降。

与此同时，英国"脱欧"可能会对欧盟区域内的清洁技术投资产生更大的影响。近年来，英国在清洁能源投资方面领先于欧盟其他国家，2016 年英国清洁能源投资占欧洲的 37%。有人担心，英国退出欧盟进程中的不确定性将造成欧盟清洁技术投资的中断。欧洲投资银行一直是欧盟清洁技术投资的主要来源，自 2010 年以来，欧洲投资银行一共发放了770 亿欧元的清洁能源贷款。随着英国退出，欧洲投资银行可能会失去一个大股东（英国提供其 16% 的资本）。因此，欧洲投资银行和欧盟 27 国需要采取措施，确保英国"脱欧"进程中的不确定性不会限制欧洲投资银行支持清洁能源贷款的能力。③

另外，英国是欧盟预算的净贡献者，2015 年英国的贡献占欧盟支出的 14%，其退出可能导致欧盟预算缺口每年达到 100 亿欧元。目前清洁能源领

① House of Commons Energy and Climate Change Committee, "The Energy Revolution and Future Challenges for UK Energy and Climate Change Policy: Third Report of Session 2016 – 17," 2016.
② Cameron Hepburn, Alexander Teytelboym, "Climate Change Policy after Brexit," *Oxford Review of Economic Policy*, 2017（33）.
③ J. Gaventa, "Brexit and the Energy Union-Keeping Europe's Energy and Climate Transition on Track," 2017.

域的投资需要增加，但其他成员国可能不愿弥补这一缺口，这些领域的投资减少将对气候行动造成严重后果。①

三 英国"脱欧"后的国际气候政策

"脱欧"公投以来，英国继续积极开展国际气候合作，其国际气候政策没有受到"脱欧"的明显影响。

（一）英国的双边气候合作

由于中国和印度同为排放大国，在国际气候谈判和世界经济格局中有重要影响，英国十分重视与中国和印度开展气候合作。

1. 英印气候合作

英国通过在可再生能源、绿色金融方面提供技术帮助，与印度建立了牢固的合作关系。脱欧后的英国继续扩大在印投资，2018年，印度、英国共同设立一项2.4亿英镑的绿色增长股票基金（Green Growth Equity Fund），并将此作为印度国家基础设施和投资基金（NIIF）的一部分。印度绿色增长股票基金（简称GGEF）致力于投资和支持印度零碳和低碳能源解决方案，通过投资可再生能源、清洁交通以及其他新兴技术，支持印度实现其2022年175GW的可再生能源目标。② 2020年7月，英国石油公司宣布向GGEF投资7000万美元。在这笔投资之后，英国石油公司将成为GGEF的合伙人，并在GGEF咨询委员会拥有代表权，拥有与GGEF共同投资项目的权利。③

---

① J. Gaventa, "Brexit and the Energy Union-Keeping Europe's Energy and Climate Transition on Track," 2017.

② https://www.mondaq.com/india/inward–foreign–investment/694840/green–growth–equity–fund–obtains–240–million–in–commitments–from–the–governments–of–india–and–the–uk–as–part–of–its–first–closing.

③ https://economictimes.indiatimes.com/industry/energy/oil–gas/bp–to–invest–usd–70–million–in–indias–green–growth–equity–fund/articleshow/76835182.cms.

印度的绿色基础设施建设也得到了英国公司的投资。在电动交通方面，英国 EO charge 和印度 Yahhvi Enterprises 的合资企业将在印度各地为电动汽车提供充电基础设施。这将有助于解决印度空气污染问题，并使印度各大城市更加宜居。

另外，2020 年英国正式确认为印度倡导成立的全球抗灾基础设施联盟（CDRI）理事会的首任联合主席国。CDRI 将各国政府、联合国机构、私营部门和学术界联系起来，进行基础设施建设进而应对气候和灾害风险。其理事会是抗灾基础设施联盟的最高决策机构。印度代表与每两年一次轮流提名的另一个国家政府的代表共同担任主席。①

2. 中英气候合作

长期以来，能源领域的贸易投资一直是中英两国合作的重点。而清洁能源在能源转型中发挥着重要作用，中英两国在此领域的合作得到进一步发展。2016～2019 年，英国在可再生能源领域对中国的出口平均每年达到 3000 万英镑。中国企业对英国的海上风电能源投资已经超过了 10 亿英镑。绿色金融合作是近年来中英合作的新亮点。从 2016 年起，英国国际气候基金（UK PACT）中国绿色金融项目通过与中国政府部门和金融系统开展密切合作，到 2021 年将提供 500 万英镑的资金，加强中国的绿色金融能力建设，帮助中国进行低碳转型。2018～2019 财年，该项目已经投入了 220 万英镑用于支持中国的相关项目建设。成立于 2018 年的中英绿色金融中心（UK-China Green Finance Centre）获得了两国政府的正式认可。它以 2016 年启动的中英绿色金融工作组（UK-China Green Finance Taskforce）的工作为基础，致力于扩展双方合作领域，包括气候相关财务信息披露工作、改进和协调标准、开发新产品以及使"一带一路"更加绿色化。2019 年，中英两国在"第十次中英经济财金对话"中签署了《中英清洁能源合作伙伴关系实施工作计划 2019～2020》。

另外，中国的"一带一路"倡议为海外绿色基础设施投资带来了巨大的

---

① https：//www.newkerala.com/news/2020/48027.htm.

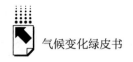
潜力。2018 年 11 月，中国金融学会绿色金融专业委员会与伦敦金融城在伦敦公布了《绿色投资原则》的文本。《绿色投资原则》在现有责任投资倡议的基础上，力求将低碳和可持续发展议题融入"一带一路"建设，以提升项目投资的环境和社会风险管理水平，推动"一带一路"投资的绿色化，在满足沿线基础设施发展的巨大需求的同时，有效支持环境改善和应对气候变化。

2021 年中英将分别主办《生物多样性公约》第 15 次缔约方会议（COP15）和《联合国气候变化框架公约》第 26 次缔约方会议（COP26），这既为两国合作提供了重要空间，也为双方在气候变化、环境保护、野生动植物保护等方面发挥全球引领作用提供了重要机遇。

（二）英国的多边气候合作

"脱欧"公投以来，英国在多边气候合作方面有不少亮点。

1. 继续开展国际气候合作项目

2019 年 1 月，英国研究与创新署（UKRI）宣布了一项金额为 7900 万英镑的国际合作项目，在该项目中 17 个国家的科研人员将研究通过科技手段应对人类 21 世纪面临的各种挑战。其中，由 UKRI 资助的气候、环境和卫生健康项目，将为全球卫生系统提供新知识和新工具，使其能够应对和管理与气候变化相关的人口健康风险。[①]

2. 积极筹备格拉斯哥气候大会

主办《联合国气候变化框架公约》第 26 次缔约方大会（COP26）是英国"脱欧"之后最重要的多边外交议程之一，是英国展现大国形象的重要外交举措。COP26 原定于 2020 年 11 月在英国格拉斯哥举行，届时将有约 200 个国家的约 3000 个代表团参会，目标是加强未来 10 年全球气候行动计划并最终确定全球碳市场规则，但由于新冠肺炎疫情的影响，被推迟到了 2021 年 11 月举办。英国为了筹备这次大会，提前做了一系列的准备工作。如英国宣布将于 2035 年禁止销售燃油车，较原来的计划提前 5 年。英国计

---

① https：//www.ukri.org/news/uk－at－forefront－of－global－r－and－d－collaboration/.

划于 2020 年 3 月启动"COP26 私人融资议程",以推动私人融资支持全球经济向温室气体净零排放的过渡。确保 COP26 取得成功是英国脱欧后的主要外交政策目标之一,英国政府将为此开展一系列的多边和双边外交活动。

四 "脱欧"后英国气候变化政策面临的不确定性

当今世界正面临百年未有之大变局。展望未来,英国"脱欧"后的气候变化政策主要面临两大不确定性。

(一)"脱欧"过渡期谈判能否顺利结束

目前英国与欧盟正在进行的"脱欧"过渡期谈判对双方至关重要,其结果关系到英国"脱欧"后的发展前景。英国未来的气候变化政策可能在两方面受到过渡期谈判结果的影响。其一,谈判失败将影响英国的经济发展,而经济前景被普遍认为是影响英国环境气候政策将做出何种调整的关键因素。如果过渡期谈判失败导致英国经济形势恶化,收入下降,那么英国可能会由于经济活动减少而在中短期内减少碳排放。但从长远来看,这对英国应对气候变化是不利的。一个更强大、更自信、更创新和更有活力的经济体将在应对气候变化中处于更有利的地位。英国目前绿色技术在世界上最先进,但缺乏资金和明确的战略愿景很容易危及其在这一领域的地位。[1] 其二,英国在过渡期谈判中如何平衡贸易与环境的关系也将深刻影响英国未来的气候变化政策。目前由英国国际贸易部领导的"脱欧"过渡期谈判将重点放在确保英国退出欧盟后的贸易协议上,这一举动引起部分学者的担忧:未来的贸易协议有可能会使进入英国的产品面临更低的环境标准,从而导致英国国内环境标准面临下降的压力。[2] 由于英国"脱欧"后的工作将主要围

[1] Cameron Hepburn, Alexander Teytelboym, "Climate change policy after Brexit," *Oxford Review of Economic Policy*, 2017 (33).

[2] Charlotte Burns, Viviane Gravey, Andrew Jordan & Anthony Zito, "De Europeanising or Disengaging? EU Environmental Policy and Brexit," *Environmental Politics*, 2019, 28 (2): 271 - 292.

绕着未来的贸易机会展开，因此很可能不会制定严格的气候和环境标准，以免疏远潜在的贸易伙伴。[①] 英国有可能会采取进一步的放松监管措施，降低英国的气候、环境和社会标准，以在退出欧盟之后提振经济。[②] 此外，英国目前的环境和气候政策是在欧盟背景下制定的，大量采用欧盟法规，脱欧过渡期谈判结束后英国是否会重新制定国内的环境和气候政策还具有不确定性。

（二）新冠肺炎疫情对英国的影响

2020年新冠肺炎（COVID-19）疫情在全球范围内的蔓延被联合国秘书长古特雷斯称为自"二战"以来人类遭遇的最大危机。一系列以气候变化和生物多样性为主题的会议被迫推迟，很多相关外交活动和前期磋商会议被迫中断。疫情的发生虽然已导致全球二氧化碳排放量下降8%左右，但这种下降是不可持续的，随着世界经济复苏，很可能会出现强劲的排放反弹。全球气候治理的前景面临更大的不确定性。

就英国未来的气候政策而言，新冠肺炎疫情所造成的不确定性主要包括：第一，新冠肺炎疫情重创英国经济，今后一个时期就业和公共卫生安全问题在英国政府的议程上将格外突出，有可能降低英国政府对气候变化问题的关注程度和投资力度。第二，新冠肺炎疫情重创世界经济，导致各国将保就业等民生问题置于政府优先议程，提升国家自主贡献目标的政治意愿可能会下降，从而增加英国推动COP26取得成功的难度。第三，此次疫情应对不仅没有促进中美等大国间的合作，而且还恶化了大国间的关系。疫情期间发生的各种地缘政治博弈和竞争导致大国之间合作信心的缺失，合作信心的缺失如果外溢到全球气候治理领域，将对未来《巴黎协定》的履约和全球气候治理产生严重负面影响，也将对英国的气候外交构成严峻挑战。当然，

---

① Silverwood J, Moulton J. "The Agenda? The Multiple Streams Of Brexit-Era UK Climate Policy," *Marmara Journal of European Studies*, 2018, 26 (1): 75–100.

② J. Gaventa, "Brexit and the Energy Union-Keeping Europe's Energy and Climate Transition on Track," 2017.

如果英国政府采取明智的政策，也将面临一些重要机遇。比如，如果英国在采取各类措施重启经济时，将可持续发展议题纳入主要决策过程，也可能会实现绿色复苏。例如，英国电信2020年6月宣布将推出新举措来推动新冠肺炎疫情后的绿色复苏，通过与硅谷创新平台Plug and Play合作，对英国最新的电信技术进行升级，以支持英国电信及其公共部门客户向净零碳排放过渡。英国电信还与气候集团合作，成立了英国电力舰队联盟（UK Electric Fleets Alliance），旨在为2021年11月格拉斯哥举行的COP26的筹备工作发挥主导作用。疫情之后，英国政府如果在提供支持和援助的同时制定有效的指标促进高碳行业的转型，将对缓解气候问题做出重大贡献。值得注意的是，新冠肺炎疫情打破了传统的办公模式。疫情期间建立的一些临时运营模式，如远程办公、利用3D打印就地制造、将供应链本地化、加快生产线和零售业的自动化和数字化等，如果可以变成常态，也许会为可持续发展带来长期的有利影响。

结　语

英国"脱欧"是一个主要成员从欧盟退出，将不可避免地对英国自身和欧盟整体的气候目标和气候政策产生重大影响。重新制定这些政策不仅会造成技术上的复杂性，还会给政策框架的完整性和有效性带来风险。当然，如果能够化危为机，对英国而言，也可能是一个重大的机遇。总体而言，从英国气候变化政策的历史和现状来看，尽管面临"脱欧"过渡期谈判未决和新冠肺炎疫情的挑战，英国"脱欧"后仍会将低碳发展和气候外交作为其内政外交的优先议程持续推进，因为这是英国实现其国家经济、安全和外交目标，维持并巩固其现有国际地位的关键抓手。

G.7
应对气候变化行动的青年参与：
历史、现状与展望

郑晓雯 付亚男 张佳萱 王彬彬*

摘 要： 随着 2019 年"为未来而战"的气候运动席卷全球，以格雷
塔·通贝里为代表的青年活动家备受关注。同年 9 月，首届联
合国青年气候峰会更是将全球青年气候行动进一步推进公众视
野。本文详细梳理了青年参与全球气候治理的历史进程，指出
中国青年群体在政府、民间组织、学术机构的推动下，除利用
"青年"这一共同身份之外，还会根据自身的特长、兴趣与专
业领域，扮演包括青年学者、气候活动家、气候传播者等在内
的不同角色，积极、有效地参与到全球应对气候变化的行动之
中，对于促进气候行动在中国本土的迅速蔓延起到了重要作用。

关键词： 青年参与 全球气候治理 气候行动

在《21 世纪议程》中，青年和儿童被确定为民间社会的九个主要群体
之一，他们有权利和责任参与可持续发展。当前全球对于青年人没有统一的
明确定义，联合国将青年人的年龄区间定为 15～24 岁，世界卫生组织则定
为 16～44 岁，联合国教科文组织认为青年人处于 13～34 岁。国际社会承认

---

* 郑晓雯，青年应对气候变化行动网络秘书长；付亚男，清华大学气候变化与可持续发展研究
院外事主管；张佳萱，世界大学气候变化联盟 COP25 青年团团长；王彬彬，清华大学气候变
化与可持续发展研究院院长助理。

因社会、政治和经济条件的不同，各国青年群体的特征也不尽相同，提出要尊重青年群体特征的多样性。① 联合国报告显示，目前全世界共有约 18 亿 15 ~ 24 岁的青年，超过全球人口的 23%。在可持续发展的背景下，"代际公平"和"代内公平"这两个公平的概念被认为与气候变化高度相关，也被写进了《巴黎协定》"序言"中。鉴于本文主要追溯青年参与国际气候进程的历史，我们按照联合国的标准将青年群体的年龄界定为 15 ~ 24 岁。值得注意的是，近年来，中国青年群体越来越积极地参与到全球气候治理进程中，在国际和国内两个层面发挥了积极的推动作用。

一 青年参与全球气候治理的历程

《联合国气候变化框架公约》（UNFCCC，下称《公约》）在 1992 年里约热内卢举行的地球峰会上签署成立。在历年的《公约》大会中（以下简称 COP），青年一直以个体参加与不同环境和可持续发展问题有关的国际谈判②。在 20 世纪 90 年代末和 21 世纪之初，欧洲和美国的区域性青年组织开始形成合力，青年们得以以青年代表团的形式参与到联合国气候谈判之中。其中，最有代表性的两个区域性青年组织是欧洲青年论坛和 SustainUS③。陆续地，各个地区的青年组织如雨后春笋般联络、聚集并建立了地区/国家性的气候行动年轻人的"统一战线"。2004 年北美青年气候网络"能源行动联盟"（Energy Action Coalition）成立，2006 年加拿大和澳大利亚相继成立青

---

① 赵化刚：《国际视野中的青年：定义、属性和问题》，《青年研究》2005 年第 7 期。

② Anna Keenan, YOUTH @ COP15 United Nations Climate Negotiations, https：//web. archive. org/web/20110717114138/http：//sustainus. org/docs/2010/YOUNGO – Youth @ COP15 _ Report_ 2009_ HiRes. pdf，最后访问日期：2020 年 7 月 30 日。

③ 欧洲青年论坛于 1996 年成立，以平等与可持续发展为工作原则，如今已发展成由聚集了来自欧洲各地数千万年轻人的 100 多个青年组织构成的欧洲青年组织平台，https：//www. youthforum. org/european – youth – forum – our – goals – vision。SustainUS 是美国青年在 2001 年成立的国际青年联盟，关注正义和可持续发展，更看重青年参与全球政策进程的深度而非广度，提供培训项目为青年赋能，是一个完全由青年人运作、培养下一代青年领袖的青年组织，https：//sustainus. org/our – impact/。

年气候联盟，2007 年（中国）青年应对气候变化行动网络成立，2008 年英国青年气候联盟和印度青年气候网络成立。这些地区性气候联盟或气候行动网络多是由遍布本国的青年非政府组织联合发起，如加拿大青年气候联盟由48 个加拿大青年组织共同发起成立①。在世界各地，青年们能够通过这些地区性联盟或行动网络，对气候变化采取积极行动。

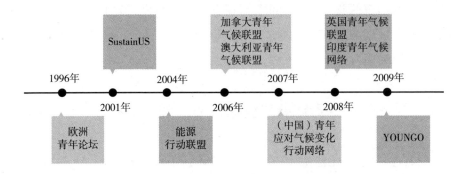

图 1 YOUNGO 正式成立前主要区域性青年气候组织的成立情况

自 2005 年 COP11 开始，每个地区性青年气候联盟或行动网络都会派出代表各自国家的青年代表团来到大会现场，国际青年气候运动的概念由此得到发展。② 2009 年哥本哈根气候大会是青年参与《公约》进程的里程碑，青年被正式确认为《公约》的独立利益相关者团体（成为一个"阵营"），其名称为"YOUNGO"（意为"青年非政府组织"），由 25 个国家和地区的青年气候行动网络以及国际青年组织组成。目前，"青年"与"环保""工商""研究"等 9 个阵营并列为《公约》的正式阵营，能够有自己的协调中心，与秘书处和缔约方有系统的沟通渠道。青年个体和青年非政府组织可以通过YOUNGO 参与缔约方大会期间的公开会议、阵营内会议以及部分受邀请的双边

---

① Canadian Youth Climate Coalition：Our Mission，https：//web. archive. org/web/20110827125731/http：//www. ourclimate. ca/joomla/index. php？option ＝ com ＿ content&task ＝ view&id ＝ 13&Itemid ＝35&lang ＝ en，最后访问日期：2020 年 7 月 30 日。

② International Youth Climate Movement：The IYCM，https：//youthclimatemovement. wordpress. com/the － international － youth － climate － movement/，最后访问日期：2020 年 7 月 30 日。

会议或接待。① YOUNGO 由志愿者组成的团队进行组织与管理，他们组成不同的工作组，这些工作组作为国际青年气候运动的中心枢纽，帮助成员们参与到气候谈判中。根据统计，参与 YOUNGO 选区的青年非政府组织占非政府组织总数的5.4%，而"环保""工商""研究"阵营的非政府组织占据了非政府组织总数的80%②，可以说在大会层面、YOUNGO 选区相比代表着商业利益、社群利益、研究界的阵营，影响力还比较有限，但在谈判中青年的参与的确为自己争取了利益。青年最主要的诉求是代际公平，就此议题他们取得了一项重大成就，在2015年《巴黎协定》中促成将代际平等原则纳入法律的多边环境条约③。

随着国际青年气候运动的迅速发展，在谈判桌之外，青年的草根行动也成为推动国际气候进程的重要力量。2007年，美国的能源行动联盟（Energy Action Coalition）将6000多名青年活动家聚集在华盛顿特区，召开了美国有史以来第一次旨在解决气候危机的全国青年会议。2009年，该会议以"权力转移峰会"（Power Shift）的名义重新召开，吸引了10000多名年轻人。④ 这些美国青年们聚集起来，依托年轻选民的选票施压，要求总统和国会推行气候的相关立法以及国家计划。权力转移峰会逐渐蔓延到其他国家，澳大利亚的峰会吸引了15000名年轻人，英国、印度的青年也加入了"权力转移峰会"的行列⑤。近十年间，青年应对气候变化运动已遍布全球，大量青年个体、地区性的青年组织

---

① Non-governmental Organization Constituencies, https：//unfccc. int/files/parties_ and_ observers/ngo/application/pdf/constituencies_ and_ you. pdf, 最后访问日期：2020 年7 月30 日。

② UNFCCC, Statistics on Non-Party Stakeholders, https：//unfccc. int/process – and – meetings/parties – non – party – stakeholders/non – party – stakeholders/statistics – on – non – party – stakeholders#eq – 3, 最后访问日期：2020 年7 月30 日。

③ CLIM'BLOG, "3 Achievements and 2 Challenges for Youth in the International Climate Negotiations," 2016, https：//studentclimates. wordpress. com/2016/10/28/3 – achievements – and – 2 – challenges – for – youth – in – the – international – climate – negotiations/, 最后访问日期：2020 年7 月30 日。

④ Kyle Cassidy, "The Youth Climate Movement's Global New Media Push for Survival," 2017, https：//www. huffpost. com/entry/the – youth – climate – movemen_ b_ 360517, 最后访问日期：2020 年7 月30 日。

⑤ Anna Rose, "New Force of Nature," 2009, https：//www. smh. com. au/environment/sustainability/new – force – of – nature – 20090506 – av3q. html? page =2, 最后访问日期：2020 年7 月30 日。

联盟和世界性的青年组织都在展开气候行动，其中涌现出了很多青年气候行动领袖。这个由世界年轻人组成的气候变化行动网络既松散又凝聚，他们既散落在世界各地，又通过因气候变化危机而形成的共同的意识形态联系在一起，并通过社交媒体跨国际边界地团结起来。这个群体形成了一股强大的气候传播力量和行动力量，这种力量也同时转化为政治力量推动着全球气候进程。

2018年，年仅15岁的瑞典学生格雷塔·通贝里（Greta Thunberg），因高温盛夏带来的森林火灾而受触动，决定于8月20日起每周五在瑞典国会大厦门前进行罢课游行，直到9月9日的国会大选。格雷塔·通贝里的诉求十分明确，依照《巴黎协定》，要求瑞典政府将减少碳排放作为其自愿承担的责任。

在接下来的几个月的时间里，"为未来而战"的罢课游行在社交媒体上迅速传播，从格雷塔·通贝里的个人行动到迅速有更多学生的加入，如同涟漪效应一样蔓延至欧洲其他国家，直至全球。2018年12月，全球270个城市的超过20000人参与了行动，至2019年4月，累计参与人数已达到160万人。截至目前，"为未来而战"的行动累计已在全球至少214个国家展开。

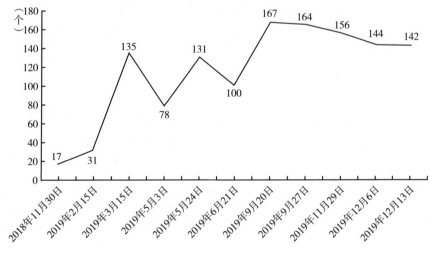

图2　2018年11月至2019年12月全球参与"为未来而战"行动的国家数据

资料来源：Fridays for Future, What We Do, Strike Statistics, List of Countries, https：//fridaysforfuture.org/what－we－do/strike－statistics/list－of－countries/，最后访问日期：2020年7月31日。

在格雷塔·通贝里行动的启发下，2019 年 2 月，来自 60 多个地区组织的科学研究人员自发签署"科学为未来"（Scientists for Future）的倡议，130 多位从事气候变化、可持续发展、生物多样性等议题研究的学者聚集在一起形成咨询委员会，这其中包括来自 IPCC 和 IPBES 的人员。截至 2019 年 3 月 15 日，全球超过 23000 位科学家已经签署倡议。"科学为未来"同时为"为未来而战"行动提供相关的科学支持。

2019 年 3 月，格雷塔·通贝里被提名为诺贝尔和平奖，同年入选《时代》周刊杂志全球最具有影响力的 100 人，被评为年度风云人物。格雷塔·通贝里的行动将青年一代推上世界舞台中心，引起政府、企业、科学家的关注与讨论。

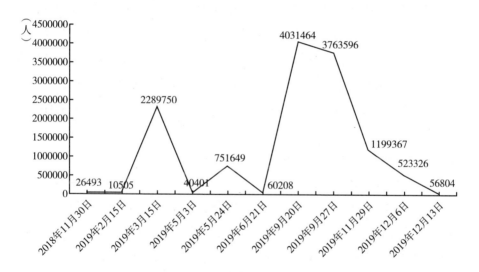

图 3　2018 年至 2019 年 12 月全球"为未来而战"实时行动人数

资料来源：Fridays for Future, What We Do, Strike Statistics, List of Towns, https://fridaysforfuture.org/what-we-do/strike-statistics/list-of-towns/，最后访问日期：2020 年 7 月 31 日。

二　中国青年参与全球气候治理进程的主要途径

以大学生为代表的中国青年环保运动最早开始于 1991 年，第一个大学

生环保社团——北京大学环境与发展协会正式成立。在此之后，青年环保社团蓬勃发展，截至目前几乎每所大学都有一支环保社团。另一青年环保运动中的历史标志性事件是1996年绿色营的创办。绿色营由国家环境使者、著名环保作家、改革开放30年环保贡献人物唐锡阳先生及其夫人马霞创立。绿色营在培养最早一批青年环保领袖的同时，也推动了一批青年环保组织的出现。青年环保运动从校园内萌芽，延伸到校园外，甚至走向国际，使得一系列具有影响力的活动在国内如火如荼地开展。聚焦气候变化的青年行动相较于国内的青年环保运动出现较晚，并且青年气候行动在中国本土的扩展与国际气候形势紧密相连。

2009年哥本哈根气候大会之后，国内媒体开始了对气候变化议题的大量报道，开设气候变化专题，引导国内公众广泛且深入地了解全球气候变化议题。"低碳"一词在各种媒体的宣传下逐渐开始在公众生活中流行。[1] 中国本土的青年气候行动也不例外，与国际青年气候行动呈现同步的发展趋势。2009年是中国青年气候行动发展的里程碑年份。当年由民间组织（中国）青年应对气候变化行动网络带领的38名中国青年组成了中国历史上第一支青年代表团参与哥本哈根气候大会，这是中国青年在国际"气候舞台"上的一次集体亮相，也是中国青年关注并参与应对气候变化行动的里程碑。《每日经济新闻》曾这样评价2009年哥本哈根气候大会现场的青年群体："世界各地的媒体开始采访在现场的中国青年代表团，向团员们了解情况。可能是头一次听到来自中国青年的声音，以及中国青年对气候变化的关注，一位纽约来的记者显得很是惊奇，同时也很赞赏——或许，中国青年代表团参会的意义也正是在于此。"[2]

中国青年参与国际气候谈判最早可追溯到2005年，青年代表何钢与来自50多个国家的80多名青年代表共同参与在加拿大蒙特尔举办的COP11，并发表《我们的气候，我们的挑战，我们的未来——2005年蒙特利尔国际青年宣言》；此后，时任绿色和平新能源一代项目志愿者部门协调

---

[1] 黄乐乐、任磊、何薇：《中国公民对全球气候变化的认知及态度》，《科普研究》2016年第3期，第45~52页。

[2] COP15中国青年代表团：《启程哥本哈根：记录气候变化大会首届中国青年代表团之行》。

人、北京大学的苏杭，于 2006 年作为中国唯一的青年代表出席 COP12；2007 年，2 名内地青年参与在巴厘岛举办的 COP13；2008 年，中国青年李立参与在波兰举办的 COP14。相比于其他国家的青年代表团，中国青年显得形单影只，但这些为 2009 年中国青年代表团的成行埋下了种子。这个由个人行为到集体行动的过程用了整整五年时间，而这背后是中国青年先锋在应对气候变化的行动中所付出的五年甚至更长时间的努力。

据不完全统计①，2010 年至今，中国有累计超过 200 位青年代表参与联合国气候大会，均由中国民间青年组织带领参与。中国青年在国际舞台上的积极活跃对于促进气候行动在中国本土的迅速蔓延起到了重要推动作用。

（一）政府在气候变化青年行动中的指导作用

政府引导下的青年气候行动大多呈现规模化的联动效应，能够联合地方各级机构覆盖各地青年。2009 年，环境保护部会同全国人大环资委、全国政协人资环委、教育部等八个部委发起千名青年环境友好使者行动项目。该项目由原环境保护部宣传教育中心承办，通过调动青年志愿者保护环境的热情，鼓励青年积极投入环境保护的实际行动中来，发挥青年人在环境保护事业中的生力军作用，从而带动全社会共同关注环保。②

此后，青年环境友好使者代表多次参与气候大会，成为中国青年对外发声的重要代表。2011 年，来自多所学校的青年环境友好使者组成代表团参加在德班举办的气候大会，开展行动展览、"GreenPC 绿电脑节能专家"等活动，并通过独幕剧的形式演绎《同舟共济新解》，呼吁全世界同舟共济，共同面对气候变化。与此同时，中国国内的千余名青年环境友好使者联动百万公众同步开展活动，用行动支持德班气候大会③。

---

① 根据（中国）青年应对气候变化行动网络、世青创新中心等民间组织历年带领的青年代表团成员数量统计。

② 《千名青年环境友好使者推动低碳减排行动》，腾讯绿色，https：//news. qq. com/a/20100607/000940. htm？emfhe4，最后访问日期：2020 年 7 月 31 日。

③ 《我青年环境友好使者参加德班气候大会代表团返京》，中国网，http：//news. china. com. cn/2011－12/11/content_ 24122646. htm，最后访问日期：2020 年 7 月 31 日。

千名青年环境友好使者行动项目搭建了中国青年从本土行动到国际参与的桥梁，在发起后的几年间通过一带多的培养模式，联合全国各地的地方宣教机构培育青年力量，将节能减排的环保理念深入各地青年的心中。

（二）民间组织在青年气候行动中的推动作用

民间组织在推动青年参与气候变化的行动中呈现国际组织先行、本土组织后起发力的形态。绿色和平在 2001 年发起新能源一代（Solar Generation）国际青年气候项目，于 2004 年在北京、香港、广州等地开展，成为民间最早针对中国环境领域优秀青年人开展的应对气候变化项目，通过气候变化知识学习、培训、行动及国际交流为更广泛的青年气候行动奠定基础。2008年，美国环保协会（Environmental Defense Fund）发起气候拓新者（EDF Climate Corps）项目，以能源、环境和可持续发展为主题开展学生企业带薪实习项目。时至今日，气候拓新者项目依然在开展，在中国和美国有超过1000 名学员已经成功地帮助 500 多家企业和组织挖掘了价值总计超过 16 亿美元的潜在节能减排机会。[①]

2006 年，随着国际应对气候变化大环境的发展和中国青年参与应对气候变化进程的深入，中国的高校中出现了专门应对气候变化的社团，如北京大学清洁发展机制研究会。同年，以 2006 年 12 月 2 日在清华大学环境系馆举办的以"气候变化会议与中国青年行动"为代表的应对气候变化的沙龙开始在青年群体内展开，由此越来越多的青年人开始关注气候变化。2007年 4 月，"全球青年社区－中国"（Taking It Global-China）在中国 10 个城市的高校青年中展开关于气候变化的问卷调查，在认为谁更应关注气候变化的问题上，选择年轻人的仅占 2.38%；在关于参与应对气候变化行动的问题方面，41.78% 的青年表示非常愿意参与行动但却不知怎么做。

中国本土青年气候行动的逐渐兴起与 2007 年在武汉召开的第四届中国大学生环境组织合作论坛有着密不可分的联系。70 多名国内外环保青年围

---

① 美国环保协会（EDF）官方网站：http://edfclimatecorps.org/。

绕着"气候变化与青年的环境责任"开展了激烈讨论，最终让对气候议题的思考落实到行动上，推动成立了中国第一个关注气候变化的青年 NGO 组织——（中国）青年应对气候变化行动网络（以下简称 CYCAN)①。在此后的十余年间，CYCAN 发起并落地展开超过 30 余个项目，有超过 500 所高校参与其中，直接参与学生人数超过十万，间接影响人数超过百万。CYCAN 作为中国民间气候组织的代表引导着中国本土的青年气候行动，同时链接国内和国际，为中国青年搭建行动平台。

（三）学术机构在青年气候行动中的引领作用凸显——以世界大学气候变化联盟为例

在推动青年参与应对气候变化行动的过程中，以大学为代表的学术机构正发挥着日益重要的作用。在应对气候变化的行动中，大学作为连接青年与社会的桥梁，可以在学术研究、学生活动、人才培养、绿色校园、公众参与等领域发挥积极作用。清华大学在 2019 年 1 月达沃斯世界经济论坛上倡议发起，并于 2019 年 5 月正式成立世界大学气候变化联盟（Global Alliance of Universities on Climate，以下简称"大学联盟"），联合来自中国、美国、法国、英国、南非、印度、巴西、日本、澳大利亚 9 个国家的 13 所世界一流大学，在联合研究、联合培养、学生集体活动等领域展开工作，展现大学共同的责任与担当。这是在应对气候变化领域内，第一个由中国大学牵头成立的世界大学组织。大学联盟的成立得益于过去几十年中国在引导青年参与国际事务的过程中所积累的实践经验，是一次创新性的尝试。

为促进全球青年学生在气候变化领域的交流与合作、培养未来气候领军人才，大学联盟组织了多个以青年学生为主体的活动，为青年参与国际气候事务提供了新的平台与机遇。2019 年 11 月，大学联盟举办联盟研究生论坛，为来自 6 个大洲 9 个国家 55 所国内外高校的 100 余名硕士生和博士生提供学术交流、共享智慧的平台，涉及领域包括碳与污染物减排、非燃油运

---

① COP15 中国青年代表团：《启程哥本哈根：记录气候变化大会首届中国青年代表团之行》。

输工具发展、可再生能源新技术，以及气候变化衍生的碳市场、碳定价、绿色气候金融等新议题。2019 年 12 月，大学联盟与本土组织 CYCAN 合作，组建第一支国际青年代表团，来自联盟成员大学的 15 名青年学者共同参与了在西班牙马德里举行的 COP25，与来自中国、韩国、意大利、瑞士的政府代表，世界银行等国际组织专家，企业代表展开对话，共同探讨青年气候行动的发力点及有效途径。2020 年 1 月 6 日，国家主席习近平回复了大学联盟学生代表的致信，对大家就关乎人类未来的问题给予的共同关切表示赞赏，期待同学们为呵护好全人类共同的地球家园积极作为。这一举动极大地鼓舞了大学联盟学生代表，也为大学联盟未来的持续行动奠定了坚实的基础。

在推动青年参与气候变化事务这一领域，大学联盟为以大学为代表的学术机构提供了值得借鉴的经验。其一，在青年参与全球气候治理的诸多形式中，青年学者的学术研究是重要的组成部分。气候变化作为一个复杂的、跨领域的全球性议题，需要跨学科的、全球合作的解决方案。组建跨地区、跨专业的学术论坛可以为青年学生搭建学术交流的平台，使得全世界不同专业背景的青年能够交流知识、碰撞思想，共同助力全球在应对气候变化的科研成果方面取得突破。其二，青年群体长期以来都是国际气候会议的积极参与者，在气候传播领域发挥着不可替代的作用。由大学等学术机构组建的青年代表团，专业基础扎实，对气候变化有着深刻的理解，可以通过参与政府、专家和非政府组织等全球多元利益相关方的对话与协作，共同推动气候进程的建设性发展。

三　全球气候治理中青年参与的角色与作用

与其他群体相比，青年一代是当前与未来气候变化负面影响的主要受害者。[①]一方面，受物质积累与生活经验的限制，青年人对待气候危机的应对能力和适应能力较弱，面对气候变化带来的经济安全系数降低、资源匮乏加剧等问

---

① United Nations Programme on Youth, World Youth Report 2010: Youth and Climate Change.

题，青年人更容易受到伤害。另一方面，海平面上升、生物多样性丧失等气候变化的负面影响在未来将会更大，由气候变化引起的干旱、热浪、严重风暴和洪水等极端天气事件的发生将会随着时间的推移变得越来越频繁，青年人遭受气候变化的威胁程度也会更高。同时，青年群体也是未来全球气候行动的主要实施者，是未来几十年社会变迁的中流砥柱，承担着加强气候行动、推动全球合作的重要责任。因此，鼓励青年积极参与全球气候治理，是保障"代际公平"、推进全球气候治理进程的重要内容。[1] 在参与全球气候治理时，除"青年"这一共同身份之外，青年群体还会根据自身的特长、兴趣与专业领域，扮演包括气候研究者、气候活动家、气候传播者等在内的不同角色。青年凭借这一群体所共有的特点，正积极、有效地参与到全球应对气候变化的行动之中。

（一）气候研究者

在青年参与全球气候治理的诸多形式中，青年学者的学术研究是重要的组成部分。气候变化成为全球学术研究的热点问题仅有短短 30 年左右。关于气候变化成因与对策的研究，大都发生于近百年内。直到 21 世纪，大学才开始设立专注于气候变化研究的研究生项目，推动气候变化问题的学术研究。在未来，青年学者将成为全球气候变化研究的中流砥柱。更全面的气候知识、更系统的气候教育赋予了青年学者更强的理论基础和研究优势。意识到正在发生的、日益严重的气候变化负面影响威胁着人类社会的发展，是青年人参与学术研究的重要动力来源。

青年学者的气候研究呈现更明显的学科交叉特征。来自世界大学气候变化联盟学校剑桥大学的涂沁仪博士从事气候变化、政治学与经济学的交叉研究，探讨国家行为体在国际气候合作中的角色；来自印度科技大学的 Anand Narayana Sarma 博士从事环境与气候科学方向的研究，重点关注大气污染对卫

---

[1] Narksompong, Joanne, and Sangchan Limjirakan, "Youth Participation in Climate Change for Sustainable Engagement," *Review of European*, *Comparative & International Environmental Law* 2015, 24 (2).

星地球光学通信连接的气候影响；来自帝国理工学院的 Courtnae R. M. Bailey 博士则关注气候谈判中的损失损害议题、发展中国家的气候融资问题等。气候变化是一个复杂的、跨领域的全球性议题，需要跨学科的、全球合作的解决方案，需要青年气候学者跨领域、跨专业的思考与研究。

（二）气候活动家

青年是全球经济和社会一体化的受益者和适应者。全球化对青年人的观念、教育、文化和生活方式都产生了重要的影响。① 在全球化的背景下，青年对各国经济相互依存、共享命运的感受更加深刻。青年的交际圈也明显扩大了，除了传统的家庭与学校，青年人更容易通过网络与来自全世界的伙伴交流观点，并且跟随全球化的脚步，不同国家青年的价值观和行为方式也日渐趋同。同时，作为直接受气候变化影响的未来一代，青年群体具有更强的危机感和采取气候行动的紧迫感。因此，面对着气候变化这一威胁人类生存与发展的共同挑战，青年活动家正在以愈加积极的姿态参与到全球气候运动中，通过游说、倡导等手段，呼吁人们践行低碳生活理念，呼吁政府实施更积极的气候政策。

格雷塔·通贝里发起的"为未来而战"气候保护活动，在全球范围内引起了人们对气候变化议题的关注，也掀起了学生气候运动的热潮。面对气候危机，青年活动家号召破除壁垒，提倡全球合作，成为推动全球气候治理的中坚力量。值得注意的是，由于参与气候运动的青年普遍年龄偏小、对于气候变化的科学认识不充分，当前国际上大多青年气候运动靠激情驱动、理性不足。国际青年气候运动也多通过街头游行、罢课示威、抗议演讲等形式呼吁政府采取更积极有力的气候行动。因此，在鼓励青年气候活动家参与气候运动、传播气候观点的同时，应当给予恰当的、理性的引导。在中国，气候活动家通常通过由政府、企业、国际组织、NGO 等搭建的气候宣传平台传播观点、呼吁改变。例如，世界大学气候变化联盟青

---

① 董霞：《青年事务国际化进程的回顾与展望》，《中国青年研究》2006 年第 9 期。

年团团长张佳萱积极通过清华大学校内平台、2020 全国低碳日主场活动、美国国家地理气候圆桌等平台，发表青年学生的气候见解，呼吁全社会共同参与低碳转型。

（三）气候行动者

研究表明，与中老年群体相比，青年对气候变化成因的认知更加全面且准确，对气候变化危害的严重性也具有更高的认知度，这是青年参与全球气候治理的基础。对气候变化认知的提升主要源于教育程度的整体提升、社会媒体的广泛传播和气候科学的不断发展①，这也为涌现更多的青年气候行动提供了肥沃的土壤。一方面，得益于对气候变化问题的全面与深入理解，气候行动者在实际生活中积极践行适度消费、节能减排等理念，通过改变生活习惯助力低碳发展，并积极影响身边人共同参与；另一方面，气候行动者通过高校社团、国际组织、政府项目聚集到一起，共同设计并推进气候与环保项目的实施。

联合国儿童基金会在埃塞俄比亚学校间开展学生植树活动，培养青年跨领域的技能和景观知识，促进青年有效参与应对气候变化，共吸引 5 万名青年学生参与，在亚的斯亚贝巴地区共植树 5 万棵。在中国生态环境部牵头的"千名青年环境友好使者"项目中，大量中国青年深入机关、学校、社区、军营、企业、展会、公园和广场开展环保宣讲活动，以一传千，广泛传播低碳减排知识，推动公众参与低碳行动。中国各地方政府组建当地"河小青"志愿服务队，组织青年学生开展巡河护河行动，改善当地河流与河岸环境质量。相较于气候研究者与活动家，大量气候行动者通过实施更为实际的气候与环保项目，改善区域环境、传播气候理念，成为全球青年应对气候变化的最广泛力量。

青年在全球气候治理的进程中除扮演气候研究者、活动家与行动者的角色外，还发挥了气候传播者的作用。在面对全球气候变化这一挑战时，青年

---

① 李晓光等：《青年群体对气候变化的认知及其影响机制》，《中国青年研究》2016 年第 8 期。

人所具备的创新意识和其对新鲜事物的接受能力使其能够提出更具创新性的解决方案。同时随着互联网的发展，社交媒体成为全球气候传播的重要阵地。青年人通过在社交平台上发起气候挑战、推广讨论话题等，以轻松、愉快且易被人接受的表达方式与活动形式，提高全民的气候意识、普及气候知识，起到更好的气候传播效果。

四　青年参与国际气候行动的机遇和挑战

（一）国际形势与机遇

随着全球"为未来而战"运动的蔓延，青年气候行动受到广泛关注。2019年9月21日，首届联合国青年气候峰会在联合国气候峰会之前举办，邀请18～29岁的青年积极参会，使得来自全球的年轻活动家、创新者、企业家和变革者齐聚纽约。这次峰会不仅为青年领袖提供了重要的展示平台，更重要的是搭建了和决策者对话交流的平台。

联合国青年气候峰会举办的意义不止于当下，它代表着国际青年运动为青年群体争取了更大的行动空间和发声空间，也将成为青年气候行动的新起点。

与此同时，《联合国气候变化框架公约》第6条和《巴黎协定》第12条强调了教育在全球气候变化应对中的关键作用。2016年，《联合国气候变化框架公约》与联合国教科文组织共同发布《气候变化赋权：教育、培训和提高公众意识的解决方案》，从国家战略发展视角提出基于结果的管理方案，并强调气候变化教育政策的透明度和问责制[①]。2018年，在波兰卡托维茨举办的COP24批准了"气候赋权行动"的实施，呼吁所有成员国制定并实施"气候变化教育"国家战略。青年在国际气候谈判中的观察者角色不容忽视，也是气候赋权行动计划实施的重要目标群体，在UNFCCC的工作

---

① 孟献华、倪娟：《气候变化教育：联合国行动框架及其启示》，《比较教育研究》2018年第6期，第35～44页。

计划中多次被提及。气候赋权行动为未来的青年气候行动提供了指导框架和行动指南，为青年参与气候进程提供了更大的行动空间。

（二）挑战分析：青年参与的行动空间扩大，同时也承载着更大的期待

根据 UNFCCC 公示的统计数据，截至 2016 年第 22 届联合国气候变化大会，在 UNFCCC 注册的观察员机构数量已经达到 2259 家，相比首届会议的 177 家，观察员机构一直在增加。对比 2013 年和 2016 年的观察员机构类型可以发现，女性与性别组织代表、农民群体代表、青年组织代表等相对弱势组织代表的比例均在提高。其中，青年代表占比从 2013 年的 2.4% 提升至 2016 年的 5.4%，表明青年群体的行动空间在不断扩大，且仍有很大的上升空间。

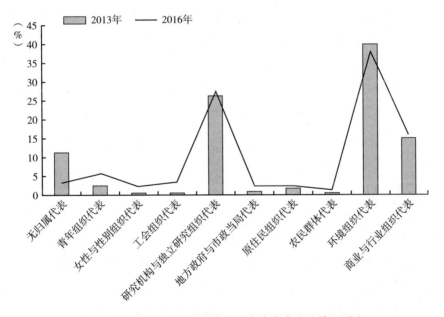

图 4　2013 年与 2016 年各类组织参会代表占比情况对比

资料来源：UNFCCC，Statistics on non-Party Stakeholders，https：//unfccc. int/process - and - meetings/parties - non - party - stakeholders/non - party - stakeholders/statistics - on - non - party - stakeholders，最后访问日期：2020 年 7 月 31 日；2013 年数据比例来自过往存档文件。

129

随着中国在国际气候谈判中的重要性凸显，国际社会对于中国青年的关注度和期待逐渐提高。来自中国本土的观察员机构在不断增加，为更多的中国青年参与国际气候事务提供了途径。同时，生态环境部宣传教育中心联合民间组织持续开展的青年主题边会为中国青年提供了重要的参与空间。清华大学发起的世界大学气候变化联盟也提高了中国青年在国际气候行动中的引领作用。

无论在国际还是国内，青年气候行动的未来都呈现相对乐观的趋势，其行动空间、参与机会和行动路径都在不断拓展。但与此同时，也逐渐暴露出青年行动尚存在诸多不足之处。"为未来而战"在国际盛行的同时，也在国内掀起了激烈的讨论，负面评论声音暴露了青年群体对于气候变化议题的认知水平参差不齐，在不经过佐证的激进言论中容易丧失理性判断。

从行动策略上来说，"为未来而战"推动了国内青年及组织对于自身行动的反思。从公众认知提升方面来看，格雷塔·通贝里通过"为未来而战"运动，获得与各国领导人、社会影响力明星直接对话的机会，使得这场运动所带来的媒体关注与舆论冲击，对公众气候传播产生重要推动作用。但在政策影响方面，青年气候行动始终面临瓶颈，如何对政策产生真正的影响是国内外青年气候行动所共同面临的挑战。无论是对抗施压的运动形式，还是温和的对话形式，实现真正的政策改变才是最终目的。由于国内外青年所采取的行动策略不同，中国青年需要有统筹国际、国内两个大局的主动意识和责任担当，确立自身的行动策略，找到适合自身的行动路径。

2020年初的新冠肺炎疫情暴发给全球的经济社会发展带来巨大冲击，国际经济形势在发生转变，去全球化的趋势也愈加明显；受疫情影响，COP26最终延期一年举办，给全球气候治理带来更大的不确定性。联合国秘书长古特雷斯在2020年世界地球日当天发表视频演讲，呼吁将气候变化放在疫情后复苏的中心位置，重视气候变化这类更深层次的危机，世界各国应携手实现更高质量的复苏。鉴于上述对青年在全球气候治理中的角色和贡献分析，在疫情后的复苏时期，全球青年肩负着更为重要的使命，即呼吁国际社会继续高度重视应对气候变化的重要性和紧迫性，积极采取气候行动，共同应对气候危机，选择一个更负责任的未来。

G.8
绿天鹅气候事件下金融行业的低碳变革*

曾文革　任婷玉**

摘　要： 绿天鹅气候事件带来的金融风险可能会严重损害各国的经济金融体系。绿天鹅气候事件通过连锁反应使得金融风险更加复杂化，从而威胁当前的金融稳定。绿天鹅气候事件更为复杂和独特的特点可能会产生重大的金融风险，造成货币不稳定，同时也为各国金融业的低碳转型带来了新挑战。因此各国可以从低碳评估与风险管理、加强审慎监管、协调财政货币等相关政策及加强国际合作等方面促进金融行业的低碳变革。

关键词： 绿天鹅　气候变化　金融风险　低碳金融

气候变化是导致经济和金融体系发生结构性变化的重大因素之一，具有"长期性、结构性、全局性"的特征①。《2020 年全球风险报告》（The Global Risks Report 2020）指出最可能发生且产生严重影响的前五大全球性风险，并认为环境问题将占据全球风险的首位②。目前就低碳发展各国已基

---

* 本文为国家社科基金项目"人类命运共同体理念下巴黎协定和国际环境法实施机制构建研究"（项目号：20BFX210）成果。

** 曾文革，重庆大学法学院教授，博士生导师，主要研究方向为国际经济法；任婷玉，重庆大学法学院在读博士研究生，主要研究方向为国际经济法。

① 中国人民银行副行长陈雨露在"2019 中国金融学会学术年会暨中国金融论坛年会"上表示，气候变化是导致经济和金融体系结构性变化的重大因素之一，具有"长期性、结构性、全局性"特征，正在引起全球中央银行的重视。

② 报告中的全球环境风险为极端天气事件、减缓和适应气候变化措施的失败、重大自然灾害、生物多样性受损和生态系统崩塌及人为环境破坏。

本达成共识，并开始在各行业积极进行低碳变革的实践。2020 年初国际清算银行（Bank for International Settlements，BIS）发布的《绿天鹅：气候变化时代的中央银行和金融稳定》报告指出，气候变化给金融行业带来了金融风险和货币不稳定的风险，绿天鹅独特的特点使现有的评估方法和技术都无法准确预估其带来的风险，进而可能会对金融市场带来灾难性和不可逆的影响，各国将采取怎么样的措施与路径进行金融业的低碳变革值得我们认真思考和研究。

一　绿天鹅气候事件的出现及其对金融稳定的影响

环境的恶化和社会、经济与政治之间不可预测的复杂连锁反应，导致气候变化代表了一种巨大的、潜在的不可逆的、复杂的风险，绿天鹅气候事件的出现可能会成为下一次系统性金融危机的起因。

（一）绿天鹅的定义及特点

"绿天鹅"提出的灵感来源于 2007 年纳西姆·尼古拉斯·塔勒布（Nassim Nicholas Taleb）提出的"黑天鹅"① 概念。黑天鹅（Black swan）事件有三个特点：超过正常预期意料之外罕见的事件；极端事件并影响广泛；只能够做事后解释。而绿天鹅又称"气候黑天鹅"，具有"黑天鹅"的许多典型特征。从风险的维度上来说，绿天鹅在三个方面又与黑天鹅有所不同：首先，尽管气候变化带来的影响具有高度不确定性，但可以确定的是物理风险和转型风险在未来会以单一或组合的形式出现。所以尽管气候变化影响产生的时间和性质都不确定，但可以确定的是必须要采取积极行动来预防气候变化和环境风险。其次，气候变化所导致的风险可能比系统性金融危机

---

① "黑天鹅"（Black Swan）一般指非常难以预测且不寻常的事件，通常会引起市场连锁负面反应甚至颠覆。"灰犀牛"是与"黑天鹅"相互补充的概念，"灰犀牛"事件是太过于常见以至于人们习以为常的风险，"黑天鹅"事件则是极其罕见的、出乎人们意料的风险。

的涉及范围还要大，影响还要广，甚至能够威胁到人类的生存。最后，与黑天鹅相比，绿天鹅由于可能产生与两种风险相关的复杂连锁反应和级联效应而变得更加复杂化，可能会产生一系列不可预测的重大影响。

（二）绿天鹅气候事件对金融稳定的影响

气候变化将会通过多方面不断的积累影响我们的经济，进而产生不可预测的风险，这些气候风险将威胁到金融稳定。目前现有的技术水平难以有效预测复杂多变的气候风险，评估气候变化路径的不确定性会对金融业的稳定造成一定的影响，同时物理风险与转型风险极大可能会同时出现为低碳技术的改进和创新带来了压力。

1. 绿天鹅气候事件可能引发的金融风险

《气候变化对宏观经济的长期影响：跨国分析》[①] 报告指出，忽视气候变化带来的问题将会对全世界的经济都造成严重影响，对宏观经济和金融系统的冲击巨大，并对金融稳定造成极大的不确定性。主要原因是传统的风险管理方法是基于历史数据和假设[②]，但推断历史趋势只会导致与气候相关风险的错误定价，因为这些风险几乎还没有开始出现，而且与气候相关的风险通常集中在 VaR 的 1% 中或者可以说是厚尾分布[③]当中，这说明极端风险出现的概率比一般风险还要高。

气候变化可以通过物理风险及转型风险两种风险影响金融稳定。物理风

---

① 该报告由美国南加州大学、英国剑桥大学等机构研究人员合作完成，认为如不采取适宜的气候变化政策，全世界所有地区，无论是穷国还是富国，无论是寒冷国家还是炎热国家，经济都会受到较大影响。在没有适宜政策的情况下，按目前趋势发展，全球平均气温每年将持续上升 0.04℃，到 2100 年，全球人均实际 GDP 将因此减少 7.22%；而如若各国都能遵守《巴黎协定》，将全球平均气温上升幅度限制在每年 0.01℃ 范围内，到 2100 年，全球人均实际 GDP 遭受的损失将大幅减少至 1.07%。

② Bolton, Patrick, Haizhou Huang and Frédéric Samama, From the One Planet Summits to the "Green Planet Agency", Working Paper, 2018.

③ 厚尾分布主要是出现在金融数据中，例如证券的收益率。从图形上说，较正态分布图的尾部要厚、峰处要尖。直观些说，就是这些数据出现极端值的概率要比正态分布数据出现极端值的概率大。

险是由气候相关灾害作用于人类和自然系统而产生的风险，物理风险给金融稳定所带来的影响可以分为三级。首先是直接影响，气候变化可能对政府、金融机构以及投资者等带来自然灾害；其次是通过影响金融机构的资产投资组合而产生间接影响；最后则由于金融机构之间在业务、资金方面都存在一定的往来关系，气候变化所造成的影响可能会在金融机构之间形成消极影响的传导，从而导致整个金融系统处于危机当中。

转型风险源自低碳转型的调整，与政策变化、信誉影响、技术突破或限制以及市场偏好和社会规范的不确定性影响有关，这些变化与不确定性可能会影响投资者对盈利能力和业务可持续性的看法。如果这些变化是突然的，可能会导致资产的减价出售，潜在地引发一场金融危机。

2. 绿天鹅气候事件可能导致货币不稳定

气候变化将对生态、社会和经济带来系统性破坏，如气温的持续升高将导致多种影响，包括海平面上升、风暴强度增大和发生率增加以及更多的干旱和洪水。这些冲击可能会通过影响供给侧和需求侧影响货币政策，进而影响到价格稳定。

需求面冲击指的是影响总需求所带来的冲击，由于未来需求和增长前景具有不确定性，气候变化可能会抑制消费，减少商业投资，破坏全球贸易体系，使得全球经济的互动性下降。供给面冲击可能通过潜在供给的组成部分——劳动力、实物资本和技术——影响经济的生产能力，比如高温可能会降低工人和农作物的生产力。一方面，气候变化可能会造成农产品和能源供应价格的大幅调整和波动性增加；另一方面，则会降低经济体的生产能力，这可能会对长期的实际利率水平产生影响。①

低碳项目可能会减缓生产率增长，对供给侧和需求侧可能会加剧不确定性和通胀波动。在当前经济结构和能源生产模式下，货币政策同样需要考虑

---

① Brainard, Lael, "Why Climate Change Matters for Monetary Policy and Financial Stability", Speech Delivered at "The Economics of Climate Change", A Research Conference Sponsored by the Federal Reserve Bank of San Francisco, San Francisco, California, 8 November 2019, Available at: https://www.bis.org/review/r191111a.htm.

气候变化的因素。货币政策的主要目标是在短期内稳定产出和通胀波动，对于低碳项目这种较为长期的目标关注不是很多。[①] 另外，气候变化是全球性问题，但货币政策很难在国家之间进行协调[②]，因此各国在应对与通胀相关的气候事件时所采取的政策可能不尽相同，从而政策产生的效果微弱。

二　金融行业低碳变革的必然性

在全球化背景下，绿天鹅气候事件能够通过复杂的传导机制产生更为深远的潜在影响。目前各国的金融稳定性是经过极大的努力才达到的，能够用来应对常见的且不复杂的风险。但是气候变化大量的不确定性将使得我们需要从多角度出发考虑金融业的低碳变革。

（一）绿天鹅气候事件下各国金融业面临的新挑战

气候变化对高碳排放产业传统信贷的冲击，为各国金融机构调整自身投资结构带来机遇，同样也使得金融机构对自身的运营和发展开始进行绿色化转型的考量。两者的相互作用能够为金融业的绿色变革带来新的机遇。

各国央行和监管机构的金融工具，无法替代性地干预全球低碳经济转型中所涉及的领域，包括货币政策、财政政策及气候风险相关标准的制定。低碳转型可能会对央行现有职责带来一定的负担。虽然职责是可以改变的，但是在建立新的体系和重塑声誉与信誉过程中，这些职责所引起的政策和体制的演变是非常复杂的。即使对具体的财务风险进行相应的监管，溢出效应的出现仍会使金融监管的内容进一步细化、范围进一步扩大，风险管理框架仍需进一步完善。气候变化风险的金融监管也存在许多客观的障碍，如监管者

---

① 中央财经大学绿色金融国际研究院：《气候变化下的货币政策》，https：//www. huanbao-world. com/a/vocs/71324. html，2018 年 12 月 24 日。

② Pereira da Silva, Luiz A. , Research on Climate-Related Risks and Financial Stability: An Epistemological Break? Based on Remarks at the Conference of the Central Banks and Supervisors Network for Greening the Financial System (NGFS), Paris, https: //www. bis. org/speeches/ sp190523. htm, 2019.

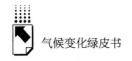

缺乏适当的气候风险分析工具、方法和数据，难以确保气候变化数据的可用性和质量。

从商业银行的角度来看，一方面是高碳企业转型为商业银行带来挑战，主要是气候变化信贷风险。由于政策行动、技术变革以及消费者和投资者的需求都要与应对气候变化的政策保持一致，高碳企业可能会出现利润下降、业务中断或融资成本上升的情况，导致更高的违约概率（PD）和更高的违约损失（LGD）。风险暴露导致企业偿还债务能力恶化，可能导致商业银行贷款质量下降，影响商业银行的经营管理。另一方面是商业银行自身受到气候变化影响所带来的挑战。气候变化可能导致商业银行的金融产品如大宗商品、衍生品等价格剧烈波动，不仅损害投资者的利益，也可能会造成更大范围内的市场动荡，进而导致市场风险加大。同时投资者会将气候变化风险作为评估银行价值的考量因素，非政府组织（NGOs）也可能会通过如对商业银行行为作出有争议的解读等方式影响商业银行声誉，使商业银行产生声誉风险。

证券市场已是我国重要的融资来源，能够发挥资本市场气候投融资的重要作用。气候投融资要降低风险，增加投融资的收益，并抑制高碳企业的投融资。[①] 气候变化对我国的股市也有重大影响[②]，对相关的上市公司会产生或多或少、或长或短的影响。绿色债券市场在国际上大体已形成了相对完整的运作机制，但仍存在绿色债券风险管理机制不健全、全球化参与主体在亚洲（不包括中国）和非洲较为单一等多方面挑战。证券公司在社会低碳转型中利用多层次资本市场引导资金投向绿色低碳领域起到了不可替代的作用，今后要为投资者提供不限于绿色投融资金融产品的更为丰富的产品服务体系，并扩大其服务覆盖范围。

对于保险公司和再保险公司来说，气候变化所引起的极端天气事件增加所导致的高于预期的保险索赔支出可能源于物理风险，覆盖绿色技术的新保

---

① 邓茗文：《气候投融资如何引领低碳发展——对话中央财经大学绿色金融国际研究院院长王遥》，《可持续发展经济导刊》2020年第Z1期。

② 曹广喜、向俊伟：《气候突发事件对我国股市的影响研究》，《气象软科学》2009年第4期。

险产品潜在的低定价则可能源于转型风险。流动性风险和操作风险也会通过金融机构直接或间接地产生影响，从而使得保单的索赔频率和严重程度都大大增加，保费可能因此会变得更加昂贵甚至可能会改变其所保的风险类型。

（二）金融行业低碳变革的可能性

随着绿色发展理念不断受到国际社会的重视，各国都开始积极建立绿色化的制度框架，保障气候投融资、风险管理等一系列制度的顺利实施，并着重加强气候变化的审慎管理，以防范绿天鹅气候事件，为金融业的低碳变革奠定了基础。

1. 各国积极构建低碳新政

世界各国都在积极响应绿色发展，推行低碳新政，注入新的绿色经济。各国的低碳政策大部分将重点放在高碳产业转型和低碳技术创新上。美国总统奥巴马上任后积极呼吁加强对清洁能源的投资并签署了《美国复兴和再投资计划》（ARRA），将新能源作为新经济增长点。2018 年欧盟委员会发布的《可持续发展融资行动计划》旨在建立可持续金融体系，并在此基础上提出碳活动分类标准。2019 年 12 月，欧盟委员会正式发布了《欧洲绿色协议》描述了欧洲绿色发展战略的总体框架，落脚点为实现欧洲经济稳定可持续发展。英国将实现低碳经济作为英国能源战略的首要目标，《英国绿色金融战略》中描述了英国发展绿色金融的路线图，并详细阐释了应对气候变化挑战的三大因素。[①] 德国出台《气候保护计划 2030》以对二氧化碳排放进行定价和制定能源、农业等多个领域的具体措施。

2. 宏观审慎监管中纳入了气候变化因素

金融危机后金融监管领域逐步增加了宏观审慎政策，以加强对消费者和投资者的保护。2017 年，G20 绿色金融研究小组正式提出金融业要开展环境和气候风险分析。目前很多国家采用了环境压力测试，对可能影响全球金融体系和各国金融业的潜在系统性风险进行了量化。荷兰央行研究分析了荷

---

① 三大因素包括金融绿色化、投资绿色化及紧握机遇。

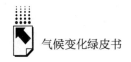

兰15家主要金融机构对低碳转型敏感行业的风险敞口，明确指出银行业主要是以信贷形式支持低碳转型，易遭受信用风险，而养老基金和保险公司则因持有股票、债券等易受到市场风险的影响。① 在监管中开展环境压力测试可以总结出相关管理指标在不同环境风险中可能产生的变化，为银行业事先预防气候变化提供了重要参考。②

3. 搭建了国际气候政策和标准协调合作的平台

2017年以来，世界各国都积极在G20、气候相关财务信息披露工作组（TCFD）、央行与监管机构绿色金融合作网络（NGFS）、国际金融公司（IFC）支持的可持续银行网络（SBN）等多边框架下进行气候变化相关话题的讨论，积极探索各国推进绿色金融发展的政策共识和实现绿色定义的统一，开展经验交流。2019年NGFS③发布的《行动呼吁：气候变化是财务风险来源》提出六条建议，以呼吁央行、监管机构等共同进行全球协调行动。各国也都在积极加入赤道原则（Equator Principles）、负责任的投资（PRI）、联合国可持续发展目标（UN SDGs）以及可持续会计准则委员会的可持续行业标准（SASB）等，对自身金融业进行战略调整，以应对气候变化带来的物理风险和转型风险，努力发展可持续性金融。

三 未来各国金融业发展的低碳路径

从全球来看，气候变化已然成为金融行业重塑的重要考量因素之一，它能够使金融业发生根本性的变化，使得大量的资本重新配置，比如私营部门内部寻求的创新型碳定价机制。更进一步说各国金融业要对气候变化有一致

---

① 马骏、孙天印：《气候变化对金融稳定的影响》，中研绿色金融研究院，http://www.sino-gf.com.cn/html/Academic/Rreport/1893.html，2020年6月2日。

② 我国七部委发布的《关于构建绿色金融的指导意见》中明确提出要开展环境压力测试。国内商业银行中，中国工商银行是最早开展环境压力测试的，采用了"从小到大、先易后难、从单因素到多因素"的研究方法。

③ NGFS成员机构不断增加及合作和研究人员队伍不断更新和壮大，为进一步探讨环境和气候因素对金融稳定的影响提供了良好的国际合作平台。

的认识和制定统一的方法，要进行全系统的结构性变革，以保证金融稳定和各国低碳发展路线中的可比性和一致性。

（一）进一步发展金融行业的气候投融资

气候债券、气候基金、碳金融等各种金融工具既是解决气候投融资资金供给不足的有效途径，也是规避气候变化风险的重要金融手段。多样化且创新的金融工具能够促进低碳发展和优化碳排放资源。首先各国要继续推动国内低碳政策、气候投融资政策和国家发展目标相匹配，支持和配套相应的措施。其次要积极开展气候投融资试点，促进政策与实践中的融资规则相结合，探索具有各国特色的多样化气候投融资模式。最后要充分利用气候投融资为低碳发展服务，促进以完善立法和相关配套政策为基础的碳现货市场的健康稳定发展，为碳金融提供良好的市场基础。进一步丰富碳金融市场的金融产品[1]，发展具有与企业实际需求相符合的、可操作性强、流动性强的碳金融产品。

（二）健全投融资中的低碳评估与风险管理

低碳发展是各国可持续发展的客观需要。在应对环境污染和气候变化风险时需要大量的资金与技术。构建风险管理系统、提升风险防控能力，是保障气候变化资金安全的一道重要屏障。其中重点是对低碳项目进行战略性考虑，即是否采用先进的减排技术、创新性的商业模式及先进的投融资工具。项目投资造成的环境污染可能会带来一系列的负外部性，要加强起到核心作用的环境评估[2]和低碳评估的效力。在低碳评估设计选取指标时要考虑全面性、清晰性和可操作性，使评估体系能够全面地表达低碳效果的同时注重个

---

[1] 目前我国试点碳交易所的交易品种包括碳排放权配额、CCER、远期配额、远期 CCER 等，金融产品包括碳基金、碳债券、碳资产质押融资、碳资产托管、碳金融结构性存款、碳排放配额回购融资等。

[2] 2018 年世界银行《投资项目融资环境与社会政策》对银行投资的项目提出了实行环境与社会评价的强制性要求。

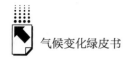

体指标的代表性，立足于当地的实际情况，制定和实施符合实际情况的战略规划。

投融资风险管理中私营部门资金问题值得重点关注，在气候投融资快速发展之下模糊了私人部门资金所存在的关键问题，即过分强调气候投融资中的营利性，在风险分担和信用评估中缺乏衡量标准。要为私人资金流入提供足够的风险化解和获得收益的经济信号，在私人部门进行投融资决策的过程中要纳入气候风险评估机制，正确评估气候变化和政策风险等因素对项目的影响，进行风险缓释和管理。

（三）进一步加强金融体系在气候投融资中的审慎监管

《2018 年金融服务监管展望》[①] 中称《巴塞尔协议Ⅲ》完成后监管关注重点将转移到气候变化领域。巴塞尔委员会应该明确将环境风险及其对经济稳定和可持续性的影响作为银行业系统性风险的新来源。[②]

首先要对安全运营的核心资本充足能力提出要求。如果未将气候风险视为金融风险的一部分[③]，可以利用资本金来反映这类风险。Thomä and Hilke[④] 建议用绿色支持因素或棕色惩罚因素来减少或增加资本金，因此区分"绿色"和"棕色"资产成为区分风险因素的基础。[⑤] 其次从有关监管

---

① 德勤会计师事务所（Deloitte Touche Tohmatsu Limited）：《2018 年金融服务监管展望》，https：//www2. deloitte. com/cn/zh/pages/financial－services/articles/regulatory－outlook－2018. html，2018。

② 张晓艳：《中央银行和金融监管当局促进绿色金融发展可行措施研究》，《区域金融研究》2020 年第 2 期。

③ 当气候变化的影响蔓延扩大时，资本充足将受两方面影响：一是不良贷款的比率增大，导致风险资产过高，从而抑制银行业的发展，甚至造成巨大的损失。二是风险资产结构和数量，如果未能意识到气候风险的重要性，容易忽略易受气候风险影响资产在其中的结构及数量，导致信用风险较大，威胁到银行业的发展。

④ Thomä, Jakob, Anuschka Hilke, "The Green Supporting Factor：Quantifying the Impact on European Banks and Green Finance," *Degrees Investing Initiative*, 2018 (2) .

⑤ 中国人民银行等七部委于 2019 年初联合发布的《绿色产业指导目录（2019 年版）》、欧盟委员会发布的《欧盟可持续金融分类方案》都能够为"绿色"资产的定义提供基准。但是需要注意的是不仅各国家或地区的分类可能因实际不同而具有显著不同，而且一系列绿色资产同样也会面临物理风险或转型风险的影响。

部门的监督检查来说，目前银行、保险公司等金融机构的气候风险管理大部分都处于"战略性"和"全方位"的监督管理理念阶段，没有从实际行动中对气候风险进行监督管理，因此在推进监管机构监督检查时，要将对气候风险的监督管理纳入实际行动中，可根据实际的情况规定额外资本或采取一些必要的措施来防范其所造成的影响。同时要制定应对气候变化风险监督管理指导意见和实际措施，促进金融机构的风险管理意识和能力建设。最后是信息披露方面，目前机构在披露气候相关风险时，缺乏统一的披露框架，披露信息相对碎片化，使得投资者、债权人等不能够依据披露信息作出有效的决策。同时这些信息的提供也不能使监管部门有效判别气候变化对整个金融体系的影响，无法衡量其可能产生的系统性风险。信息披露制度的完善性决定着市场约束的有效性，监管机构可以以中英环境信息披露试点工作开展为契机，探索建立一致的、可获取的、清晰的气候相关金融信息披露框架①，追求更加系统化的信息披露机制，帮助改善包括碳金融产品在内的创新金融产品的定价机制，提高资本配置效率。

在金融风险管理中采取宏观审慎框架，可能会成为控制金融风险的有效措施，因此宏观审慎政策得到了各国央行和金融监管机构的高度重视。气候风险要被有效地纳入审慎监管当中要满足以下条件：一是要在监管气候变化时有明确的监管目标，并具有结构明确和协调一致的监管机构；二是要有相应的政策与工具；三是政策实施应具有灵活性和及时性。在面对复杂多变的气候变化所引起的金融风险时，宏观审慎框架要能够根据实际情况及时做出相应的调整。在早期预警中要及时发现潜在的气候变化风险，并为后续的审慎监管和政策工具的运用提供依据；在中期利用货币政策工具、金融监管工具以及财政税收政策等对正在发生的气候风险进行治理；而后期主要是在气候风险发生并造成严重后果时将损失降到最低。②

---

① 金融机构环境信息披露是对与环境相关的信息进行披露，包括金融机构自身经营活动对环境的影响以及气候因素对机构造成的金融风险两部分的相关信息披露。

② 国际清算银行曾在 2018 年发布的《宏观审慎框架体系、实施及与相关政策的联系》报告中提出包含前期预警、中期治理以及后期处置的完整宏观审慎框架。

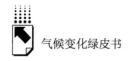

（四）加强气候变化中各国财政、货币及监管等政策的协调与配合

　　各国要充分发挥机制间的协同效应，因为应对气候变化可能需要包括审慎监管、货币政策以及财政政策在内的更为复杂的政策组合①。除可持续投资外，通过碳排放机制促进节能减排的关键是确定碳定价机制，此时政策引导是开发低碳新技术和保证低碳转型的关键，尽管这些创新的低碳技术回报是不确定的，但是可以长期地锁定碳排放。

　　促进低碳经济发展的政策工具包括了对货币政策、财政政策等传统宏观政策②的创新应用。气候变化的因素影响到各国的政策制度并产生一系列新的变革，不仅出现了一些创新性货币工具，比如基于碳交易权的货币政策工具、区别化准备金要求以及绿色量化宽松等，还使气候相关因素被纳入央行的再融资操作框架。财政政策的关键问题是确立政府为绿色投资提供资金需要怎样的政策组合，如基础设施投资和发展低碳经济所必需的项目。这种类型的财政政策可能有助于发展新的低碳产业、服务和新的技术创新工作。从货币政策和审慎监管方面来看，气候变化所带来的影响将会超越商业周期、政治周期以及技术权威等传统视野。③

　　为了尽早地干预缓解"地平线悲剧"，财政、货币与审慎监管政策之间需要适当的配合。政策之间的配合效果不仅由各国政策的作用机理、搭配方式决定，也受到各国国内财政体制、金融体制等因素的制约。一般而言，财

---

① Krogstrup, Signe, and William Oman, Macroeconomic and Financial Policies for Climate Change Mitigation: A Review of the Literature, IMF, Working Paper No. 19/185, 2019.

② 传统的货币政策工具或称一般性货币政策工具，指中央银行所采用的、对整个金融系统的货币信用扩张与紧缩产生全面性或一般性影响的手段，是最主要的货币政策工具。包括①存款准备金制度；②再贴现政策；③公开市场业务，主要是从总量上对货币供应量和信贷规模进行调节。

③ 货币政策的期限为 2～3 年，在信贷周期的外围这个周期会相应得长一些，但是也大约只有10 年 。一旦气候变化成为影响金融稳定的重要因素之一，这些措施的实施就太晚了。

政工具对加速转型至关重要，而审慎和货币工具大多可以支持和补充它们。[1] 货币政策和宏观审慎政策之间不仅具有一定的替代性，也有一定的互补性，两者关系复杂。[2] 选择最优的组合是一个复杂的理论和实证问题，选择适当的审慎监管和货币政策是一个繁杂的问题，不仅要考虑风险的来源也要考虑不同的金融体制和经济周期。

（五）积极开展金融业应对气候事件的国际合作

气候稳定是一项全球治理事业，它对处于不同经济发展阶段的国家之间的国际政策协调和国家责任分担提出了难题，不公平或不协调的国际行动可能只会激励一些国家"搭便车"。因此，应对气候变化的行动必须建立在发达国家和发展中国家之间的国际合作以及发达国家认识到需要向发展中国家转让技术和增加官方发展援助的基础上。自愿原则具有双向性，对外能够有效联结各国共同维护金融稳定，对内能够对各国金融机构进一步加强监管。国际多边机构同样也是帮助各国在应对气候变化领域加强沟通的桥梁。国际多边机构在组织和动员资源方面具有相当大的优势，也在绿色转型和低碳技术方面积累了一定的经验。各国要充分借助这些平台，利用市场机制对金融业进行调整，及时感知金融市场的风险，迅速行动起来以预防金融风险，避免行政性措施的缓慢调整。各国要积极分享自己最佳的实践和政策措施，进一步在关于气候变化与环境风险的政策、标准等多方面达成共识，发挥气候行动与可持续发展的协同效应，努力实现合作共赢。

四 结论

绿天鹅气候事件对社会经济金融体系的发展带来了前所未有的挑战。作

---

[1] Krogstrup, Signe, and William Oman, Macroeconomic and Financial Policies for Climate Change Mitigation: A Review of the Literature, IMF, Working Paper No. 19/185, 2019.

[2] 马骏、何晓贝：《货币政策与宏观审慎政策的协调》，《金融研究》2019 年第 12 期。

为最大的发展中国家，同时也是温室气体排放大国，中国一直在积极参与全球气候治理事业，承担合理的国际责任，推动和引导建立公平合理的全球气候治理体系。我国要坚持发展中国家定位，扩大话语权，积极构建公平合理的全球气候变化治理制度。尽管目前核心技术仍然由发达国家垄断①，但是我国要建立对内相对统一并且能够与国际协调的可持续金融标准体系。同时要做到立足于国情，制定应对气候变化风险的路线图等，提高金融机构的风险意识。我国要明确自身所担负的保持金融稳定的职责，以全球化视野提升风险应对能力，充分考虑气候因素的复杂性，全面提升主动监管风险的能力，积极协调财政、货币及审慎监管政策和鼓励技术创新等在内的有效措施。另外要大力推动亚洲基础设施投资银行建设、"一带一路"倡议的实施，积极呼吁各国央行之间开展更广泛、更协调的合作，在应对气候变化事件和风险防范方面做出应有努力。

---

① 巢清尘：《全球气候治理的学理依据与中国面临的挑战和机遇》，《阅江学刊》2020年第1期。

G.9

海洋领域应对气候变化：
作用、问题及建议

陈幸荣　刘珊　王文涛　宋翔洲　宋春阳　李凯*

摘　要： 围绕"海洋领域应对气候变化"这一核心主题，本文阐述了
海洋在应对气候变化中的重要作用。研究结果表明：2019年
成为有现代海洋观测记录以来海洋最暖的一年，未来我国区
域气温、平均年降水量和近海海平面很有可能会继续上升，
极端气候事件发生的强度和频次有可能进一步增加。本文介
绍了国际社会对海洋在气候变化中作用问题的关注进程，提
出海洋议题在国际气候治理中逐渐成为各方关注的重点；梳
理了海洋领域应对气候变化涉及的科学和政策问题、国际合
作机制及各方战略博弈问题，聚焦全球尤其是沿海地区适应
气候变化的能力。未来我国仍需做好海洋领域应对气候变化
的顶层设计，加强对海洋资源开发利用的宏观把控，提升气
候变化影响下海洋灾害的应对能力和水平，积极推进海洋生
态文明建设，实现海洋可持续发展。

关键词： 海洋　气候变化　气候治理　蓝色碳汇

* 陈幸荣，国家海洋环境预报中心，副研究员，主要研究方向为海洋气候变化评估；刘珊，国
家海洋环境预报中心，助理研究员，主要研究方向为气候变化评估和预估；王文涛，中国21
世纪议程管理中心，研究员，主要研究方向为海洋科技创新政策与战略；宋翔洲，河海大学，
教授，主要研究方向为海洋环流与海气相互作用；宋春阳，国家海洋环境预报中心，研究实
习员，主要研究方向为海洋气候变化诊断分析；李凯，国家海洋环境预报中心，助理研究员，
主要研究方向为气候变化对海洋的影响。

海洋是天气和气候系统的重要调节器和稳定器。近年来，无论在气候变化研究还是在国际气候治理领域，海洋气候变化都受到了越来越多的关注。2019 年，联合国政府间气候变化专门委员会（IPCC）首次发布了《气候变化中的海洋和冰冻圈特别报告》（SROCC），同年 12 月《联合国气候变化框架公约》（UNFCCC）第二十五次缔约方大会（COP25）在马德里召开，会议强调了海洋的重要性。本文阐述了海洋在应对气候变化中的作用，介绍了国际社会对海洋应对气候变化的关注进程，提出了海洋领域应对气候变化涉及的一些科学和政策问题、国际合作机制及各方战略博弈问题，最后介绍了我国海洋领域应对气候变化开展的工作及相关政策建议。

一　海洋在应对气候变化中的作用

海洋为大气提供热驱动和水汽源，是气候系统最大的"热库"。自 20 世纪 90 年代初以来，海洋变暖的速度增加了一倍。气候变化不仅影响了全球海洋，而且也对我国陆地及近海环境产生显著影响。评估结果表明：未来我国区域气温、平均年降水量和近海海平面很有可能继续上升，极端事件发生的强度和频次都有可能进一步增加。[①]

（一）海洋热量变化

海洋是一个巨大的能量存储器，其热容量远大于大气。2019 年成为有现代海洋观测记录以来海洋最暖的一年，全球海洋上层 2000 米温度比 1981～2010 年的平均值高 0.075℃。近年来海洋加速增温现象愈加明显，1987～2019 年的海洋平均增暖速率是 1955～1986 年的 4.5 倍。[②]

海洋热浪（MHW）是发生在海洋上层、水平尺度可达数千公里的极端

---

① 《第三次气候变化国家评估报告》编写委员会编著《第三次气候变化国家评估报告》，科学出版社，2015，第 3 页。

② Cheng L, et al, "Record-Setting Ocean Warmth Continued in 2019," *Advances in Atmospheric Sciences*, 2020（37）.

海洋高温事件。自 1982 年以来，MHW 的发生频率很可能已翻倍，其影响范围也不断扩大。MHW 严重影响了海洋生态系统，还会通过大气遥相关与陆地上的极端天气气候事件产生联系，对陆地生态系统、人体健康和经济产生不良影响。[①]

（二）海洋环流变异

观测资料证实自 20 世纪 90 年代早期以来，全球平均海洋环流存在显著的加速趋势，并且最近的加速度远远大于自然变化所能解释的加速度，其中温室气体持续排放扮演了非常重要的角色。[②]

在风生环流方面，1993 年以来北赤道流在菲律宾沿岸的分叉纬度向南偏移，北太平洋副热带环流向南扩展，其西边界流分支黑潮对南海的入侵在近 20 年来持续减弱。海洋酸化和氧损失的增加对加利福尼亚洋流和洪堡洋流等上翻流系统产生了显著影响，影响生态系统结构，进而影响海洋总生产力。

在温盐环流方面，大西洋经向翻转环流（AMOC）自 1840 年以来逐渐减弱，但目前由于资料不足只能给出定性结论。未来如果 AMOC 显著减弱，将会对欧洲冬季风暴、大西洋热带气旋和北美东北沿海区域海平面产生明显影响。

（三）海平面上升

由气候变暖导致的海洋热膨胀、冰川冰盖融化、陆地水储量变化等造成了全球海平面的上升。观测表明，19 世纪中叶以来，全球海平面上升速率远高于过去两千年的平均上升速率，1993 年以来全球平均海平面上升速率明显

---

① 余荣、翟盘茂：《海洋和冰冻圈变化有关的极端事件、突变及其影响与风险》，《气候变化研究进展》2020 年第 2 期。
② 吴立新：《气候变暖背景下全球平均海洋环流在加速》，《中国科学：地球科学》2020 年第 7 期。

增大，1993～2010 年为 3.2mm/a，而 2006～2015 年达3.6mm/a。[①] 我国沿海海平面总体也呈波动上升趋势，且上升速率高于全球。自 20 世纪 80 年代以来，我国沿海海平面上升加速，1980～2018 年上升速率为3.3mm/a，1993～2018 年上升速率为 3.8mm/a，高于同期全球平均水平。

预估结果显示，21 世纪中国海平面将继续上升，并有显著的区域性特征。到 21 世纪末，高温室气体浓度排放情景（RCP8.5）下，中国近海海平面将上升 0.77 米（0.52～1.09 米）；中等温室气体浓度排放情景（RCP4.5）下，中国近海海平面将上升 0.55 米（0.35～0.80 米）；低温室气体浓度排放情景（RCP2.6）下，中国近海海平面将上升 0.47 米（0.26～0.70 米）。在上述三种温室气体浓度排放情景下，渤海、黄海平均海平面将上升 0.41～1.14 米，东海平均海平面将上升 0.47～1.22 米，南海平均海平面将上升 0.49～1.09 米（相对于 1986～2005 年平均值）。[②]

（四）极端气候事件

20 世纪以来总共发生了三次（1982/1983 年、1997/1998 年和 2015/2016 年）极端厄尔尼诺（El Nino）事件，在全球多地暴发了洪水灾害，如美国西海岸、南美部分地区、英国和中国南方地区；同时，热带西太平洋以及热带大西洋降水锐减，造成印度尼西亚、澳大利亚以及非洲东南部和巴西东北部等地的严重干旱。近十几年来，不同于传统的以热带东太平洋海温正异常为显著特征的"东部型"厄尔尼诺事件，一种以中太平洋海温正异常而同时东西太平洋海温负异常为特征的"中部型"厄尔尼诺事件开始增多，并对我国降水格局产生显著影响，如造成次年夏季淮河流域到黄河流域降水偏多，而同期南部降水偏少。

极端厄尔尼诺和印度洋偶极子（IOD）事件的增加对全球部分地区的自然和人类系统造成广泛的影响。除了引起降水变化和影响热带气旋外，还会

---

① WMO, Statement on the State of the Global Climate in 2018, 2019.
② 王慧、刘秋林、李欢等：《海平面变化研究进展》，《海洋信息》2018 年第 3 期。

通过气候反馈过程影响生态系统以及冰川的增长与消融。另外，这些极端事件还会对人类健康、农业生产、经济安全，甚至国际局势等产生影响。

（五）南极和北极环境

南北极气候和环境都发生了明显的变化。1979～2018 年，北极海冰范围和厚度均呈现减少趋势，其中夏季的变化尤为显著，9 月海冰范围以每 10 年（12.8±2.3）％的速率快速减少，预计到 21 世纪中期北极夏季将出现无冰状态。北极海冰快速减少引起无冰水域海洋净初级生产力的增加以及北极旅游业和交通运输业的愈发活跃，在促进地区社会经济发展的同时也加剧了北极的生态环境危机。此外，北极治理话语权和潜在的地缘政治息息相关，这些都对贸易、资源格局产生了深刻影响，促使北极地区逐渐成为世界各国关注的热点。

IPCC 第五次评估报告[①]指出南极海冰范围在 1979～2012 年每 10 年增加1.2%～1.8%，而 SROCC 指出南极海冰范围在 1979～2018 年无显著变化趋势，两者结论略有不同。其主要原因在于南极大陆覆盖面积大，部分区域海冰年际变化产生差异，比如阿蒙森海和别林斯高晋海的海冰减少，罗斯海和威德尔海的海冰增加，二者相互抵消。近年来，随着南极旅游业的蓬勃发展，人类活动和物种入侵对南极生态环境造成显著影响。

（六）海洋碳循环和海洋酸化

近 20 年来，海洋吸收了大约人为排放二氧化碳（CO_2）总量的 20%～30%，海洋氢离子浓度指数（pH）值呈下降趋势，表层 pH 值每 10 年下降0.017～0.027。全球近 95％的大洋已经出现不同程度的海水酸化，同时造

---

① IPCC, *Climate Change 2013: The Physical Science Basis. Contribution of Working Group I to the Fifth Assessment Report of the Intergovernmental Panel on Climate Change* [Stocker, T. F., D. Qin, G. -K. Plattner, M. Tignor, S. K. Allen, J. Boschung, A. Nauels, Y. Xia, V. Bex and P. M. Midgley (eds.)], Cambridge University Press, Cambridge, United Kingdom and New York, NY, USA, 2013.

成了溶解氧的损失和低氧区（OMZs）面积的扩大。

到 2081~2100 年，海洋表层 pH 值相对于 2006~2015 年，在温室气体高排放情景（RCP8.5）和低排放情景（RCP2.6）下，将分别下降 0.287~0.291 和 0.036~0.042。全球海洋特别是热带海域，未来海洋层化和营养盐供应的变化将整体影响其碳循环机制，使得从海洋上层沉降到海底的有机物减少 9%~16%，进而导致深海底栖生物量到 2100 年减少 5%~6%。

（七）沿海地区海洋灾害

近年来在东亚、东南亚登陆的台风增加，气候变化增加了伴随着热带气旋产生的降水、大风以及极端海平面事件。热带气旋引起的洪涝和风暴导致了人员伤亡和社会经济损失，也对珊瑚礁、红树林、海洋生物及其栖息地等产生了重要影响。全球气候变化引起的海平面上升，容易导致强热带气旋造成的风暴潮水面异常增高，加剧沿海地区遭受海洋灾害的风险。

1985~2018 年，南大洋和北大西洋极端海浪高度的增加速率分别为 1.0 cm/a 和 0.8cm/a。未来极端海浪高度的增加会引起极端海平面事件、海岸侵蚀和洪涝。在人类活动影响、海平面上升、海洋增暖、海洋酸化和极端气候事件的多重影响下，沿海生态系统逐渐被破坏，过去 100 年全球已经失去了接近 50% 的沿海湿地。

二 国际社会对海洋在气候变化中作用问题的关注进程

海洋在气候变化中正扮演着越来越重要的角色，国际社会对海洋在气候变化中的作用、海洋适应气候变化能力、海洋碳汇等相关科学进展予以持续关注。历次 IPCC 报告均重点关注海洋领域应对气候变化相关科学进展，尤其聚焦发挥海洋蓝色碳汇作用减缓气候变化、气候变化对海洋和海岸带生态系统以及沿海城市的影响评估及适应等方面。2019 年 9 月，IPCC 在摩纳哥发布的 SROCC 评估了气候变化中海洋和冰冻圈的变化及其影响与风险，强调了在气候变化背景下，全球海洋不断变暖以及冰川和冰盖融化导致海平面上升的观测事实，并对现代海洋和渔业治理的有效性进行了评估。对解决问题的方案、边缘交叉区域的人口和生计、人口的迁徙和重新安置、退化生态系统的修复、增强气候恢复力的途径、适应和减缓的协同和抉择等进行了特别关注。报告指出，大幅减少温室气体排放将有助于保护海洋和冰冻圈，"并最终维持地球上的所有生命"。

随着海洋在国际气候治理中受到的关注度不断提升，海洋议题在国际气候治理中逐渐成为各方关注的重点。1992 年制定的《联合国气候变化框架公约》（UNFCCC）强调："意识到……海洋生态系统中温室气体汇和库的作用和重要性"、特别关注"海平面上升对岛屿和沿海地区特别是低洼沿海地区可能产生的不利影响"，强调优先对小岛屿国家、有低洼沿海地区的国家在履行公约、采取应对行动时提供资金、保险和技术转让等方面的支持[1]。

2015 年 9 月在纽约召开的联合国可持续发展峰会正式通过了 17 个可持续发展目标，海洋可持续发展和应对气候变化是其中的重要内容。同年 12 月 UNFCCC 第 21 次缔约方会议（COP21）通过《巴黎协定》，更明确指出确保包括海洋在内的所有生态系统的完整性，在采取行动时要保持"气候公正"性。与此同时，由 23 个国家签署的"因为海洋"宣言，提出以下呼吁：IPCC 发布关于海洋方面特别报告，联合国应当举办海洋大会并且在 UNFCCC 下设立海洋行动计划。2017 年 UNFCCC 第 23 次缔约方会议期间，斐济提出了"海洋路径"倡议，旨在推进将海洋议题纳入 UNFCCC 进程。[2] 2019 年 12 月在马德里举办的 UNFCCC 第 25 次缔约方会议主要目标是谈判解决《巴黎协定》实施细则的遗留问题，推动《巴黎协定》的落实。此次会议还专门重申了海洋的重要性，强调了海洋是地球气候系统重要组成部分以及确保其在气候变化背景下对生态系统的作用，因此这次会议也被称为"蓝色缔约方会议"（Blue COP）。原定于 2020 年 11 月在格拉斯哥举行的 UNFCCC 第 26 次缔约方会议，也被认为将是蓝色缔约方会议的延续。

---

① 《第一次海洋与气候变化国家评估报告》，海洋出版社，2020。
② 《联合国气候变化框架公约》第二十五次缔约方会议展望。

三 海洋领域应对气候变化涉及的科学和政策问题

围绕海洋领域应对气候变化涉及的科学和政策问题，我们以海洋在气候系统中的作用为切入点，聚焦全球尤其是沿海地区适应气候变化的能力，以及如何通过碳汇作用和海洋储碳工程减缓气候变化等一些前沿科学问题。此外，我们还梳理了国际社会关于海洋领域应对气候变化的国际合作机制及各方战略博弈，对于我国海洋领域应对气候变化和可持续发展具有重要意义。

（一）科学问题

1. 海洋在气候系统中的作用

（1）海洋观测能力建设

近百年来，多种观测仪器共同组成了立体的海洋观测系统，观测仪器的发展和进步使得海洋观测逐渐从表层向深海、从区域向全球扩展。实时地转海洋学观测阵（Argo）计划的实施更是构建了几乎覆盖全球海洋的观测网络。但是从未来长期而言，目前人类对海洋的观测还处于从起步到扩展的初级阶段，在采用卫星观测技术手段之前，冰冻圈、海洋中某些分量的观测数据非常缺乏。目前以 Argo 浮标和船载观测为主构建的海洋观测系统空间覆盖不足，不能支撑获取更多的精细化观测数据，并且两极及近海海域的观测资料依然非常稀缺，同时其垂直覆盖范围为上层 2000 米，在 2000 米以下的深海，观测资料非常稀少。因此，这也限制了我们对全球及区域海洋变化的关键过程和机制的深入认识。

（2）海洋过程和机理认识

近年来基于基础理论和观测数据，人们对许多海洋过程和机理的认识已经有了长足进步，但是对一些关键问题的认知还存在不足甚至缺失。例如，全球变暖背景下的"北极放大"效应；更加温暖的极区与全球气候系统之间的相互作用；人为强迫对海洋热含量增加和冰川冰盖消融作用的量化分析；热量在全球大洋中如何吸收和重新分配，以及各个主要气候模态导致的海洋热量变化；海洋碳汇对气候变化的响应与反馈；等等。这些都是亟待深入研究的关键科学问题，未来要进一步加强对海洋在气候变化研究中不确定性的捕获能力。

2. 海洋适应气候变化能力

全球和不同区域在应对气候变化所涉及的政策制定以及行动实施方面还面临着诸多挑战。例如一些小岛屿国家会直接面对海平面上升带来的风险，这些国家大多经济相对落后，应对能力不足，因此受灾最为严重；百年一遇的极值水位事件在许多沿海地区趋于频繁，这就需要沿海海岸带地区的规划和决策更多考虑极值水位变化的影响。虽然海岸系统保护和渔业管理应对气候变化，以基于生态系统和人类社会体系的适应对策为重要抓手，但是目前还存在着生态系统恢复率缓慢，技术、知识和资金支持不足等问题。当前来说减少风险最有效的方式之一就是精准预测和预警，同时强调积极减缓和有效适应的重要性，这些都需要更加有力的全球治理行动。

3. 海洋碳汇作用及海洋储碳工程

海洋是全球的重要碳汇，其通过溶解度泵和生物泵吸收大气 CO_2，并通过生物泵将 CO_2 输送至深层海洋，最终将碳埋藏在海洋沉积物中。由于估算全球碳通量具有较大的不确定性，海洋碳汇的时空尺度变化剧烈，理解碳循环机理仍然是一个颇具挑战性的命题。很多研究表明，随着人类活动排放的 CO_2 持续增加，海洋碳汇也呈现增加趋势。然而也有研究表明，在过去几十年间海洋碳汇的增加已经呈现放缓的趋势。如果未来海洋吸收人为 CO_2 的能力趋于饱和，那么全球碳循环格局将发生重大变化，这将影响全球气候系统。

随着人们认识到气候变化对人类生存环境造成的潜在危险日益增大，遏制全球变暖、保护地球生态环境的呼声越来越高，一些雄心勃勃的"地球工程"（Geoengineering）被提上议事日程。跟海洋相关的"地球工程"有在海上向高空喷射海水制造反光盐、向大洋施铁肥增加固碳与储碳等。然而，这些"地球工程"不仅成本高昂，其可能造成的生态环境影响及其不确定性也亟须予以深入研究。

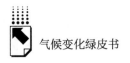

（二）政策问题

1. 海洋领域应对气候变化的国际合作机制

国际社会为应对气候变化做出了巨大努力，于 1988 年成立了政府间气候变化专门委员会（IPCC），1992 年制定了《联合国气候变化框架公约》（UNFCCC）。2015 年，UNFCCC 第 21 次缔约方大会（COP21）通过了《巴黎协定》，确定了全球升温幅度相较于工业革命前不超过 2℃，并为 1.5℃ 做出努力的目标。在 UNFCCC 历次缔约方大会中，海洋在国际气候治理中的重要作用受到越来越多国家的关注。2019 年原定于在智利举办的 COP25 将大会主题定为"蓝色缔约方会议"，主张将海洋保护作为重要议题纳入气候大会讨论议题，强调海洋与气候变化之间的关系。但因智利国内局势动荡，COP25 临时调整到西班牙马德里，此次会议也暂未对海洋与气候变化议题的谈判取得关键性进展。

除此之外，联合国《2030 年可持续发展议程》、联合国政府间海洋学委员会（IOC）、联合国"海洋科学促进可持续发展十年"（2021～2030 年）计划等，均对海洋领域应对气候变化有越来越多的关注。由保护国际、世界自然保护联盟和国际海洋委员会牵头的国际蓝碳计划，得到了多个国家政府、科研院所及非政府组织的积极参与，不少国际组织和国家已着手推动蓝碳国际规则制定。

经过各方共同努力，逐步形成了以 UNFCCC 历次缔约方大会为核心，以联合国其他涉海计划为有益补充的国际合作机制，但是该国际合作机制在资金支持、国际转让、全球目标和各个国家目标之间还存在很多的问题。比如虽然设立绿色气候基金（GCF）但难以达到原计划每年 1000 亿美元的筹资目标，且各方尚未对发达国家扩大资金调动规模达成共识；各方对《巴黎协定》第六条涉及碳减排量的国际转让问题和市场机制中的"份额收益"计算问题仍然难以形成统一意见；各方对于国家自主贡献的共同时间框架的周期也未能达成一致。

2. 国际合作机制中的海洋议题设立

长期以来，UNFCCC 历次缔约方大会并没有设立与海洋相关的议题，直到 COP25 海洋议题才首次被纳入大会议程。智利环境部部长罗琳娜·施密特在大会上发布了"以科学为基础的海洋解决方法平台"，旨在提高各国对海洋与气候变化关系的认知能力，并鼓励各国增加海洋在国家应对气候变化承诺和策略中的比重。会议期间，各方重点围绕海洋和沿海地区应对气候变化这一核心海洋议题，探讨了相关气候行动、基于自然的解决方案和蓝色经济等。同时，欧盟在大会期间举办了"欧盟海洋日"活动，以强调海洋在应对气候变化中的优先地位。虽然 UNFCCC 第 25 次缔约方会议被称为"蓝色缔约方会议"，但会议并未能在海洋相关问题上取得进展，只有 39 个国家承诺将海洋纳入未来清洁发展机制（CDM）。

3. 海洋在国家自主贡献中的作用

国家自主贡献（NDC）是《巴黎协定》最核心的制度，各方自 2015 年起陆续报告国家自主贡献意向（INDC），《巴黎协定》达成后，一些国家 INDC 自动转为 NDC。大部分 INDC 和 NDC 中涉及海洋适应的国家并没有定性给出海洋为实现贡献目标所起的作用，但是在海洋领域的适应行动可能具有减缓协同的效应。INDC 文本中有 140 份提出了适应目标，其中涉及海洋滨海地区适应性的文本有 62 份①，占总数的 44.3%，新加坡和苏里南 2020 年提交了更新版 NDC，更加细化了滨海地区适应能力建设。统计发现，涉及海洋滨海地区适应性的国家大部分是最不发达国家和小岛屿国家，并且其中一些国家提出需要海洋能力建设支持，一定程度上反映了这些发展中国家海洋应对气候变化的脆弱性。虽然大部分国家并没有定性给出海洋为实现贡献目标所起的作用，但是包括智利、摩纳哥和法国在内的部分国家正在推动将海洋健康问题与能源转型、林业、农业和工业一起纳入国家自主减排计划。相信在各方共同努力下，海洋在国家自主贡献中的作用将会更加凸显。

---

① 陈艺丹、蔡闻佳、王灿：《国家自主决定贡献的特征研究》，《气候变化研究进展》2018 年第 3 期。

四 加强我国海洋领域应对气候变化工作的建议

我国政府对海洋领域应对气候变化工作的重视程度逐渐提高。自 2007 年国务院发布《中国应对气候变化国家方案》以来，我国制定和实施了一系列适应气候变化的政策，其中包括《国家适应气候变化战略》《全国海洋经济发展规划（2016~2020年)》《海洋领域应对气候变化工作方案 (2009~2015年)》等多项涉及海洋生态环境保护、海洋资源开发、海洋监测预警和海洋可持续发展等方面的文件。同时，我国在发展海洋碳汇、海洋可再生能源开发利用、沿海重大城市群和沿海重大海洋工程适应气候变化、海洋产业适应气候变化等方面开展了卓有成效的工作，如我国科学家[1]推出的"中国蓝碳计划"，率先在国际上提出"微型生物碳泵"和"渔业碳汇"等重要海洋碳汇理论，积极开展海洋可再生能源技术研究和应用，并将气候变化逐步纳入沿海城市和重大工程建设的未来规划。这些举措为实现海洋领域全面深化改革、提升海洋领域科技自主创新能力和推动海洋生态文明建设打下了良好的基础。

未来在海洋强国战略和海洋生态文明建设思想指导下，我国应围绕海洋应对气候变化这一核心主题，加强基础科学研究和技术开发应用，以海洋气候变化监测预测、沿海基础设施建设以及海洋生态环境保护等为主要抓手，做好海洋领域应对气候变化的顶层设计，加强对海洋资源开发利用的宏观把控，提升气候变化影响下海洋灾害的应对能力和水平，积极推进海洋生态文明建设，实现海洋可持续发展。具体来讲，重点要做好以下三方面的工作。[2]

一是构建陆海统筹的海洋生态环境保护规划体系。统筹划定陆海生态保护红线，优化海岸带开发利用，开展重点区域生态修复，形成陆海一体化的

---

[1] 焦念志：《蓝碳行动在中国》，科学出版社，2018。
[2] 王文涛：《推动海洋可持续发展的价值和路径——写在 2020 年生物多样性国际日》，《可持续发展经济导刊》2020 年第 6 期。

国土空间开发保护和整治修复格局。

二是加强技术研发和海洋战略性新兴产业发展。在海洋健康监测评价、海洋污染灾害全链条协同防治、海洋典型生态系统高效修复三方面加强研究布局，建立健康海洋指标体系和污染防治预测预警体系。推动海洋产业结构由传统低端产业向价值链高端的战略性新兴产业转移。

三是积极参与海洋领域国际合作和全球治理。围绕维护海洋可持续发展和建立人类命运共同体，深入参与海洋全球治理进程，体现大国担当。积极参与《2030年可持续发展议程》、联合国政府间海洋学委员会、"海洋科学促进可持续发展十年"（2021~2030年）计划、中国-东盟合作等机制下的海洋科技工作。

国内应对气候变化行动

Domestic Actions on Climate Change

G.10

新冠肺炎疫情对全球应对气候
变化的影响与启示

陈　迎　沈维萍*

摘　要： 新冠肺炎疫情给全球经济和社会带来"二战"以来最严重的
冲击。疫情使气候变化与病毒传播以及健康之间的关系备受
关注，也让全球低碳转型之路愈加艰难，落实《巴黎协定》
面临重大考验。虽然疫情短期内显著减少了碳排放，改善了
环境质量，但背离了可持续发展的初衷；虽然疫情客观上削
弱了各国应对气候变化的政策和行动，但后疫情时代全球价
值链重构也带来绿色低碳转型的新机遇；虽然疫情警示治理
韧性和国际合作应对危机的重要性，但疫情以来全球气候进

---

* 陈迎，中国社会科学院生态文明研究所研究员，主要研究方向为全球环境治理、可持续发展
经济学、气候变化政策等；沈维萍，中国社会科学院大学（研究生院）在读博士研究生，主
要研究方向为全球环境治理、可持续发展经济学、气候变化政策等。

程全面停滞，国际互信流失，气候领导力严重缺失。疫情就像是气候危机的一次预演，我们应从中汲取应对危机的经验。中国快速遏制本土疫情，积极复工复产，取得了经济复苏的先发优势。中国要坚守生态文明建设的战略定力，增强社会经济系统韧性，转"危"为"机"，抓住低碳转型机遇，在促进国内高质量发展的同时，深度参与全球气候治理，共谋全球生态文明建设。

关键词： 新冠肺炎疫情　气候变化　低碳转型　气候治理

引　言

2020年新冠肺炎疫情以惊人的速度在全球持续蔓延，带来"二战"以来最严重的全球性危机。在疫情冲击下，全球经济动荡不安，危机四伏，国际关系波诡云谲，不确定性增强。从应对气候变化的角度看，一方面疫情促使人们反思和探究气候变化与病毒传播之间的关系，另一方面疫情对全球能源、环境和碳排放以及气候治理的国际合作产生了复杂影响，使得全球落实《巴黎协定》面临重大考验。无论是新冠肺炎疫情的暴发，还是全球合作抗疫的经验和教训，都给全球应对气候变化带来很多有益的启示。中国在全球率先控制住疫情，经济呈现复苏趋势。面对后疫情时代的各种挑战和机遇，中国要把握全球价值链重构的契机，继续推进低碳转型，深入参与和引领国际气候治理和生态文明建设。

一　新冠肺炎疫情引发对气候变化与病毒关系的关注

新冠肺炎疫情的暴发和蔓延是偶然的，也是必然的，归根到底是由于人与自然关系的紧张。在新冠肺炎疫情暴发初期，人们对新冠病毒的来源和传

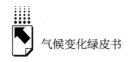
播规律知之甚少。由于 2003 年 SARS 疫情在夏季消失，人们很自然地想到夏季高温能否消灭病毒或阻止病毒传播。北京新发地疫情的出现，使得低温潮湿环境对病毒存活和传播的影响再次受到关注。对疫情经验教训的反思，促使人们更加关注气候变化与病毒之间的关系。

（一）气温对新冠病毒传播的影响

2020 年初新冠肺炎疫情暴发，公众十分关心新冠病毒的传播能力是否会随着温度的升高而减弱，国内外都开展了大量研究。例如，麻省理工学院一项研究显示，温暖的气候可能抑制新冠病毒传播，但南半球国家出现的本土传播案例可能意味着新冠病毒比过去的流感和其他呼吸道病毒更耐高温[1]。中国复旦大学公共卫生学院团队在《欧洲呼吸学杂志》上发表的研究称，从新冠病毒在中国城市的传播情况来看，温度和紫外线辐射等气候因素对其传播没有产生显著影响[2]。2020 年 6 月，北京新发地市场疫情的出现、国外肉类加工厂暴发的多起聚集性疫情，使得低温潮湿环境对新冠病毒传播的影响再次受到高度关注。研究表明，当局部地方的空气当中含有病毒时，空气当中带有病毒颗粒的灰尘落下来就会污染物品，而被污染物品如果处在潮湿或者温度很低的情况下，病毒就可以存活很长时间。[3]

2020 年 8 月 4~6 日，WMO 召开的气候、气象与环境要素（Climatological, Meteorological and Environmental factors，CME）与新冠肺炎疫情专家会议认为，新冠病毒反映了气候变化背景下人与自然之间的紧张关系，凸显防

---

[1] Sajadi, M. M., Habibzadeh, P., Vintzileos, A., et al., Temperature, Humidity and Latitude Analysis to Predict Potential Spread and Seasonality for COVID - 19, 2020, https://papers. ssrn. com/sol3/papers. cfm? abstract_ id = 3550308.

[2] 《科普：气温升高能否减缓新冠病毒传播》，新华网，2020 年 4 月 26 日，http://www. xinhuanet. com/tech/2020 - 04/26/c_ 1125908987. htm，最后访问日期：2020 年 5 月 24 日。

[3] 吴尊友：《低温潮湿环境下新冠病毒存活时间相当长》，《第一财经》2020 年 6 月 19 日，https://www. yicai. com/news/100674387. html，最后访问日期：2020 年 8 月 5 日。

止人畜共患疾病的重要性；新冠病毒传播与气象和环境要素之间的关系尚无法形成共识性结论，但暴露于颗粒物空气污染中的人群新冠肺炎病情可能会加重；相对于气候因素影响，人口密度、流动性以及人们的生活习惯对新冠病毒传播影响更大，减少社交活动和政府干预对疫情防控至关重要。WMO 呼吁开展全球跨学科的研究，继续深入探索新冠病毒与CME 要素、行为、文化等之间的关系和机理，为未来各国政府和公众应对疫情提供有用的信息。[①]

（二）气候变暖对公共健康的威胁引起人们的重视和警惕

虽然新冠病毒与气候变化的关系尚不清晰，但已有大量科学研究表明，气候变化可能通过多种途径增加病毒扩散风险，直接威胁全球公共健康，我们对此必须予以高度警惕。

首先，全球气候变暖可能会导致一些原本只在较低温度下才能生存的病原体逐步适应温暖的环境。约翰霍普金斯大学的一项研究已经发现了某些病原体正适应变暖环境的证据[②]，这可能会加剧病毒传播的风险，增加疫情防控难度。

其次，气候变暖导致的冰川和冻土融化可能使封存其中的微生物苏醒。2014 年，法国的一项实验研究发现封存在永冻层中 3 万年的病毒被重新加热后会迅速复活[③]；美国海洋和大气管理局（NOAA）发布的《2018年北极年度报告》推测，像引起西班牙流感、天花或鼠疫等已经被消灭的疾病的病毒或细菌可能会被冻结在永久冻土中[④]；俄亥俄州立大学科学家

---

① Outcome Statement of Virtual Symposium on Climatological, Meteorological and Environmental (CME) Factors in the COVID – 19 Pandemic, 4 – 6 August 2020, https://public. wmo. int/en/events/meetings/covid – 19 – symposium/outcomes.

② Casadevall, A., Kontoyiannis, D. P., Robert, V., On the Emergence of Candida auris: Climate Change, Azoles, Swamps, and Birds, 2019, https://mbio. asm. org/content/10/4/e01397 – 19.

③ 李兆华、陈姗姗：《全球变暖或唤醒远古病毒》，《生态经济》2020 年第 4 期，第 5 ~ 8 页。

④ NOAA, Arctic Report Card 2018, 2018, https://www. arctic. noaa. gov/Report – Card/Report – Card – 2018.

在西藏融化冰川的冰芯中发现了33种被埋葬了1.5万年的病毒，其中28种对科学界来说是新病毒。① 因而科学家发出警告，气候变暖使世界各地的冰川迅速萎缩，在最坏的情况下融冰可能将病原体释放到环境中；根据《科学报告》的一项新研究，那些被封存在冰川和永久冻土中万年之久的远古病毒若苏醒，会给哺乳动物带来潜在致命危险。②

最后，气候变化引发的温度、降水和湿度的变化会扩大病毒传播媒介的活动范围。政府间气候变化专门委员会（IPCC）的第五次评估报告以中等可信度认为温度和降雨的局部变化已经改变了一些水传播疾病和疾病媒介的分布。③ 加上气候变暖导致人口迁移和动物栖息地变化，人类更易暴露于尚无法免疫的病毒面前。环境的改变是导致人畜共患疾病产生的一大重要驱动因素，而自然生境丧失、气候变化加剧等环境的变化通常是自然和人为活动叠加在一起造成的结果。联合国环境署报告指出，在人类所有的新兴传染病中，有超过60%的传染病和75%的新兴传染病是人畜共患疾病，构成严重的公共卫生风险。④

二 新冠肺炎疫情对全球能源、环境和碳排放的影响

在新冠肺炎疫情的冲击之下，全球经济增长放缓，实体经济受到疫情

---

① Zhong, Z. P., Solonenko N. E., Li Y. F., et al., Glacier Ice Archives Fifteen-thousand-year-old Viruses, 2020, https://www.biorxiv.org/content/10.1101/2020.01.03.894675v1.

② VanWormer, E., Mazet, J. A. K., Hall, A., et al., "Viral Emergence in Marine Mammals in the North Pacific May be Linked to Arctic Sea Ice Reduction," *Sci. Rep.*, 2019 (9), https://doi.org/10.1038/s41598-019-51699-4.

③ IPCC, "2014: Summary for Policymakers," In: *Climate Change* 2014: *Impacts, Adaptation, and Vulnerability*, Part A: Global and Sectoral Aspects. Contribution of Working Group II to the Fifth Assessment Report of theIntergovernmental Panel on Climate Change, Cambridge University Press, Cambridge, United Kingdom and New York, NY, USA, 2014.

④ 联合国环境规划署：《从环境角度看新冠肺炎疫情的爆发》，2020年3月19日，https://mp.weixin.qq.com/s/vK3dZoWH19770T0qVUl2qQ，最后访问日期：2020年5月24日；联合国环境规划署：《新冠病毒：大自然敲响的警钟》，2020年4月3日，https://mp.weixin.qq.com/s/fH7nji3w3IMyXq0qi2TziA，最后访问日期：2020年5月24日。

和金融市场动荡的双重影响，全球经济发展面临较大的不确定性。疫情带来的全球生产和消费"急刹车"将对全球能源、环境和碳排放造成不可忽视的深远影响。

（一）短期影响

短期内非必要的经济活动几乎停滞，显著减少了碳排放，改善了环境质量。各国为了抗击疫情纷纷采取封国、封城措施，工业生产和交通运输大幅度减少，人们居家隔离，导致短期内碳排放量显著下降。国际能源署报告显示，全球2020年第一季度相比2019年同期二氧化碳排放量减少了5.8%，中国第一季度减少了10.3%[①]；全球能源需求下降3.8%，其中煤炭需求下降8%[②]，整体影响超过2008年金融危机。减少人为活动在减少碳排放的同时还改善了环境质量，使得空气变好、河水变清。我国1~3月337个地级及以上城市平均优良天数比例同比上升6.6个百分点，PM2.5浓度同比下降14.8%[③]。意大利的威尼斯由于游客骤减及疫情下交通流量大幅减少，城市的污染水平下降，甚至连威尼斯运河都变得清澈起来。印度在全国各地发布封锁令，大气污染情况出现明显改善。[④] 欧洲在实施封锁措施的一个月中二氧化氮污染的平均水平下降了约40%，颗粒物污染的平均水平下降了10%[⑤]。英国Carbon Brief机构预测，2020年全球碳排放可能会减少20亿

---

① Liu, Z., Deng, Z., Ciais, P., et al., COVID – 19 Causes Record Decline in Global CO$_2$ Emissions, 2020, https：//arxiv. org/abs/2004. 13614.

② IEA, Global Energy Review 2020：The Impacts of the COVID – 19 Crisis on Global Energy Demand and CO$_2$ Emissions, https：//www. iea. org/reports/global – energy – review – 2020, April 2020.

③ 《生态环境部通报3月和1～3月全国地表水、环境空气质量状况》，https：//mp. weixin. qq. com/s/CJOJUfUY – 2kUlMox77jfKA，2020年4月14日。

④ TWC India, Coronavirus Lockdown Brings Down Pollution Levels Across India；Delhi Air "Satisfactory", https：//weather. com/en – IN/india/pollution/news/2020 – 03 – 23 – coronavirus – lockdown – weather – improve – delhi – air – satisfactory, 2020 – 03 – 23.

⑤ Myllyvirta, L., 11000 Air Pollution-related Deaths Avoided in Europe as Coal, Oil Consumption Plummet, 2020, https：//energyandcleanair. org/air – pollution – deaths – avoided – in – europe – as – coal – oil – plummet/.

吨，相比 2019 年总量将下降 5.5% 左右①。虽然二氧化碳的积累将比先前预期的稍慢，但这不足以减缓全球变暖②，且短期减排和环境改善背后是数以万计人的死亡、数百万人的苦难，以及难以计量的巨大经济代价，背离了可持续发展的初衷，也不值得为之欣喜。

疫情后期复工复产和经济刺激计划的实施，可能会使污染物和碳排放快速反弹。历史经验证明，没有发展方式的转型，经济衰退带来的任何减排只是暂时的。美国受金融危机影响 2009 年化石燃料排放比 2007 年下降了10%，而后随着经济复苏 2010 年化石燃料排放反弹且很快抵消了前期降幅，使全球碳排放量猛增 5%。③ 可见，这种本质上并不是低碳转型所带来的减排实际上对应对气候变化的持续决心和行动不利。面对新冠肺炎疫情的冲击，各国已纷纷重启经济并推出提振经济的刺激计划，污染物和碳排放的反弹效应将很快显现。能源与清洁空气研究中心（CREA）的数据分析结果显示，中国在解除疫情封锁后空气污染物浓度已经超过了 2019 年同期水平。④国际能源署（IEA）6 月发布的《COVID - 19 危机对清洁能源进展的影响》报告也指出，新冠肺炎疫情的短期冲击并不能保证全球二氧化碳排放量的持续下降，建议各国通过持续调整能源结构来实现全球气候目标。⑤

（二）长期影响

疫情客观上削弱了各国应对气候变化的政策和行动，全球长期减排动力

---

① Carbon Brief, Analysis：Coronavirus Set to Cause Largest Ever Annual Fall in CO_2 Emissions，https：//www. carbonbrief. org/analysis – coronavirus – set – to – cause – largest – ever – annual – fall – in – co2 – emissions，April 2020.

② Carbon Brief, Analysis：What Impact Will the Coronavirus Pandemic have on Atmospheric CO_2?，https：//www. carbonbrief. org/analysis – what – impact – will – the – coronavirus – pandemic – have – on – atmospheric – co2，May 2020.

③ Shannon Osaka, Coronavirus：The Worst Way to Drive Down Emissions，2020，https：//grist. org/climate/coronavirus – the – worst – way – to – drive – down – emissions/.

④ 《疫情控制后污染物排放反弹？中国多地空气污染已超去年同期》，https：//mp. weixin. qq. com/s/SGBMjdxi1aTSOFs37I9eGA，2020 年 7 月 14 日。

⑤ 《IEA 分析 COVID - 19 危机对清洁能源转型的影响》，https：//mp. weixin. qq. com/s/4aRyVFHSQ9pXfN233ky6gw，2020 年 7 月 1 日。

不足。相比疫情对排放的短期影响，防控疫情和提振经济受到各国政府的更多关注，气候变化议题被边缘化的长期影响不容忽视。美国自特朗普上台以来就和全球气候政策唱反调，2020 年 11 月美国将走完退出《巴黎协定》的全部程序。2020 年 1 月欧委会正式公布《欧洲绿色协议》，该协议提出的2050 年实现"碳中和"目标和高达 1 万亿欧元的投资计划备受瞩目。受疫情影响，一些投资计划被暂时搁置，高度依赖煤炭的波兰等东欧国家以及倍感生存压力的汽车行业都要求放宽碳排放限制。① 全球范围内，风电、太阳能、蓄电池等清洁能源发展受挫，供应链均遭不同程度的破坏。国际油价暴跌，欧盟碳价缩水②，都严重打击了市场对未来节能和可再生能源项目的投资信心。世界气象组织警告，疫情使全球实现净零排放目标的道路更为艰辛，甚至有脱轨风险。相对于从未发生过疫情的情形，疫情过后全球实现净零排放的道路可能将变得更加艰难。

　　但后疫情时代重构全球供应链，带来绿色低碳转型发展的新机遇。疫情暴露了全球供应链的不稳定性，各国政府纷纷推出大手笔的经济恢复和刺激计划，G20 国家资金投入高达 5 万亿美元③。在这轮疫情引发的全球价值链重构浪潮中，科技创新驱动数字化、智能化的新兴产业加速发展，为全球低碳转型带来新契机。正如 2008 年金融危机后，美国奥巴马政府将 168 亿美元用于可再生能源和节能的研究，并投资建设绿色基础设施，取得了创造就业和低碳经济发展的双重效果。④ 面对新冠肺炎疫情对全球经济的冲击，联合国机构在协调各国抗疫的同时也积极倡导全球绿色低碳复苏。联合国秘书长古特雷斯呼吁各国政府振兴经济与气候

① 《应对疫情莫忘全球气候治理》，新华网，2020 年 3 月 25 日，http：//www.xinhuanet.com/ energy/2020 -03/25/c_ 1125763343. htm，最后访问日期：2020 年 5 月 24 日。

② EU Carbon Market 'the First Victim' as Electricity Demand Collapses，https：//www.euractiv.com/ section/emissions - trading - scheme/news/eu - carbon - market - the - first - victim - as - electricity - demand - collapses/，2020 - 03 - 24.

③ 《疫情之下的廉价石油：意味着全球碳排放提前达峰，还是减缓绿色转型进程？》，https：// mp. weixin. qq. com/s/u3o3l1 wZH3lQuc3oUDp - hw，2020 年 4 月 3 日。

④ Tollefson, J., Climate vs Coronavirus：Why Massive Stimulusplans Could Represent Missed Opportunities，2020，https：//www. nature. com/articles/d41586 - 020 - 00941 - 5.

行动齐头并进，优先创造绿色就业机会。① 国际货币基金组织（IMF）建议刺激经济方案必须聚焦应对气候危机，倡议政府避免支持高碳排放企业，并建议提高碳税。国际能源署（IEA）与国际可再生能源署（IRENA）均建议在疫情后的经济复苏过程中大力推动能源转型，支持清洁能源技术发展，努力实现2050年净零碳排放目标。IEA与IMF 6月联合发布《可持续复苏》报告，制定3万亿美元的绿色复苏计划，并提出刺激经济增长、创造就业机会以及建立更具弹性且更清洁的能源系统三大目标，为各国经济复苏指明方向。② 国家层面，各国在制定经济刺激计划时也将能源转型和应对气候变化作为考虑因素，陆续发表了积极的能源和气候政策建议（见表1）。

表1　疫情冲击下各国针对能源和气候政策的积极建议或态度

国家	政策建议或态度
美 国	美国民主党参选人拜登承诺若当选，美国将重返《巴黎协定》并实施高达1.7万亿美元的"清洁能源改革"①；美国智库呼吁联邦政府在复苏经济时认真考虑支持健康、低碳和清洁的行业②
加拿大	加拿大总理宣布向气候融资准入网络捐款950万加元(约700万美元)，以支持发展中国家应对气候变化③
法 国	政府建议设立"最低碳价"（地板价）机制，加强欧洲实现《巴黎协定》气候目标的决心④
德 国	默克尔在2020年4月28日比兹堡气候峰会的公开讲话中提出，新冠肺炎疫情的刺激经济方案需要聚焦应对气候变化，引导商业资金进行气候友好投资⑤
英 国	气候变化委员会提议，英国作为COP26的主办国，要鼓励国际社会在新冠肺炎疫情的刺激经济方案中重点考虑气候变化；建议英国在脱欧后提高碳税；建议使用六项原则以实现高质量复苏⑥

---

① 联合国：《抗击新冠疫情 联合国秘书长强调停火、经济解困、绿色复苏》，2020年4月30日，https://news.un.org/zh/story/2020/04/1056322，最后访问日期：2020年7月18日。

② IEA，IEA Offers World Governments A Sustainable Recovery Plan to Boost Economic Growth, Create Millions of Jobs and Put Emissions into Structural Decline, https://www.iea.org/news/iea-offers-world-governments-a-sustainable-recovery-plan-to-boost-economic-growth-create-millions-of-jobs-and-put-emissions-into-structural-decline, June 2020.

续表

国家	政策建议或态度
欧 盟	公布了7年1.1万亿欧元的中期预算提案和7500亿欧元的欧洲复苏计划,在《欧洲绿色协议》的框架下推动经济绿色低碳复苏[⑦]
中 国	中国2020年《政府工作报告》强调坚持新发展理念,正式布局新型基础设施建设和新型城镇化建设,为中国疫后绿色复苏指明方向;生态环境部强调,中国在疫情后经济复苏过程中要坚持绿色、低碳、可持续发展的大方向,将继续实施积极应对气候变化国家战略,尽最大努力落实国家自主贡献;[⑧]习近平主席在第七十五届联合国大会一般性辩论上的讲话提出,各国要树立创新、协调、绿色、开放、共享的新发展理念,推动疫情后世界经济"绿色复苏",中国将提高国家自主贡献力度,采取更加有力的政策和措施,二氧化碳排放力争于2030年前达到峰值,努力争取2060年前实现碳中和[⑨]
印 度	宣布了20万亿卢比(约合2670亿美元)的一揽子经济刺激计划,用于救助贫困人口和提振经济,为清洁能源转型带来机遇[⑩]

资料来源:笔者根据相关报道整理。

①李丽旻:《美参选人大打绿色新政牌》,《中国能源报》2020年6月15日,第5版。

②Rocky Mountain Institute, RMI Recommends Key Stimulus Programs to Advance Zero – Carbon Economic Recovery for the United States, https：//rmi. org/press – release/canada – announces – ca – 95 – million – for – the – climate – finance – access – network/, 2020 – 06 – 12.

③Rocky Mountain Institute, Canada Announces CA $ 9. 5 Million for the Climate Finance Access Network, https：//rmi. org/press – release/rmi – recommends – key – stimulus – programs – to – advance – zero – carbon – economic – recovery – for – the – united – states/, 2020 – 06 – 09.

④France Calls for Carbon Price Floor to Counter Oil Crash, https：//www. euractiv. com/section/ emissions – trading – scheme/news/france – calls – for – carbon – price – floor – to – counter – oil – crash/, 2020 – 04 – 27.

⑤Nienaber, M. , Wacket, W. , Germany's Merkel Wants Green Recovery from Coronavirus Crisis, https：//www. reuters. com/article/us – climate – change – accord – germany/germanys – merkel – wants – green – recovery – from – coronavirus – crisis – idUSKCN22A28H, 2020.

⑥ Hatherick, V. , UK Urged to Consider CO_2 Price Floor after EUETS Exit, https：// www. argusmedia. com/en/news/2102953 – uk – urged – to – consider – co2 – price – floor – after – eu – ets – exit, 2020; Take Urgent Action on Six Key Principles for A Resilient Recovery, CCC, https：// www. theccc. org. uk/2020/05/06/take – urgent – action – on – six – key – principles – for – a – resilient – recovery/, 2020.

⑦翁东辉:《欧盟绿色复苏迎难而上》,《经济日报》2020年6月18日第8版。

⑧《第四届气候行动部长级会议召开》,生态环境部,2020年7月7日,https：// mp. weixin. qq. com/s/LCk9PZL3txEhT1 – y1JVL9A,最后访问日期:2020年7月18日;李婷:《后疫情时代,中国有望引领绿色低碳复苏》,《中国能源报》2020年6月1日第10版。

⑨《习近平在第七十五届联合国大会一般性辩论上的讲话(全文)》,新华网,2020年9月22日,http：//www. xinhuanet. com/2020 –09/22/c_ 1126527652. htm,最后访问日期:2020年9月24日。

⑩India Stimulus Strategy：Recommendations Towards A Clean Energy Economy, Rocky Mountain Institute, https：//rmi. org/insight/india – stimulus – strategy – recommendations – towards – a – clean – energy – economy/, 2020.

此外，疫情提供了以家庭为中心的低碳生活方式的社会体验。应对气候变化不仅需要转变生产方式，也需要建立绿色低碳的生活方式。无论在发达国家还是发展中国家，生活方式的转变都是非常困难的。疫情促进人们重新思考幸福和健康的意义，使人们提高了环境保护意识和风险意识，增强了保护野生动物的自觉性。疫情期间居家学习或办公，使人们体验了网络教学和视频会议，减少了交通出行，是一次以家庭为中心的低碳生活方式的社会实验，对长期应对气候变化也是有利的。

三　新冠肺炎疫情对全球气候治理和国际合作的影响

2020年原本是国际社会重振全球气候合作信心的关键年份，是实现温室气体较2010年排放水平减少45%目标的收官之年，对21世纪中叶实现"零排放"目标至关重要。但新冠肺炎疫情使全球气候进程全面停滞，对全球气候治理和国际秩序影响深远。

（一）气候变化议题优先性降低，全球气候进程全面停滞

2020年3月10日，世界气象组织发布的《2019年全球气候状况临时声明》指出，2019年是有记录以来温度第二高的年份（温度最高年份为2016年），全球平均温度比工业化前高出1.1℃，2015~2019年是有记录以来最热的五年，而2010~2019年是最热的十年。[①] 按照计划，各国政府2020年应制定更严格的减排目标，并向《联合国气候变化框架公约》秘书处提交更新的国家自主贡献目标。受疫情影响，目前只有少数国家提交了更新的国家自主贡献目标，《联合国气候变化框架公约》一系列工作会议被迫取消，原定于2020年11月在英国格拉斯哥举行的《联合国气候变化框架公约》

---

① 中国气象局：《WMO发布〈2019年全球气候状况临时声明〉》，2019年12月5日，http：//www.cma.gov.cn/2011xzt/2019zt/qmt/20191202/2019102501/201912/t20191205_541820.html，最后访问日期：2020年5月24日。

第 26 次缔约方大会推迟到 2021 年。[①] IPCC 第六次评估报告编写虽然采用视频会议的方式继续推进工作，但发布时间也将推迟。疫情当前，气候和环境议题被边缘化，各国政治意愿下降，资金投入不足。大多数国家政府难以按时提交更有雄心的国家自主减排计划，推迟谈判进程也是无奈之举。长远来看，在应对疫情的同时，各国能否保证气候政策的切实执行，如期增强国家气候行动力度并公布 2050 年长期低温室气体排放战略还未可知。疫情以来，国际互信流失，大国关系恶化，逆全球化有了新的借口。未来即使重启气候谈判，加强国际气候合作也将任重道远。

（二）生物危机引发系统性风险，警示人们风险预防和治理韧性的重要性

新冠肺炎疫情作为一场重大生物危机，引发系统性风险，对风险预防和提升社会经济系统韧性而言是一次重要警示。新冠肺炎疫情并不是单纯的"黑天鹅"事件，其实历史上曾出现的 SARS、MERS、埃博拉病毒、寨卡以及各种禽流感病毒，早已经给人类敲响了警钟。[②] 新冠肺炎疫情的暴发暴露了社会整体的风险意识不强以及社会经济系统对于新发传染病缺乏足够的治理能力等问题。此外，风险之间的关联性也不容忽视。《2020 年全球风险报告》也指出，未来十年排名前五位的全球风险之一是极端天气等气候相关的环境风险，而且各个风险并非彼此独立，而是彼此加剧。[③] 全球气候变暖的风险与经济社会风险不仅紧密关联，而且会暴露社会的脆弱性，放大社会经济矛盾。2019 年气候变暖已对全球数百万人的健康、食物和家园产生直接影响，全球海平面高度已达有记录以来最高值，这将对生物多样性造成灾难性后果，对社会经济系统的影响将难以估计。此次疫情

---

① 中国气象局：《联合国气候变化大会因疫情推迟至明年举行》，2020 年 4 月 2 日，http：//www. cma. gov. cn/2011xwzx/2011xqxxw/2011xqxyw/202004/t20200402_ 550433. html，最后访问日期：2020 年 5 月 24 日。

② 米歇尔·渥克：《警惕"灰犀牛"危机》，《中国经济周刊》2017 年第 30 期，第 82 ~ 83 页。

③ WEF, The Global Risks Report 2020, https：//www. weforum. org/reports/the – global – risks – report – 2020, 2020.

给了人们最有力的警示，我们应该吸取教训，提前部署，建立更具韧性的治理系统。

（三）全球化趋势暂时被削弱但不可逆转，彰显通过国际合作应对危机的重要性

当今世界，全球化使各国在复杂的网络式联系下牵一发而动全身。无论是疫情大流行还是全球合作抗疫，都加深了各国对于人类命运共同体的认识，有利于推动后续国际气候合作。病毒是全人类的共同敌人，各国虽然防控措施不尽相同，但已逐渐从恐慌和相互指责走向国际合作，加深了对人类命运共同体理念的认同。气候变化也是全球性危机，联合国秘书长古特雷斯曾指出"疫情终将过去，但全球变暖或将伴随我们一生"。全球气候治理面临疫情的严峻考验，人类并不缺少防范气候危机的技术和经济手段，真正缺乏的是从人类命运共同体高度携手应对危机的政治意志和智慧①。

四 启示与对策建议

疫情就像是气候危机的一次预演，人类可以从灾难中汲取应对危机的经验。中国快速努力遏制本土疫情，积极复工复产，取得了经济复苏的先发优势。中国作为全球生态文明建设的重要参与者、贡献者、引领者，要制定长期战略，把我国绿色低碳发展的巨大潜力和强大动能充分释放出来，转"危"为"机"，抓住机遇，在促进国内高质量发展的同时，深度参与全球气候治理，积极推动全球生态文明建设。

（一）坚持人与自然和谐共生，鼓励和倡导绿色低碳消费方式和生活方式

无论是新冠肺炎疫情还是生态环境问题，都与人类非理性、非健康的消

---

① 《应对疫情莫忘全球气候治理》，新华网，2020年3月25日，http：//www.xinhuanet.com/energy/2020－03/25/c_1125763343.htm，最后访问日期：2020年5月24日。

费活动有关。猎食野生动物增加了将病毒传染给人类的风险；人类过度消费需求刺激生产和排放，加剧环境污染和全球变暖，引发气候危机。全球环境治理迫切需要全人类消费意识和行为的转变，走绿色、低碳、可持续消费之路。中国目前的消费对资源生态环境带来的突出问题已成为制约生态文明建设的重要因素，过度型消费、浪费型消费等不合理消费方式加剧了资源环境问题。[①] 疫情防控促使全社会增强风险意识，树立绿色健康的消费理念，转变生产和生活方式，这些转变对于疫情防控的常态化至关重要，也有利于节能环保。应以此为契机将绿色消费纳入国家"十四五"发展规划，制定国家推进绿色消费的专项行动计划并积极宣传，动员和鼓励全社会长期保持健康低碳的生活方式。

（二）坚守生态文明建设的战略定力，在全球价值链重构中占据绿色低碳产业发展的有利地位

新冠肺炎疫情再一次警示人类，短期社会经济活动绝不能破坏其长期赖以生存的自然生态环境。人类为抗击疫情已经付出巨大的社会经济代价，疫情后重振经济刺激计划必须将气候变化和生态环境作为主导决策因素之一，引导社会经济绿色低碳转型。一方面，中国要坚守生态文明建设的战略定力，在绿色低碳发展中挖掘新发展动能。疫情对一季度经济造成严重冲击，GDP下降6.8%。[②] 各地在疫情防控的同时积极复工复产，完成脱贫攻坚和经济发展任务的压力很大，一些地方把节能环保看作发展经济的束缚，片面追求经济增长的思维重新抬头。此时，必须坚守生态文明建设的战略定力不动摇，绝不能贪大贪快，搞大水漫灌，防止以"新基建"为名一哄而上，更不能为煤电建设"大开闸"。应以

---

① 国合会"绿色转型与可持续社会治理专题政策研究"课题组：《绿色消费在推动高质量发展中的作用》，《中国环境管理》2020年第1期，第24~30页。

② 《国家统计局：今年一季度国内生产总值同比下降6.8%》，央视网，2020年4月17日，http://jingji.cctv.com/2020/04/17/ARTIDgfouWTpdey7h0SMD2Xk200417.shtml，最后访问时间：2020年7月18日。

此为契机，重点布局新兴产业，加速可再生能源和前沿技术投资来推动低碳转型，协调好疫情防控、社会经济恢复与长期绿色低碳发展的关系。另一方面，要努力稳定全球供应链，在全球价值链重构中占据绿色低碳产业发展的有利地位。中国在全球产业链和供应链中占有重要地位，全球化依然是提升资源配置效率的最佳方法。复工复产的外向型中小企业因大量海外订单取消面临生存压力，需要政府加大支持力度。面对美、日等国鼓励在华企业回流的政策，应加大对清洁能源、电动汽车等低碳行业的投资，吸引美欧低碳技术先进企业进入中国产业园区发展。同时，发挥中国企业在全球光伏、风电、水电等方面的综合优势，积极推动"一带一路"绿色低碳能源项目配置，严控并逐步禁止国有银行投资海外煤电项目。

（三）防范"黑天鹅"和"灰犀牛"风险，增强社会经济系统的韧性

新冠肺炎疫情对于全球应对气候风险的启示不仅是指出有效应对危机的方式，更重要的是指出提前预防比应对危机成本低得多。新冠肺炎疫情对社会治理体系和治理能力的考验涉及方方面面，制度、文化、法律、社区自治等都在应对风险时发挥了重要作用。新冠肺炎疫情既有"黑天鹅"属性也有"灰犀牛"属性，气候变化也是如此。气候变暖是缓慢变化的"灰犀牛"，但可能导致极端"黑天鹅"气候事件发生，且自然界已经有预警。不同的是，虽然疫情防控有经验可循，可以采取措施进行补救，如研发疫苗，但并不能挽回已有的死亡和损失；气候变暖导致的极端气候灾害往往是不可逆的，无法补救，发生后没有太多的时间来解决技术问题，所以需要加强防范，及早预判，补齐短板，提前部署应对气候变化的战略、路线和技术的研发，建立韧性的风险防范机制。在城市与区域规划中，要围绕经济、能源供应、交通网络和粮食生产进行更加综合的考量来打造韧性城市；将开放空间、流域、森林和公园引入

城市规划的核心①，改善公众健康、水管理以及气候适应和减缓策略②；在新建 5G 基础设施的同时，充分利用更具有吸引力的低碳和气候韧性措施，升级老旧的城市基础设施，以完成低成本低碳城市转型规划。③ 对于经济系统，需构建起抗冲击、灵活、可靠、信息透明的全球供应链网络，加强供应链的抗冲击能力④，并做好相关应急预案。

（四）摒弃"零和博弈"思维，促进合作共赢，共建人类命运共同体

疫情暴露出各国应对全球挑战时的脆弱性，而当下全球还处于气候变化这样的长期系统性风险中，气候变化加速的严峻形势要求各国重新审视应对气候变化国际合作。在抗击疫情的艰难时期，各国更需要稳住其加大气候行动力度的决心。抗击疫情需要加强国际合作，同时面对应对气候变化等全球环境危机，任何国家都不可能独善其身，应摒弃"零和博弈"思维。当前全球气候治理面临的困境是暂时的，全球化遭受的挫折也是暂时的。中国快速遏制本土疫情的努力，积极援助其他国家抗疫的实际行动，展现了中国的治理能力和担当精神。但同时，国际上气候领导力严重缺失，国际社会对中国发挥气候领导力有了更多期待。中国要深度参与全球气候治理，一方面要提升自身能力，及时提交更有力度的国家自主贡献计划，在努力争取完成"二氧化碳排放 2030 年前达到峰值"目标以及"2060 年前实现碳中和"目标的同时，做好在全球气候

---

① 世界资源研究所：《新型冠状病毒肺炎如何影响城市规划?》，2020 年 4 月 17 日，https：// mp. weixin. qq. com/s/mj9VMP3ETW_ 96K8qdrisRA，最后访问日期：2020 年 5 月 24 日。

② WRI, Unlocking the Potential for Transformative Climate Adaptation in Cities, https：// cdn. gca. org/assets/2019 – 12/UnlockingThePotentialForTransformative AdaptationInCities. pdf, October 2019.

③ 世界资源研究所：《中国通过气候韧性和低碳投资助力经济复苏的五种途径》，2020 年 4 月 22 日，https：//mp. weixin. qq. com/s/N9VaKVzXGadLDnVPfQX5WQ，最后访问日期：2020 年 5 月 24 日。

④ 《疫情将推动全球供应链改革》，中国社会科学网，2020 年 3 月 30 日，https：// mp. weixin. qq. com/s/zjaef9k2zHk3RMEKZt1sYA，最后访问日期：2020 年 5 月 24 日。

治理中承担更多责任的准备；但另一方面也不可低估疫情影响下的中美、中欧、中俄等大国关系的复杂性，应坚持自身发展中国家的定位，持续推进"一带一路"建设，加强国际合作，提升共同应对危机的协作能力；保持战略定力，在联合国框架下更好发挥引领作用，共谋全球生态文明建设，共建人类命运共同体。

G.11
新型基础设施建设对重点行业碳排放的影响评估

柴麒敏　李墨宇 *

摘　要： 　新型基础设施建设是我国在新形势下推动经济高质量发展的主要举措之一，现阶段投资需求潜力巨大，在推动技术减排的同时也拉动了能源消费的增长。本研究对新型基础设施建设的投资规模、技术创新视角下的减排效应和需求驱动视角下的增耗效应及对重点行业碳排放达峰的影响进行了初步分析。预计"十四五"期间新型基础设施建设将拉动 9.96 万亿~16.37 万亿元规模的投资，从能效提升、产业链结构优化、替代原有生产消费方式三方面带来显著的减排效应，而由于建设过程中的钢铁水泥使用、运营过程中的电力消耗和刺激消费新需求也将产生增耗效应。从短期来看，虽然"十四五"时期规模建设投产加速，但能源结构调整幅度并不能快速提升，增耗效应可能占据主导地位。根据我们的初步分析，综合考虑增耗和减排的直接及间接效应，"十四五"时期新型基础设施建设每年平均将增加二氧化碳排放约 7300 万吨。长期来看，新型基础设施对行业智能化升级改造、绿色化要素协同的减排效应将得到充分发挥。通过强化绿色导向，合理引导资本流向，出台扶持政策，实施绿色激励计划可帮助实

---

* 柴麒敏，国家应对气候变化战略研究和国际合作中心战略规划部主任，清华大学现代管理研究中心兼职研究员，对外经贸大学绿色金融与可持续发展研究中心副主任、客座教授，贵州理工学院客座教授，全球气候战略委员会委员，主要研究方向为全球气候治理、低碳发展战略规划、能源环境经济学；李墨宇，国家应对气候变化战略研究和国际合作中心战略规划部实习研究员，主要研究方向为气候变化与低碳发展规划及模型。

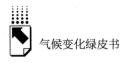

现高质量绿色低碳发展。

关键词： 新型基础设施建设　投资规模　增耗减排效应　碳排放达峰

在内外部复杂环境背景及新冠肺炎疫情冲击下，我国经济下行压力增大，有关经济刺激计划的讨论广泛展开，特别是新型基础设施投资引起了各方的重点关注，这其中就包括对新型基础设施建设是否会如传统基础设施一样产生"锁定效应"并带来长期的生态环境和气候变化影响的担忧。本文基于国内外此类研究结果，简要分析了新型基础设施在技术创新视角下的减排效应和需求驱动视角下的增耗效应，探讨了其对我国重点行业碳排放达峰的影响并给出了初步的政策建议。

一　新型基础设施建设的背景与概况

新型基础设施建设是作为我国新形势下转变发展方式、优化经济结构、转换增长动力、加强"六稳""六保"的主要举措之一而被提出的。面对国内外风险挑战明显上升的复杂局面，全球动荡源和风险点显著增多，世界大变局加速演变的特征更趋明显，"三期叠加"影响持续深化，经济下行压力持续加大。2018 年，中央经济工作会议首次提出，我国发展现阶段投资需求潜力仍然巨大，要发挥投资关键作用，加强制造业技术改造和设备更新，加快 5G 商用步伐，加强人工智能、工业互联网、物联网等新型基础设施建设。该概念此后多次在中央和国家文件中出现，如表 1 所示。赛迪研究院在2020 年 3 月发布了《"新基建"发展白皮书》[①]，提出新型基础设施建设是服务于国家长远发展和"两个强国"建设战略需求，由技术、产业驱动，具

---

① 赛迪研究院：《"新基建"发展白皮书》，2020 年 3 月 19 日，http://www.ccidwise.com/uploads/soft/200323/1-2003231F017.pdf，最后访问日期：2020 年 8 月 5 日。

备集约高效、经济适用、智能绿色、安全可靠特征的一系列现代化基础设施体系的总称。国家发展改革委对此做了进一步的阐释，认为新型基础设施建设是以新发展理念为引领，以技术创新为驱动，以信息网络为基础，面向高质量发展需要，提供数字转型、智能升级、融合创新等服务的基础设施体系。

表1　新型基础设施建设提出的背景

时间	场合或文件	主要内容
2018 年 12 月	中央经济工作会议	加强制造业技术改造和设备更新，加快 5G 商用步伐，加强人工智能、工业互联网、物联网等新型基础设施建设，加大城际交通、物流、市政基础设施等投资力度，补齐农村基础设施和公共服务设施建设短板，加强自然灾害防治能力建设
2019 年 3 月	第十三届全国人民代表大会第二次会议《政府工作报告》	加大城际交通、物流、市政、灾害防治、民用和通用航空等基础设施投资力度，加强新一代信息基础设施建设
2020 年 1 月	国务院常务会议	出台信息网络等新型基础设施投资支持政策
2020 年 2 月	中央全面深化改革委员会第十二次会议	统筹存量和增量、传统和新型基础设施发展，打造集约高效、经济适用、智能绿色、安全可靠的现代化基础设施体系
2020 年 3 月	中央政治局常务委员会会议	加快 5G 网络、数据中心等新型基础设施建设进度
2020 年 4 月	国家发展改革委在线例行新闻发布会	新型基础设施主要包括信息基础设施、融合基础设施、创新基础设施三个方面的内容
	国务院常务会议	部署加快推进信息网络等新型基础设施建设，积极拓展新型基础设施应用场景，引导各方合力建设工业互联网，促进网上办公、远程教育、远程医疗、车联网、智慧城市等应用
2020 年 5 月	第十三届全国人民代表大会第三次会议《政府工作报告》	加强新型基础设施建设，发展新一代信息网络，拓展 5G 应用，建设数据中心，增加充电桩、换电站等设施，推广新能源汽车，激发新消费需求、助力产业升级

新型基础设施建设无疑是与铁路、公路、机场等传统基础设施建设相对应的，但各方对其涵盖范围的认识还存在差异。赛迪研究院将其解读为主要包括 5G 基建、特高压、城际高速铁路和城市轨道交通、新能源汽车充电桩、大数据中心、人工智能、工业互联网等七大领域，其建设和投资规模如

表2所示。国家发展改革委高新技术司则将以5G、物联网、工业互联网、卫星互联网为代表的通信网络基础设施,以人工智能、云计算、区块链等为代表的新技术基础设施,以数据中心、智能计算中心为代表的算力基础设施,智能交通基础设施、智慧能源基础设施,重大科技基础设施、科教基础设施、产业技术创新基础设施等列为新型基础设施的主要内容。2020年《政府工作报告》正式提出重点支持既促消费惠民生又调结构增后劲的"两新一重"建设,其中列为第一的就是新型基础设施建设。[①]

表2 "十四五"新型基础设施的建设和投资规模

领域	建设规模	投资规模
5G基建	5G基站建设数量约为500万座	直接投资约2.5万亿元,全产业链投资累计5万亿元
大数据中心	220万机架	直接投资1.5万亿元,带动投资累计超3.5万亿元
人工智能	年均45%的增长率	直接投资约2200亿元,带动投资累计超4000亿元
工业互联网	基本建成覆盖各地区、各行业的工业互联网网络基础设施	直接投资约6500亿元,带动投资累计超1万亿元
特高压	在建和待核准的特高压工程共16条线路[①]	约5000亿元
城际高速铁路和城市轨道交通	平均每年增加5000公里	直接投资约4.5万亿,带动投资累计超5.7万亿元
新能源汽车充电桩	每年增长45万台,新建约530万台	直接投资约900亿元,带动投资累计超2700亿元元
合计		9.96万亿~16.37万亿元

① 《2020年特高压和跨省500千伏及以上交直流项目前期工作计划》,国家电网,2020年3月13日,http://www.chinapower.com.cn/dww/jdxw/20200313/10906.html,最后访问日期:2020年6月5日。

基础设施具有强外部性、公共产品属性等特点,其在环境和气候领域的锁定效应也越来越受到关注。我国是基础设施大国,基建存量已居世界第

① 《政府工作报告》,中国政府网,2020年5月22日,http://www.gov.cn/zhuanti/2020lhzfgzbg/index.htm,最后访问日期:2020年8月6日

一。在能源基础设施领域，我国的电力装机容量全球第一，2019 年全国全口径发电装机容量已达 20.1 亿千瓦（发电量 7.33 万亿千瓦时），其中煤电装机 10.4 亿千瓦（发电量 4.56 万亿千瓦时）①，显著高于发达国家和全球平均水平，且平均使用年限目前仅为 12 年左右，这在一定程度上形成了电厂寿命周期内的排放锁定效应。有关新型基础设施的讨论也聚焦于此，我国"十四五"期间这些新兴领域的规模投资，一方面为绿色低碳发展创造了更好的技术条件，另一方面也拉动了能源消费的需求增长，其对排放的影响具有两重性，需要辩证分析和施策。

二 新型基础设施建设的排放影响

在技术创新视角下，新型基础设施建设将带来显著的减排效应。主要体现在三个方面：一是技术进步本身带来的能效提升。研究表明 5G 技术单位数据传输能耗将有望降至 4G 技术的 10% ~2%，并且 5G 技术有助于降低智能手机、物联网和其他终端设备的电池消耗，深度神经网络通过学习还可促进数据中心减少能源消耗，有越来越多云计算和大数据中心将直接使用可再生能源供电②。二是带动产业链结构的优化，人工智能、工业互联网等技术对工业、能源、建筑、交通基础设施和上下游体系的改造将大大强化产业链的协同增效，使各行业垂直领域的连接更加紧密、反应更加智能、整体更加高效，大幅减少物耗和能耗。三是替代原有生产和消费方式，电动车充电桩、城际高速铁路是替代燃油车消费、减少航空和私家车出行以及实现交通运输部门电气化比例提高的主要推动力。研究表明我国高铁每百人公里能耗仅是飞机能耗的 18% 左右，而特高压直流输电则有助于缓解能源供需的区域错配问题、实现可再生能源的高比例消纳和煤炭的减量替代。已有的案例如表 3 所示。

---

① 中国电力企业联合会：《2019~2020 年度全国电力供需形势分析预测报告》，2020 年 1 月 21 日，https：//cec.org.cn/detail/index.html？3 - 277104，最后访问日期：2020 年 8 月 6 日。

② Masanet, Eric, et al., "Recalibrating Global Data Center Energy-use Estimates", *Science*, 2020：6481.

表 3　新型基础设施减排效应的案例

领域	案例	减排预期
5G 基建	华为	5G 新无线(NR)可将每比特数据传输能耗降至目前 4G 的 10%,毫米波技术预计可将能耗降至 2% 以下;2030 年前快速推广 5G 网络将减少全球二氧化碳排放近 50 亿吨,其中中国将比无 5G 网络减排 5.22 亿吨[①]
	Vertiv	若 5G 技术在 2025 年全面覆盖,带来的碳减排将达到 29.77 亿吨[②]
大数据中心	阿里巴巴	张北云计算基地数据中心百分之百基于绿色能源运转,建筑外表覆盖太阳能电板,同时采用自然风冷和自然水冷系统,制冷能耗降低 45%[③]
	百度	云计算(阳泉)中心是目前国内唯一一个通过工信部和绿色网格组织(TGG)绿色数据中心设计、运营双 5A 认证的数据中心,全年约 96% 的时间无需冷水机组制冷,每年节约的电量高达 2.5 亿度,碳减排量达到 5.2 万吨[④]
人工智能	Carbon Relay	利用人工智能和机器学习来提高 Kubernetes 应用程序的性能和降低运营成本,平台的节能效果是传统产品的 5 倍
	谷歌 DeepMind	引入人工智能节省能源开支,DeepMind 帮助公司节省了 40% 的能源,将谷歌整体能效提升 15%[⑤]
特高压	国家电网南方电网	以晋北－南京 ±800 千伏直流特高压线路为例,每年可减少运输煤炭 2016 万吨,减排二氧化碳 3960 万吨;陕北－湖北 ±800 千伏特高压直流工程预计每年向湖北地区输送电能约 400 亿千瓦时,可减排二氧化碳 2960 万吨;落点山东的"两交一直"特高压年减排二氧化碳 1.1 亿吨;青海－河南 ±800 千伏特高压工程计划于 2020 年 6 月建成,每年可输送 400 亿千瓦时清洁电能;南方电网西电东送三大特高压直流工程累计送电量达 4036 亿千瓦时,相当于为广东省减少标煤消耗 1.2 亿吨[⑥⑦]
城际高铁和城市轨道交通	法国	高速铁路每千人公里的二氧化碳排放量约为 4 千克,不到飞机的 1/4,只需运行 8 年,就能抵消高铁建设中造成的总碳排放量[⑧]
	中国	高铁每百人公里能耗是飞机能耗的 18%[⑨]
	美国交通部	高铁京津段平均二氧化碳排放为 46g/pkm,飞机为 164g/pkm,公路为 151.6g/pkm[⑩⑪⑫⑬⑭⑮]
新能源汽车充电桩	中国	新能源公交车相对于传统燃油公交车可节能 1/3,相对于小汽车可节能 2/3[⑯]

①STL Partners, Curtailing Carbon Emissions-Can 5G Help? 2019 年 10 月, https://stlpartners.com/research/curtailing – carbon – emissions – can –5g –help/, 最后访问日期:2020 年 6 月 5 日。

②Vertiv, Data Center 2025:Closer to the Edge, https://www.vertiv.com/en – us/about/news – and – insights/articles/pr – campaigns – reports/data – center – 2025 – closer – to – the – edge/, 最后访问日期:2020 年 8 月 6 日。

③《阿里云建绿色能源数据中心》,观察者网,2015 年 6 月 9 日,https://www.guancha.cn/Science/2015_ 06_ 09_ 322612.shtml,最后访问日期:2020 年 8 月 6 日。

④《记者走进"百度云计算(阳泉)中心":看百度怎样建低能耗数据中心》,中国经济网,2017 年 7 月 4 日,http://www.ce.cn/xwzx/gnsz/gdxw/201707/04/t20170704_ 24003871.shtml,最后访问日期:2020 年 8 月 5 日。

续表

⑤Rolnick, David, et al., "Tackling Climate Change with Machine Learning", *arXiv: Computers and Society*, 2019.

⑥国家能源局：《国家能源局关于2019年度全国可再生能源电力发展监测评价报告》, 2020年5月6日。

⑦贾善杰、田鑫、王志、李菁竹：《特高压交、直流输变电工程温室气体减排量计算》, 载中国电力科学研究院《智能电网新技术发展与应用研讨会论文集》, 2017。

⑧周新军：《高速铁路的节能减排效应》,《中国能源报》2012年5月14日, 第24版。

⑨朱勇、杨睿、李德生：《高速铁路建设碳减排的算法与评判》,《铁道学报》2015年第7期。

⑩United States Department of Transportation Federal Railroad Administration, Carbon Footprint of High Speed Rail, 2011年11月1日, https://railroads.dot.gov/elibrary/carbon-footprint-high-speed-rail, 最后访问日期：2020年6月5日。

⑪李向楠：《高速铁路实际运营与设计客运量对比分析》,《交通企业管理》2019年第2期, 第64~66页。

⑫解天荣、王静：《交通运输业碳排放量比较研究》,《综合运输》2011年第8期, 第20~24页。

⑬张宏钧、王利宁、陈文颖：《公路与铁路交通碳排放影响因素》,《清华大学学报》（自然科学版）2017年第4期, 第443~448页。

⑭付博音：《高速铁路生命周期能耗与碳排放研究》, 石家庄铁道大学硕士学位论文, 2017。

⑮冯旭杰：《基于生命周期的高速铁路能源消耗和碳排放建模方法》, 北京交通大学博士学位论文, 2014。

⑯Qinyu Qiao, Henry Lee, The Role of Electric Vehicles in Decarbonizing China's Transportation Sector, 2019, https://www.belfercenter.org/sites/default/files/files/publication/RoleEVsDecarbonizingChina.pdf, 最后访问日期：2020年8月5日。

在需求驱动视角下, 新型基础设施建设也将带来明显的增耗效应。主要体现在三方面：一是建设过程中的能耗和碳排放。城际高铁和城市轨道交通、特高压输电线路建设中的钢铁和水泥消耗强度较大, 研究表明京沪高铁建设平均每公里排放285吨二氧化碳。二是运营过程中的能耗和碳排放。研究表明2018年中国数据中心总用电量为1609亿千瓦时, 约占中国全社会用电量的2%, 超过上海市当年的全社会用电量, 排放量接近1亿吨二氧化碳。三是刺激消费新需求所产生的能耗和碳排放。根据华为发布的《通信能源目标网白皮书》①, 虽然5G单位数据传输能耗较低, 但是由于5G站点数量是4G的2~3倍, 同时拥有更大流量,

---

① Huawei Group, 5G Telecom Power Target Network White Paper, October 2019, https://carrier.huawei.com/~/media/CNBGV2/download/products/network-energy/5G-Telecom-Energy-Target-Network-White-Paper.pdf, 最后访问日期：2020年6月5日。

气候变化绿皮书

单设备功耗将是 4G 的 2.5~3.5 倍，按照规划 2025 年将实现 5G 基站覆盖全国，届时 5G 网络的全年能耗将达到 2430 亿度，产生二氧化碳排放1.49 亿吨。

表4　新型基础设施增耗效应的案例

领域	案例	增耗预期
5G 基建	基站建设	5G 基建分为宏基站、微基站两种，平均单基站消耗钢材 8.5吨，只有 3%~5% 的 5G 基站需新建
	中兴、华为	5G 单站功耗是 4G 单站的 2.5~3.5 倍，4G 单站满载功率为1045 瓦，5G 单站满载功率近 3700 瓦
	Vertiv	5G 可能会在 2026 年之前使总网络能耗增加 150%~170%
大数据中心	点亮绿色云端：中国数据中心能耗与可再生能源使用潜力研究	到 2023 年中国数据中心总用电量将增长 66%，年均增长率达10.64%，总用电量为 2667.92 亿千瓦时，产生二氧化碳排放1.63 亿吨①
	欧盟委员会	信息、通信和技术行业用电量占全球总用电量的 5%~9%，超过总排放量的 2%
人工智能	ACL	按照现有的发展速度，到 2025 年人工智能的用电量将占世界用电量的 1/10；谷歌开发的热门语言处理深度神经网络Transformer，在使用神经架构检索（NAS）的情况下，训练所需的时间在 27 万小时以上，二氧化碳排放量为 284 吨；一个有6500 万个参数、普通大小的 Transformer 网络，在 8 个 GPU 上训练 12 小时，共消耗能源 27 千瓦时，释放二氧化碳 26 磅；更大的 BERT 模型有 1.1 亿个参数，使用 64 个 GPU 训练 80 小时，消耗 1507 千瓦时能量，排放 1438 磅二氧化碳②
特高压	国家电网	2020 年开工建设"十交两直"项目，总公里数约 7800 公里，按照每公里 220 吨的钢管需求，总需求将达 171.6 万吨；一条 ±800 千伏特高压直流输电工程共需要约 56 台换流变压器，合计需要使用高磁感取向电工钢约 12320 吨；单条 1000 千伏特高压交流工程需要使用高磁感取向电工钢约 2000 吨③
	国家电网	多条"风光火"捆绑送电的特高压示范项目相继并网，均不同程度地配套大容量煤电项目作为调峰电源；宁东至浙江外送工程 6 个特高压配套电源点全部纳入国家煤电投产计划；陕北至湖北特高压配套陕煤黄陵、延长富县、陕投清水川三期、榆能杨伙盘、大唐西王寨等 5 个煤电项目，总装机 796 万千瓦

182

续表

领域	案例	增耗预期
城际高铁和城市轨道交通	京沪高铁	京沪高铁全生命周期中运营阶段的碳排放贡献最大(71%),其次是建设(20%)和维护(9%)[4]
	IEA	中国高铁线路的运输密度只有欧洲和韩国的一半,且低于全球平均水平[5]
新能源汽车充电桩	中国	充电桩设备中立柱涉及用钢,2025年国内约需充电桩700万个,700万个充电桩约需钢材350万吨

[1] 绿色和平、华北电力大学:《点亮绿色云端:中国数据中心能耗与可再生能源使用潜力研究》,2019年9月。

[2] Forbes, Deep Learning's Carbon Emissions Problem, 2020 年 6 月 17 日, https://www.forbes.com/sites/robtoews/2020/06/17/deep-learnings-climate-change-problem/#12345c736b43, 最后访问日期: 2020 年 8 月 5 日。

[3] Wei, Wendong, et al., "Ultra-high Voltage Network Induced Energy Cost and Carbon Emissions," *Journal of Cleaner Production*, 2018.

[4] Lin, Jianyi, et al., "A Carbon Footprint of High - Speed Railways in China: A Case Study of the Beijing - Shanghai Line," *Journal of Industrial Ecology*, 2019 (4).

[5] IEA, The Future of Rail, 2019 年 1 月, https://www.iea.org/reports/the-future-of-rail, 最后访问日期: 2020 年 6 月 5 日。

综合来看,新型基础设施建设对部门和行业碳排放达峰将产生短期和中长期两方面不同的影响。新型基础设施建设对特定部门和行业可能存在减排或增耗的影响,特别是在建设强度比较集中的能源(电力)和交通(公路、铁路)等部门。短期而言,虽然"十四五"时期规模建设投产加速,但能源结构调整幅度并不能快速提升,增耗效应可能占据主导地位。如图1所示,根据国家气候战略中心的初步评估,综合考虑增耗和减排的直接及间接效应,"十四五"时期新型基础设施建设每年平均将增加二氧化碳排放约7300万吨;长期来看,信息技术和能源技术的"双重革命"的叠加效应会进一步显现,新型基础设施对行业智能化升级改造、绿色化要素协同的减排效应将得到充分发挥。

在工业领域,新型基础设施建设的大量投入可能会使钢铁、水泥等高耗能行业的碳排放峰值延缓至2025年左右达到,但"5G+工业互联网"等技术的应用或将较大幅度提高工业领域的减排潜力。在交通领域,城际高铁和

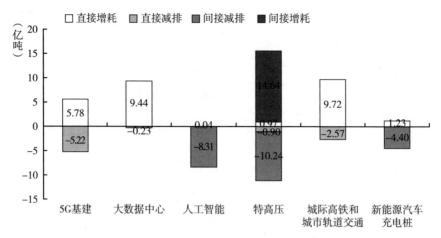

图1　"十四五"新型基础设施建设的碳排放影响评估

城市轨道交通、新能源汽车充电桩的建设将极大地改善交通运输结构和电气化水平，5G、车联网和自动驾驶技术将深远地改变交通消费模式。随着电力结构的绿色化和低碳化，有研究表明可以使道路交通的碳排放峰值提前至2030年前达到。在建筑领域，智能终端的普及将一定程度上拉动能耗需求的增长，但"BIM + AI"等技术的应用将极大地推动城市建筑的智能化管理和运行。在能源领域，网络化、信息化、智能化水平的提高将加快高比例、分布式可再生能源的消纳，能源结构的调整幅度可能快于规划目标，这将有可能使我国的碳排放峰值提前实现、峰值水平进一步降低。

三　推动新型基础设施建设可持续发展的若干建议

"十四五"期间中国经济社会发展将面临较改革开放以来最为复杂和严峻的挑战，国内深化改革中的结构性、体制性、周期性问题与疫情全球化、经济退全球性化风险叠加将进一步加大对经济高质量发展和生态环境高水平保护协同推进的考验。这一轮新型基础设施建设的推动应该秉承"创新、协调、绿色、开放、共享"的新发展理念，推动新一代信息技术和先进低碳技术的深度融合，更好支持绿色制造产业发展和可持续消费升级，在补短板的同时为新引擎助力，并避免高碳基础设施投资带来的锁定效应以及巨额资产搁浅的风险，实现发展和环境的共赢。

一是要加强顶层设计，强化新型基础设施绿色导向。要以技术和模式创新为驱动，推动以智能化、电气化、低碳化为导向的新型基础设施建设，高标准、高质量地开展实施总体规划，避免走"旧增长"的弯路。促使通信业能耗达到国际先进水平，新建数据中心的电源使用效率（PUE）在原本1.4的要求下进一步提升，新能源和可再生能源应用比例大幅提升，充分发挥5G、人工智能技术的减排潜力。提高特高压、城际高铁和城市轨道交通、新能源汽车充电桩的建设标准，更多地应用新型绿色材料。

二是要引导资本流向，发挥公共投资的撬动作用。政府公共投资应有所为、有所不为，要引导社会资本流向，应避免短期行为，避免盲目重复投资和建设。一方面要增加绿色金融供给，在中央预算内投资、抗疫特别国债和地方政府专项债券上增加绿色标签比重；另一方面应该设置环境和气候友好的遴选门槛，应考虑逐步形成绿色新型基础设施建设的项目标准，建立绿色新型基础设施产业目录。要优选新型基础设施项目，警惕"绿天鹅"气候事件和高碳资产搁置的后遗症，建立新型基础设施的金融机构绿色合规问责机制。

三是要出台扶持政策，实施绿色新基建激励计划。统筹发挥财税补贴和市场机制的协同激励作用，延续或加强对可再生能源消纳、新能源汽车推广和信息通信业节能减排的政策支持。加大绿色低碳发展"软基建"的投入和营造力度，鼓励重点行业和地区出台和实施"绿色新基建激励计划"，以此引领和推动绿色"一带一路"相关领域的国际合作，让新型基础设施建设更好发挥经济和环境效应，破除长期的碳排放锁定，实现高质量的绿色复苏。

G.12
地方碳排放达峰的行动与实践

曹 颖 李晓梅 闫昊本 匡舒雅*

摘 要： 根据习近平主席在第 75 届联合国大会一般性辩论上的宣示，我国将力争二氧化碳排放于 2030 年前达到峰值。地方是碳排放控制的重要单元和载体，国家碳排放达峰目标的实现，需要各地区的共同参与。但各地方在推动落实碳排放达峰的过程中仍需科学研判达峰目标和路径，提升基础能力，国家也需要在顶层设计、完善机制以及统筹协调等方面加强对地方碳排放达峰的宏观指导。

关键词： 国家自主贡献 碳排放达峰 达峰路径

引 言

2020 年 9 月 22 日，习近平主席在第 75 届联合国大会一般性辩论上郑重宣布，"中国将提高国家自主贡献力度，采取更加有力的政策和措施，二氧化碳排放力争于 2030 年前达到峰值，努力争取 2060 年前实现碳中和"。实现二氧化碳排放达峰既有助于加快我国经济高质量发展和绿色低碳转型，构建清洁低碳安全高效的现代能源体系，支持和促进生态文明建设，助力美丽中国建设，又有利于推动构建人类命运共同体，为全球应对气候变化做出中国贡献，彰显中国负责任大国形象。

---

* 曹颖，博士，国家气候战略中心，副研究员，主要研究方向为能源与气候变化政策、低碳发展规划与政策等；李晓梅，国家气候战略中心，助理研究员，主要研究方向为低碳与气候变化规划；闫昊本，国家气候战略中心，助理研究员，主要研究方向为低碳与气候变化政策；匡舒雅，国家气候战略中心，主要研究方向为低碳与气候变化政策。

我国幅员辽阔，各省（区、市）在经济发展水平、产业结构、能源体系、能力意识等方面存在较大差异，达峰时间难以同步，但通过推动部分经济发达省（区、市）碳排放率先达峰，有助于在推动发达省（区、市）自身的绿色低碳转型的同时，向其他省（区、市）传播低碳转型的创新思路和实践经验，并为全国碳排放达峰目标的实现奠定坚实基础，提升我国总体的经济发展质量和绿色低碳发展水平。

一 加快推动碳排放达峰的意义

（一）积极应对气候变化，实现国家自主贡献目标

2015 年以来国家层面相继出台了一系列文件，对我国碳排放总量控制及峰值目标和实现路径进行了明确阐释。我国 2015 年 6 月向《联合国气候变化框架公约》秘书处提交的《强化应对气候变化行动——中国国家自主贡献》报告中确定了到 2030 年的自主行动目标，包括二氧化碳排放 2030 年左右达到峰值并争取尽早达峰、单位国内生产总值二氧化碳排放比 2005 年下降60% ~65% 等。[1]《中华人民共和国国民经济和社会发展第十三个五年规划纲要》中明确提出，到 2020 年有效控制电力、钢铁、建材、化工等重点行业碳排放，推进工业、能源、建筑、交通等重点领域低碳发展；支持优化开发区域碳排放率先实现碳排放达到峰值；深化各类低碳试点，实施近零碳排放区示范工程等措施。[2]《"十三五"控制温室气体排放工作方案》中更是具体提出，到 2020 年单位国内生产总值二氧化碳排放比 2015 年下降 18%，碳排放总量得到有效控制；支持优化开发区域碳排放率先达到峰值，力争部分重化工行业 2020 年前率先达到峰值，能源体系、产业体系和消费领域低碳转型取得积极成效。[3]

---

① 中国政府网：《强化应对气候变化行动 ——中国国家自主贡献》。
② 《中华人民共和国国民经济和社会发展第十三个五年规划纲要》，新华网。
③ 《国务院关于印发"十三五"控制温室气体排放工作方案的通知》，中国政府网。

从上述一系列政策文件中可以看出，我国政府在碳排放达峰工作中坚定实施积极应对气候变化的国家战略，并将其作为今后一段时期实现国家自主贡献的核心工作。

（二）协同推进经济高质量发展和生态环境高水平保护

从发展的视角来看，目前正是我国转变经济增长方式的关键时期，面临发展不平衡不充分的突出问题，通过积极应对气候变化，推动碳排放达峰，构建绿色低碳循环发展的经济体系是协同推进经济高质量发展和生态环境高水平保护的重要手段。

通过碳排放达峰工作协同推进经济高质量发展意味着推动经济增长方式从粗放型转向集约型，避免社会经济的"高碳锁定"，实现新产业和新技术的快速发展，为经济增长注入新动力。考虑到碳排放达峰对经济高质量发展和生态环境高水平保护的协同作用，即使不考虑气候收益，推动碳排放达峰所带来的新能源产业发展、能源效率提高、空气质量改善、就业增加、保障能源安全等效益，也远大于减缓碳排放增长，推动能源系统变革的成本。随着近年来新能源生产供应技术、储能技术、新能源运输工具等各项技术的进步，目前建设清洁低碳安全高效的现代能源体系，推动碳排放达峰的成本比早期研究估算的更低，协同推进经济高质量发展和生态环境高水平保护将产生较好的经济效益。

受新冠肺炎疫情影响，世界主要经济体目前都在经济萎缩和失业率飙升的"泥潭"中挣扎。我国已在较短时间内取得疫情防控的重大战略成果，推动碳排放达峰，增强应对气候变化政策与宏观经济调控政策、生态环境治理政策的协调融合，抓住疫后经济恢复中的"绿色复苏"机遇尤为重要。随着我国碳排放达峰工作的推进，我国不仅可以抓住新涌现的绿色发展潜能，实现经济低碳转型和高质量发展，还可以利用好我国的市场规模优势，在经济"内循环"的基础上引领全球经济绿色复苏，为世界经济发展和全球气候治理做出贡献。

二 "十三五"时期各地区碳排放达峰目标设定

"十三五"时期，我国部分省（区、市）以及试点地区，根据国家峰值目标和总体要求，结合各自对峰值目标和发展阶段的认识，在"十三五"控制温室气体排放工作方案（下文简称"十三五"控温方案）及相关规划、试点方案中提出了碳排放达峰目标。

（一）"十三五"控温方案及相关规划中各地区碳排放达峰目标设定

目前除西藏自治区外，全国30个省（区、市）均发布了省级"十三五"控温方案或相关规划，其中，28个省（区、市）发布了控温方案，北京和上海两市发布了规划，分别是《北京市"十三五"时期节能降耗及应对气候变化规划》和《上海市节能和应对气候变化"十三五"规划》。

在已发布的30个省（区、市）的"十三五"控温方案及相关规划中，针对峰值目标，各省（区、市）规定不尽相同。其中北京、天津、山西、山东、海南、重庆、云南、甘肃、新疆等9个省（区、市）根据本地区的产业发展状况、城镇化进度及低碳发展进程，提出了明确的整体碳排放达峰时间，其余省（区、市）虽未针对省域整体提出达峰时间，但也根据各自省情针对重点地区、试点城市或重点行业提出了峰值目标，如表1所示。没有提出具体峰值目标的部分省（区、市），也根据各自省情开展了碳排放达峰相关研究。

表1 "十三五"控温方案及相关规划中各省（区、市）达峰目标情况

提出整体达峰年份的省（区、市）		
序号	省(区、市)	达峰年
1	北京	2020 年
2	天津	2025 年
3	云南	2025 年
4	山东	2027 年
5	重庆	2030 年

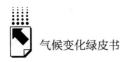

气候变化绿皮书

续表

序号	省(区、市)	达峰年
6	山西	2030 年
7	海南	2030 年
8	甘肃	2030 年
9	新疆	2030 年
提出重点区域(城市)达峰年份的省(区、市)		
1	江苏	苏州、镇江,2020 年
2	广东	广州、深圳,2020 年
3	陕西	延安、安康,分别在 2029 年、2028 年
4	山西	晋城,2025 年
5	新疆	乌鲁木齐、昌吉、伊宁、和田,2025 年
6	甘肃	兰州,2025 年
7	山东	青岛、烟台,2020 年
提出支持重点区域(城市)达峰年份的省(区、市)		
1	宁夏	支持都市功能核心区和都市功能拓展区率先到峰值
2	江西	推动部分区域率先达峰。鼓励其他设区市及具备条件的县(市、区)提出峰值目标
提出鼓励中国达峰先锋城市联盟城市率先达峰的省(区、市)		
1	贵州	支持"中国达峰先锋城市联盟"贵阳市率先实现二氧化碳排放达到峰值
2	甘肃	鼓励甘肃省"中国达峰先锋城市联盟"城市加大减排力度
3	海南	鼓励与中国达峰先锋城市联盟开展合作,支持海口、三亚率先达峰
提出支持低碳试点城市率先达峰的省(区、市)		
1	湖北	支持武汉市、长阳县等国家低碳试点城市明确达峰路线图,实现碳排放率先达峰
2	重庆	支持都市功能核心区和都市功能拓展区率先到峰值
3	安徽	国家低碳试点城市碳排放率先达到峰值
4	河南	国家低碳试点城市碳排放率先达到峰值
5	四川	支持国家和省级低碳试点城市根据自身的优势和特点,主动实施在 2025 年前碳排放率先达峰行动
6	甘肃	鼓励甘肃省低碳试点城市加大减排力度
提出行业达峰的相关省(区、市)		
1	江西	力争部分重化工业 2020 年左右实现率先达峰
2	四川	部分重化工业 2020 年左右与全国同行业同步实现碳排放达峰
3	天津	钢铁、电力等行业率先达峰
4	海南	水泥、石油、化工、电力等重点行业按照国家要求尽早实现达峰目标

序号	省市	碳排放峰值研究
1	青海	开展青海省碳排放峰值研究
2	云南	开展碳排放峰值研究
3	广西	开展碳排放峰值、碳排放总量控制和目标分解方法及实现途径研究
4	福建	开展全省碳排放峰值研究
5	黑龙江	推进碳排放峰值和碳排放总量控制研究

（二）试点省市达峰目标设定

除了部分省（区、市）在"十三五"控温方案及相关规划中对省域整体及省内重点城市提出了达峰要求，大部分试点城市也在各自低碳试点方案中提出了具体的达峰目标。自2013年以来，我国已开展三批共计87个低碳省市试点。目前共有74个省市，包括3个省（海南、云南、甘肃）和71个城市（县）公布了排放峰值目标，其中包括第一批和第二批试点省市28个，全部45个第三批低碳试点地区，和1个非试点省份（甘肃）。全部第二批42个试点省市中，有38个省市提出了峰值目标，有4个省市未提出峰值目标。第三批45个试点省市全部在试点实施方案中提出了峰值目标。

三 典型地区碳排放达峰目标设定及路径

本研究以北京、上海、广东和浙江四个发达省市为案例，对其碳排放达峰目标和实施路径进行了总结分析。这四省市人均GDP均居全国前列，2017年四省市GDP总量占据全国的24.2%，碳排放总量占全国的14.4%，人均碳排放量处于较低水平。这四个省市的经济发展重点和路径不尽相同，在控制温室气体排放、探索达峰路径方面也各具特色。

（一）达峰目标先进程度不尽一致

"十三五"初期，北京、上海和广东都在政府文件中对各自碳排放达峰年份和总量提出了具体的或阶段性目标。其中,北京市在《北京市"十三五"时期节能降耗及应对气候变化规划》中提出"二氧化碳排放总量在2020年达到峰值并尽早达峰"的目标,达峰碳排放量约1.6亿吨CO_2。[①] 上海市在《上海城市总体规划(2017~2035年)》中提出"全市碳排放总量与人均碳排放于2025年之前达到峰值","至2035年控制碳排放总量较峰值减少5%左右"的目标。[②] 上海市是我国第一个提出人均碳排放达峰目标的地区。

广东省和浙江省没有提出具体的达峰目标年。广东省在《广东省"十三五"控制温室气体排放工作实施方案》中提出到2030年前碳排放率先达峰,没有明确具体年份,但对广州、深圳等发达城市提出争取在2020年左右达峰的要求[③]。浙江省目前尚未在政府文件中明确提出达峰目标[④],但也在相关研究中提出到2030年使碳排放总量得到有效控制,比国家提前达到碳排放峰值,并提出使杭州、宁波、温州等发达城市提前达峰。

(二)碳排放达峰措施均集中在重点领域

在优化产业结构方面,北京市严格控制企业的存量和增量,重点发展第三产业,持续淘汰退出高污染高耗能企业,同时疏解一批不符合首都功能定位的企业或行业。上海市提出按照"高端化、智能化、绿色化、服务化"的要求,大力发展先进制造业和现代服务业,同时核定工业碳排放阶段减排目标,严格控制重化工业发展规模及能耗,加大落后产能调整力度。浙江省则主要通过做精做细第一产业、做强做大第二产业来实现产业结构的调整优化,其中第一产业重点推动绿色低碳集约型农业的发展,第二产业大力发展附加值较高的产业,对于钢铁、水泥、造纸、石化、铜冶炼及加工行业等重

---

① 北京市人民政府:《北京市人民政府关于印发〈北京市"十三五"时期节能降耗及应对气候变化规划〉的通知》,2016。
② 上海市人民政府:《上海市城市总体规划(2017~2035年)》,2018。
③ 广东省人民政府:《广东省人民政府关于印发〈广东省"十三五"控制温室气体排放工作实施方案〉的通知》,2017。
④ 浙江省人民政府:《浙江省人民政府关于印发〈浙江省"十三五"控制温室气体排放实施方案〉的通知》,2017。

点高耗能工业，更强调要加强低碳技术的发展。广东省主要通过淘汰高耗能产业的落后产能和严格控制新增产能来控制第二产业中高耗能行业的比重，同时加快工业生产工艺技术和装备升级改造，降低单位产品能耗。

在调整能源结构方面，北京市持续推进四大燃气热电中心的清洁低碳化，加强本地可再生能源的应用开发，并进一步加快建设外调绿色电力通道。上海市大力削减煤炭消费总量，提高天然气比重，发展可再生能源，推进海上风电开发，拓展陆上风电规模。广东省有序淘汰落后产能和过剩产能，重点控制工业领域排放，推动出口结构低碳化。浙江省积极开展建设清洁能源示范省的工作，以发展非化石能源为重点，推动能源结构低碳化，特别提出要加快核电站建设和提高非化石能源比例。

在推动建筑领域低碳发展方面，北京市建筑行业市场已经接近饱和，在建筑领域主要是严格控制建筑规模，并强化对既有建筑的节能改造，进一步加大煤改气、煤改电措施力度。上海市积极推进绿色建筑规模化，加强对现有建筑的节能改造，推广装配式建筑与市政基础设施技术应用。广东省主要提高基础设施和建筑质量，推进既有建筑节能改造，强化新建建筑节能，推广绿色建筑。浙江省正处于建筑行业增长期，采取的主要措施是大力推广绿色建材和节能设备。

在推动交通领域低碳发展方面，北京市的主要措施包括提高清洁能源车比例、控制机动车保有量、发展交通智能化技术等。上海市的主要措施包括提高绿色交通出行比例，推进航空运输和水路运输的低碳化，建设以提高效能、降低排放、保护生态为核心的绿色交通基础设施体系。广东省的措施主要包括推进现代综合交通运输体系建设，加快发展铁路、水运等低碳运输方式，完善公交优先的城市交通运输体系，鼓励使用节能、清洁能源和新能源运输工具等。浙江省强调积极推进绿色交通省试点，加快建设客运专线和城际轨道交通，大力发展绿色水路运输等。

（三）因地制宜地采取各具特色的碳排放控制措施

上述各省市充分结合本地特点，结合我国的低碳城市试点，因地制宜地

采取多种试点行动和创新举措，分区域、分阶段推动碳排放达峰。北京市根据首都城市战略定位，对市域内不同功能区实施差异化的节能降碳措施，降低能源需求强度，减少存量排放，同时积极开展低碳乡镇、低碳社区等多类型、多层次的绿色低碳试点和示范建设，并结合生态建设以及可再生能源开发实施了一批近零碳排放区示范工程。上海市深化低碳城市试点，推动资源全面节约和循环利用，深入推进上海市碳市场建设，鼓励低碳创新实践，积极创建绿色低碳示范城区。广东省主动开展多项创新性低碳试点示范，率先提出建立"珠三角地区实施近零碳排放区示范工程"，并开展近零碳排放示范工程项目遴选，积极推进碳交易试点、实施碳普惠制、推广低碳产品认证等创新举措。浙江省以碳排放峰值和总量控制为重点，鼓励发达城市率先达峰，支持杭州、宁波和温州在"十三五"期末率先达到峰值并总结推广试点经验，鼓励嘉兴、金华、衢州等第三批国家低碳试点城市制定峰值目标和达峰路线图，同时积极推动近零碳排放园区建设。

四 地方推动落实碳排放达峰存在的主要问题

从全国来看，尽管已有部分地区提出了碳排放达峰目标，但仍有相有相当一部分地区将峰值目标简单理解为限制本地区发展空间的指标，在峰值目标决策上"不主动"，也有部分地区存在研究基础不充分，所提峰值目标与国家要求相差甚远等问题。

（一）达峰目标设定的科学性有待进一步研究

目前很多省市提出了达峰目标，但部分省市提出的峰值目标相对保守，或者目前仍未提出明确的峰值目标。有些省市虽较早开展研究并提出碳排放达峰时间，但达峰目标年在2030年后，晚于全国碳排放达峰时间，未来仍需要进一步修正和调整。部分省市由于其特殊的功能和定位，需要根据国家总体战略布局承担一些重大工程建设和配套服务，导致较高的能耗和碳排放增量，对此需要从全国层面进行统筹考虑。对很多省市来说，未对省级、市级乃至区县级的峰值目标进行统一考虑，存在各级目标不匹配的问题，有些市、县级达峰目标晚于省级目标，无法支撑省级目标的完成。

（二）高碳锁定将严重制约碳排放达峰目标的实现

部分地区的产业结构长期偏重，钢铁、水泥、化工等高耗能行业占比较高，近年来这些地区尽管在转方式、调结构、去产能方面做了很多努力，但短期内还难以扭转经济发展主要靠高耗能行业拉动的现实情况。有些地方虽已经提出达峰目标，但在"十三五"后半期又上马一些新的石化、煤化工等高耗能项目，如果不能合理规划布局重化工产业发展方向，这些地区将难以保证峰值目标的实现。

（三）基础能力与实现碳排放达峰的要求仍有较大差距

各地区温室气体排放相关的统计数据体系仍不够完善，相关基础数据还较为缺乏，难以为碳排放达峰分析提供足够的数据支撑。目前大部分省份完成了省级温室气体排放清单的编制，但更详细的市、县级温室气体排放清单仍然缺失，对行业温室气体排放的核算基础也较为薄弱，难以为碳排放达峰分析提供有效的技术支撑。此外，目前各地在对碳排放达峰目标和路径进行分析时，采用的方法参差不齐，对路径的合理性、科学性和可操作性也缺乏充分的论证，很大程度上影响了地区碳排放目标和路径的设定，而对相关研究队伍的能力和资金支持也需进一步加强。

五 "十四五"时期推动地方碳排放达峰的
总体思路与对策建议

"十四五"时期是实现我国实现碳排放达峰目标的关键期。因此，建议各地在国家宏观指导下，尽快科学确定既符合各地实际又有助于推动实现全国目标的地方达峰目标，同时鼓励有条件地区尽早达峰。

（一）总体思路

各地区是实现国家二氧化碳排放达峰目标的基本载体和单元，由于经济

发展水平和资源禀赋不同，我国各地区间存在较大差异，因此推动碳排放达峰工作需要因地制宜，分阶段分步骤推进。

我国地区之间的差异性体现在经济发展、产业结构、能源体系、能力意识等各个方面。2019 年我国人均 GDP 最高的省份是最低省份的 4.98 倍，能耗强度最高省份是最低省份的 8.46 倍，部分省份能源强度仍然处于较高水平，地区之间差异巨大，如图 1 所示。

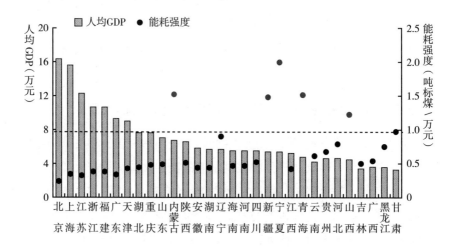

图 1 我国各省（区、市）人均 GDP 和能耗强度

注：数据来源为国家统计局，西藏自治区数据暂缺。

煤炭等化石能源消费和高耗能产业布局也将对地区碳排放达峰产生较大影响。根据我国的能源消费统计数据，煤炭消费量较高的省（区）主要有山西省、内蒙古自治区、山东省、河北省、江苏省等，煤炭消费量最高的省（区、市）消费量是最低省（区、市）的 55.9 倍。钢铁、石化、煤化工等高耗能产业的分布较为集中，粗钢产量较高的省份有河北省、江苏省、辽宁省、山东省、山西省等；石化产业已形成了大连长兴岛、江苏连云港、浙江宁波舟山、广东惠州等七大产业基地；煤化工产业形成了内蒙古鄂尔多斯、陕西榆林、宁夏宁东、新疆淮东四大基地。煤炭消费较高、高耗能产业也较为集中的省（区）主要包括河北省、山西省、内蒙古自治区、辽宁省、山东省、江苏省等。[①]

我国不同地区在经济发展水平、产业结构、能源结构等方面的巨大差异也导致了各地区碳排放量的差异。根据我国能源数据，对各地区能源活动二氧化碳排放量进行核算可以发现，河北、山西、内蒙古、辽宁、江苏、浙江、山东、广东等八个地区碳排放量占比较大。[②]

推动地方碳排放达峰需要充分考虑地区之间的差异性，实现碳排放控制与地区相关经济、能源、产业政策的协调联动，与地区生态环境治理政策、战略、标准、行动计划的协调融合。各地区应结合地方实际探索和推动形成因地制宜的达峰目标和达峰路线图，有条件的地区应争取率先达峰，以确保全国碳排放达峰目标的完成。

（二）对策建议

1. 科学确定目标，推动尽早达峰

各地区应进一步提升对碳排放达峰的认识和宣传，进行科学研判，通过加强顶层设计，制定合理的峰值目标和达峰路线图，推动尽早达峰。地方达峰的顶层设计应在全国碳排放达峰目标的基础上，充分考虑本地区"十三五"时期经济发展情况、产业结构变化、能源结构调整、重大项目建设和规划及疫情影响，结合国家新基建建设、战略性新兴产业布局，以推动经济高质量发展和生态环境高水平保护为目标，科学判断本地区碳排放达峰的重点领域和关键措施，提出切实可行的峰值目标和达峰路线图。

2. 强化总量管理，完善相关机制

积极推动碳排放总量管理是实现我国碳排放达峰目标的必要手段。碳排放总量管理应在做好全国碳排放总量控制目标设计的同时，研究提出碳排放总量控制目标的行业、地区分解机制，并加强目标责任考核和配套机制完善，引导各行业、各地区加快推进低碳转型。针对经济较为发达的地

---

① 数据来源于国家统计局，煤炭消费量为2017年数据，粗钢产量为2019年数据，西藏自治区数据暂缺。
② 根据2017年能源数据计算。

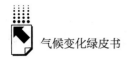

区，应发挥其先进示范作用，按照推动经济高质量发展和控制碳排放的总体要求，尽快研究制定碳排放总量控制目标和实施方案。对于生态脆弱和开发强度大的地区，应鼓励其尽早提出地区碳排放总量控制目标和思路，以控制增量为重点，并综合考虑生态环境高水平保护、脱贫致富和提高碳汇等目标。

3. 鼓励先行先试，推动整体达峰

推动部分区域率先达峰是全国碳排放达峰和总量管理工作的坚强保障，也是在探索如何在不同经济、产业、能源和政策支持条件下实现差异化低碳发展。鼓励这些有条件的地区在低碳制度建设、低碳管理体系、低碳投融资机制等方面开展积极探索，形成推进碳排放达峰和总量管理的创新思维，并深入总结和积极分享碳排放达峰和总量管理工作中的有益实践和经验教训，形成可复制的低碳转型经验并加以推广，以带动全国整体达峰目标的实现。

G.13
国家气候适应型城市建设试点评估

付琳 杨秀 张东雨 曹颖*

摘　要： 2017年初，中国正式启动28个气候适应型城市建设试点的创建工作，各试点采取了一系列适应气候变化的举措。本文基于国内外适应气候变化相关研究与实践，结合中国城市特点与试点工作要求，构建包含6个一级指标、15~21个二级指标的"气候适应型城市建设试点评价指标体系"，对试点工作进展进行全面评估。研究表明，试点的适应理念有所增强、适应能力有所提升、气候变化监测水平和适应基础能力有所加强，而且各试点还开展了各具特色的体制机制创新与国际合作交流活动，但试点建设进展不一，整体适应水平仍有提升空间。建议尽快研究构建评价气候适应型城市建设试点工作进展的评估体系，加强对试点适应行动和工作亮点的梳理，提高试点地区政治站位，强化城市适应气候变化理念。

关键词： 气候适应型城市　适应气候变化　试点评价

一　引言

中国是全球受气候变化影响最严重的地区之一。适应气候变化指通过调

---

* 付琳，国家气候战略中心，助理研究员，主要从事应对气候变化制度研究与评估；杨秀，清华大学气候变化与可持续发展研究院，副研究员，主要从事能源与气候变化研究；张东雨，国家气候战略中心，助理研究员，主要从事应对气候变化制度研究；曹颖，国家气候战略中心，副研究员，主要从事能源与气候变化政策、低碳发展规划与政策等研究。

整自然和人类系统以应对实际发生或预估的气候变化或影响（IPCC），是针对气候变化影响趋利避害的基本对策。① 气候适应型城市建设试点工作是对习近平总书记在巴黎气候大会上提出的"坚持减缓和适应气候变化并重"要求及总书记"山水林田湖草生命共同体"理念的贯彻落实，有助于推动《国家适应气候变化战略》的有效实施。气候适应型城市建设试点的工作目标包括完善政策体系、创新管理机制、将适应气候变化理念纳入城市规划建设管理全过程、完善相关规划建设标准等。及时深入剖析气候适应型城市建设试点工作现状、进展、亮点与挑战，总结形成可复制、可推广的试点经验，对全面提升我国城市适应气候变化能力具有很强的示范作用。

科学合理的评估是对研究对象进行准确评价和正确引导的重要手段。② 指标体系法能够对影响评价对象表现水平的多个因素做出全面考虑，是国内外气候变化影响评估较多采取的一种评估方法。③ 依托评价指标体系，既能查找亮点并梳理总结经验，也便于识别问题、查找原因、提出对策。已有研究多基于"压力－状态－响应"模型（PSR）构建评价指标体系④，也有文献基于 IPCC 适应能力构建评价模型⑤，或采用资本方法（Capital Method）构建指标体系并开展评估⑥。部分研究从高温热浪⑦、水资

① 郑大玮：《适应与减缓并重 构建气候适应型社会》，《中国改革报》2014年2月27日。
② 吴向阳：《城市适应气候变化能力评价指标体系构建》，《现代企业》2019年第10期。
③ 杨秀、付琳、张东雨：《适应气候变化评价指标体系构建与应用》，《阅江学刊》2020年第2期。
④ 吴向阳：《城市适应气候变化能力评价指标体系构建》，《现代企业》2019年第10期；刘霞飞、曲建升、刘莉娜 等：《我国西部地区城市气候变化适应能力评价》，《生态经济》2019年第4期；丁洁、徐鹤：《交通规划环境影响评价中气候变化指标体系研究》，《环境污染与防治》2012年第1期。
⑤ 赵春黎、严岩、陆咏晴等：《基于暴露度－恢复力－敏感度的城市适应气候变化能力评估与特征分析》，《生态学报》2018年第9期。
⑥ Minpeng Chen, Fu Sun, Pam Berry et al. , "Integrated Assessment of China's Adaptive Capacity to Climate Change with A Capital Approach," *Climatic Change*, 2014.
⑦ 王义臣：《气候变化视角下城市高温热浪脆弱性评价研究》，北京建筑大学硕士学位论文，2015。

源系统[①]等单一领域提出评价指标体系，也有从政府管理绩效的角度提出评价指标体系[②]。权重设置上，以层次分析法、专家打分法、均权法[③]、主观打分法[④]、熵值赋权法较为常见。然而，已有研究对指标框架的设计未能全面覆盖试点工作任务，也没能兼顾试点地区数据和基础能力薄弱等现实问题，因此不适用于试点评估。我国已发布的《应对气候变化统计指标体系》和《国家适应气候变化战略》中，相关指标侧重于气候变化及影响、农业、林业、水资源等领域，同样不适用于城市领域的工作评估。[⑤]

为了以量化方式反映国家气候适应型城市建设试点工作的整体进展，识别亮点与不足，为试点工作提供指导，本文以《国家发展改革委 住房城建设部关于印发气候适应型城市建设试点工作的通知》（下称《试点通知》）和试点实施方案为依据，初步构建起较为系统的气候适应型城市建设试点评价指标体系，并基于量化评估结果，提出政策建议。

二 气候适应型城市建设试点的目标与任务

国家气候适应型城市，是指通过城市规划、建设、管理，能够有效应对暴雨、雷电、强风、雾霾、高温、干旱、尘沙、霜冻、积雪、冰雹等恶劣气

---

① Vishnu Prasad Pandey, Mukand S. Babel, Sangam Shrestha, et al., "A Framework to Assess Adaptive Capacity of the Water Resources System in Nepalese River Basins," *Ecological Indicators*, 2010, 11 (2).
张君枝、刘云帆、马文林等:《城市水资源适应气候变化能力评估方法研究——以北京市为例》,《北京建筑大学学报》2015 年第 2 期。

② Gupta J., Termeer C., Klostermann J., et al., "The Adaptive Capacity Wheel: A Method to Assess the Inherent Characteristics of Institutions to Enable the Adaptive Capacity of Society," *Environmental Science & Policy*, 2010, 13 (6); 姚晖、宋恬静、朱琴:《地方政府适应气候变化的绩效评价与区域比较》,《地域研究与开发》2016 年第 2 期。

③ Resilience Capacity Lndex, Building Resilient Regions, http://brr. berkeley. edu/rci/.

④ SOPAC Technical Report 275, Environmental Vulnerability Index (EVI) to Summarise National Environmental Vulnerability Profiles, 1999.

⑤ 杨秀、付琳、张东雨:《适应气候变化评价指标体系构建与应用》,《阅江学刊》2020 年第 2 期。

候，保障城市生命线系统正常运行、居民生命财产安全和城市生态安全相对可靠的城市。2017 年，《试点通知》明确了 28 个试点城市的名单（详见表 1），并制定其工作目标。《试点通知》从强化城市适应理念、提高监测预警能力、开展重点适应行动、创建政策试验基地、打造国际合作平台等五个方面提出试点工作的任务要求。本文密切结合上述五个方面的任务要求，构建气候适应型城市试点的评价体系，旨在科学指导与评估试点工作。

表 1　气候适应型城市试点的省域分布及气候条件

地区	省(区、市)	城市	气候条件
东北地区	辽宁省	朝阳市	北温带大陆性季风气候
		大连市	暖温带半湿润大陆性季风气候
华北地区	内蒙古自治区	呼和浩特市	中温带大陆性季风气候
华中地区	湖南省	岳阳市	亚热带季风气候
		常德市	亚热带湿润季风气候
	湖北省	武汉市	亚热带季风气候
		十堰市	亚热带季风气候
	河南省	安阳市	温带季风气候
西北地区	甘肃省	庆阳市西峰区	暖温带大陆性季风气候
		白银市	中温带半干旱气候
	青海省	西宁市	高原大陆性气候
	新疆维吾尔自治区/新疆生产建设兵团	库尔勒市	温带大陆性气候
		阿克苏市拜城县	暖温带大陆性气候
		石河子市	温带大陆性气候
	陕西省	商洛市	南部属北亚热带气候,北部属暖温带气候
		西咸新区	温带季风气候
华东地区	浙江省	丽水市	亚热带季风气候
	安徽省	合肥市	亚热带季风气候
		淮北市	暖温带湿润季风气候
	山东省	济南市	温带季风气候
	江西省	九江市	亚热带季风气候
华南地区	海南省	海口市	热带季风气候
	广西壮族自治区	百色市	亚热带季风气候

续表

地区	省(区、市)	城市	气候条件
西南地区	贵州省	六盘水市	亚热带湿润季风气候
		毕节市赫章县	亚热带季风气候
	四川省	广元市	亚热带湿润季风气候
	重庆市	重庆市璧山区	亚热带湿润季风气候
		重庆市潼南区	亚热带湿润季风气候

三 构建气候适应型城市建设试点评价指标体系

（一）构建原则

在综述国内外适应气候变化相关指标体系的基础上，基于各个试点城市提交的 2017 年度进展报告，结合城市适应气候变化的关键问题和地方关切，确定以下基本原则。

（1）有效适应原则。提倡城市结合自身气候风险，选择最迫切需要适应也相对容易取得成效的领域率先开展适应工作。

（2）动态调整原则。基于城市社会经济发展的现状开展适应工作，并根据相关国家战略和新的发展趋势与要求及时调整适应策略和适应措施。

（3）指导性原则。体现对城市适应工作的指导价值，既用于评估工作进展和成效，也可规范引导城市开展工作。

（4）以工作推进为主、成效为辅的评估原则。考虑到试点数据基础、技术规范、政策体系和体制机制建设尚不完善，现阶段的评估以是否开展了相关工作的评估为主，工作效果的评估为辅。

（5）代表性与普适性相结合原则。城市适应气候变化具有鲜明的地域特点，指标体系的构建要适用于我国不同类型城市的适应气候变化评价，能充分体现各地气候变化的特征。

（二）构建评价指标体系

参考国内外研究与实践现状，以《试点通知》和试点实施方案为重要参照和指标筛选依据，综合考虑指标内涵、数据质量和可得性，本文构建了包含 6 个一级指标、15 ~ 21 个二级指标的气候适应型城市试点评价指标体系（详见表 2）。一级指标中 A_1 ~ A_5 属于软措施类指标，旨在反映城市适应气候变化的目标设定和规划体系、政策制度和体制机制建设是否完善，气候适应型城市建设试点工作是否得到有效支撑；A_6 属于硬措施类指标。二级指标中，B_1 ~ B_9 对应《试点通知》的要求，B_6 ~ B_{10} 为试点根据发布的实施方案开展工作的总体情况，B_{11} ~ B_{15} 旨在反映城市重点领域的适应行动的开展情况；B_{16} ~ B_{21} 是反映城市应对强降水、洪涝、干旱、大气雾霾、水土流失或沙漠化（石漠化）、海洋及海岸线保护等方面采取个性化行动的自选动作。根据每个城市开展工作的情况不同，B_{11} ~ B_{21} 的计分项数也不同，选取了 n 项自选动作（$0 \leqslant n \leqslant 6$），计分项数为"5（规定动作）+ n（自选动作）"，由这"$5 + n$"项均分 25 分的总权重，即 B_{11} ~ B_{21} 的指标权重如下：

$$指标权重 = \frac{25}{n+5}, 0 \leqslant n \leqslant 6$$

表 2 气候适应型城市建设试点评价指标体系

编号	一级指标	权重	编号	二级指标	权重	评分标准
A_1	城市适应气候变化理念	10	B_1	城市适应气候变化方案编制情况	5	发布城市适应气候变化行动方案计满分；编制气候适应型城市建设试点方案、适应气候变化行动计划计 50% 分
			B_2	城市适应气候变化规划编制情况	5	编制发布城市适应气候变化规划计满分；将适应气候变化相关目标纳入城市规划体系计 30% 分；编制适应气候变化相关领域专项规划计 30% 分

续表

编号	一级指标	权重	编号	二级指标	权重	评分标准
A_2	城市适应气候变化体制机制创新	10	B_3	机制创新	5	视具体情况评分
			B_4	体制创新	5	视具体情况评分
A_3	城市适应气候变化能力建设	10	B_5	公众适应/防灾减灾意识培育	5	在适应气候变化相关的媒体宣传、开展培训班或编制教材、举办相关宣教活动等三个方面中,开展了一项计30%分,开展了两项计60%分,三项均开展计满分
			B_6	适应基础能力	5	在试点实施方案中提出评价指标体系计50%分;开展气候变化基础研究计25%分;开展适应气候变化战略规划相关研究计25%分
A_4	城市气候变化监测预警和灾害防控	10	B_7	提升监测预警预报能力	5	开展气候变化监测基础设施建设计20%分;开展气候变化监测预警预报及基础能力提升行动计30%分;完善气象监测预警体制机制建设计50%分
			B_8	城市应急处理机制建设	5	编制应急管理相关规划计30%分;出台应急管理相关预案计30%分;完善应急管理体制机制建设计30%分;其他视情况打分
A_5	城市适应气候变化国际合作	10	B_9	国际合作与交流情况	10	开展适应气候变化相关领域国际合作计50%分;召开国际会议计50%分;参加适应领域相关国际会议计10%分/次
A_6	城市适应气候变化行动	50	B_{10}	实施方案主要任务落实比例	25	对照城市编制的试点实施方案中涉及的适应气候变化主要任务,落实80%以上任务计满分;落实50%以上任务计60%分;其他视情况打分
			B_{11}	城乡建筑适应气候变化行动	$25/(5+n)$	开展装配式建筑推广计1/3分;建筑升级改造计1/3分;开展绿色建筑改造计1/6分;开展建筑节能改造计1/6分

编号	一级指标	权重	编号	二级指标	权重	评分标准
A_6	开展适应行动	50	B_{12}	交通基础设施改善情况	$25/(5+n)$	提升交通基础设施建造标准计50%分;修缮已有交通基础设施计30%分;新建交通基础设施计20%分;其他视情况打分
			B_{13}	城市综合管廊、市政管网新改建	$25/(5+n)$	综合管廊建设、市政管网新改建、城市生命线系统建造维护等三项行动中,开展了一项计30%分,开展了两项计60%分,三项均开展计满分
			B_{14}	城市生态系统建设情况	$25/(5+n)$	城市绿化、生态系统修复、植树造林等三项行动中,开展了一项计30%分,开展了两项计60%分,三项均开展计满分
			B_{15}	提升城市供水能力和水质	$25/(5+n)$	开展提升城市供水能力的行动计50%分,开展提升城市水质的行动计50%分
			B_{16}^{*}	提升城市雨洪消纳水平	$25/(5+n)$	已开展提升城市雨洪消纳水平行动的暂计满分
			B_{17}^{*}	城市防洪行动	$25/(5+n)$	已开展防洪区划、防洪堤坝建设等城市防洪行动的暂计满分
			B_{18}^{*}	提升城市应对干旱风险的能力	$25/(5+n)$	已开展节水、人工降雨等提升干旱应对能力行动的暂计满分
			B_{19}^{*}	提升城市应对雾霾风险的能力	$25/(5+n)$	已采取雾霾天气应对措施的暂计满分
			B_{20}^{*}	城市水土流失、沙漠化及石漠化治理	$25/(5+n)$	已开展水土流失治理、沙漠化及石漠化治理的暂计满分
			B_{21}^{*}	海洋及海岸线保护	$25/(5+n)$	已开展海洋及海岸线保护等行动的暂计满分

"*"为个性化指标;n为试点采取的个性化适应行动数量,$0 \leqslant n \leqslant 6$;总得分超过100%的,按照100%计。

四 气候适应型城市建设试点工作进展评估及分析

(一)总体进展

试点总体得分分布如图 1 所示,试点平均得分为 48.0 分,仅两个试点得分超过 70 分,没有得分超过 80 分的试点,可见多数试点地区 2017 年度的适应工作开展得尚不充分。分领域来看,硬措施类行动得分率较高,反映出大部分试点地区开展了适应气候变化的相关工作。但软措施类行动得分率较低,说明试点对适应气候变化的认识不深、顶层设计不足,开展的指导性、能力提升类工作少。

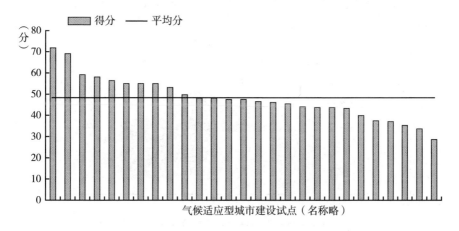

图1 气候适应型城市建设试点总分分布

(二)城市适应气候变化理念(A_1)

A_1 指标的最低得分率为 25%,最高得分率为 80%,半数试点得分率在 40%~55%(详见图 3),说明大部分试点开展了相关工作,但尚不充分,指导试点行动的作用不显著。淮北市研究制定了《淮北市气候适应型城市试点建设行动计划(2017~2020 年)》,并将气候变化影响因素纳入城市总

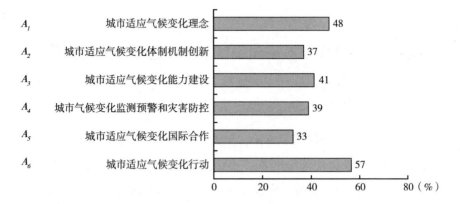

图2 气候适应型城市建设试点一级指标得分率

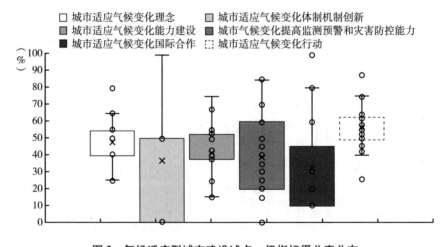

图3 气候适应型城市建设试点一级指标得分率分布

体规划，启动《淮北市城市生态网络规划（2017～2035年）》的编制工作，为推进适应工作提供有力保障，得分最高。而得分最低的城市仅对试点实施方案进行了修订。

B_1指标平均得分率为63%，7个试点制定或颁布了试点建设行动计划，获得满分。B_2指标平均得分率为32%，尚没有试点编制或发布城市适应气候变化规划，但已有12个试点探索将适应因素纳入城市规划、国民经济和社会发展规划、生态文明建设规划等相关规划体系，或是将适应气候变化行动的目标任务纳入城市发展总体安排，16 个试点城市制定了与适应气候变化工作相关的规划，如地下综合管廊规划、海绵城市专项规划、气象灾害防御规划等，得分率为 60%。

（三）城市适应气候变化体制机制创新（A_2）

A_2 指标最低得分率为 0，最高得分率为 100%，半数试点得分率在 0~50%，说明有相当比例的试点没有开展体制机制创新工作，试点间差距大。共计 20 个试点开展了相关工作，但仅丽水市在体制和机制方面都开展了相关工作，包括建立自然灾害公众责任保险、农业气象指数灾害保险、适应领导小组建立部门联席会议制度等，获得满分。B_3 指标平均得分率为 30%，主要做法包括建立风险转移机制、"河长制"等。B_4 指标平均得分率为 44%，主要做法包括建立跨部门联动机制、成立气象防灾减灾中心等。

（四）城市适应气候变化能力建设（A_3）

A_3 指标最低得分率为 15%，最高得分率为 75%，半数试点得分率在 38%~53%。朝阳市通过多种媒体宣传适应气候变化的常识和应对方法，设置卫生应急知识专栏，开展进学校、进企业、进社区活动，得分最高；得分最低的城市仅在相关媒体就开展试点的情况进行了报道。

B_5 指标平均得分率仅为 23%，仅朝阳市从媒体宣传、举办干部培训班、发放宣传单等三个方面，针对不同人群开展了工作，获得满分，近半数的试点从举办宣传活动方面开展了适应气候变化相关意识培育工作。B_6 指标平均得分率为 60%，岳阳市既开展了适应气候变化相关基础研究和战略规划研究，还在实施方案中提出试点建设评价指标体系，获得满分。半数以上的试点开展了适应气候变化基础研究，并在实施方案中提出试点建设评价指标体系，但开展战略规划研究的试点仅有 6 个。

（五）城市气候变化监测预警和灾害防控（A_4）

A_4 指标最低得分率为 0，最高得分率为 85%，半数试点得分率在 20%~

60%，同样反映出试点间进展差距大，监测预警和灾害防控工作开展不充分。淮北、大连完善监测预警基础设施建设，开展能力提升工作和体制机制建设工作，编制了应急、防灾减灾相关规划或应急预案，提升应急处理能力，得到最高分。B_7指标平均得分率为41%，合肥、淮北、大连全面开展了基础设施、能力提升和体制机制建设工作，获得满分，多数试点开展了基础能力提升工作，但仅5个试点在体制机制建设方面开展了工作。B_8指标平均得分率为37%，10个试点因出台应急预案或相关规划并开展体制机制建设工作而得到70%的分数，没有得到满分的试点。

（六）城市适应气候变化国际合作（A_5）

A_5指标最低得分率为0，最高得分率为100%，半数试点得分率在10% ~ 45%，反映出试点在国际合作与交流方面开展的工作很有限，且试点间差距极大。武汉、丽水分别承办"气候服务与城市气候变化风险评估研讨会"和首届"国家气候适应型城市试点建设研讨会"，与多家国际组织开展联合研究，并积极参加了适应气候变化国际研讨会，获得满分。共计4个试点依托研究项目与国际组织联合开展研究，5个试点承办了与城市适应气候变化相关的国际会议。

（七）城市适应气候变化行动（A_6）

A_6指标最低得分率为25%，最高得分率为80%，半数试点得分率在49% ~63%，说明大部分试点地区开展的适应行动较为全面，较好地落实了试点实施方案提出的主要任务，但试点间存在差距。

B_{10}指标平均得分率为56%，多数试点对试点实施方案主要任务的完成度在40%以上，个别试点完成度不足20%，说明试点地区对试点实施方案主要任务的落实程度整体较高，但不同地区之间差距较大。基础设施方面，B_{11}指标平均得分率为28%，仅重庆市潼南区在建筑节能、建筑改造和装配式建筑推广等三个方面均开展了工作，采取了包括严格执行绿色建筑强制性标准、100%执行节能标准、完成城镇棚户区改造、积极推广装配式建筑等

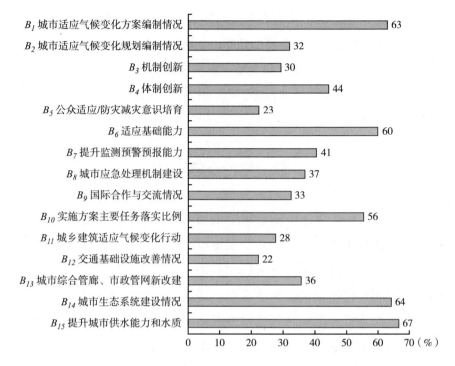

图4 二级评价指标（B₁～B₁₅）得分情况

措施，获得满分，7个试点地区暂未开展相关工作，仅3个试点在推广装配式建筑方面开展了工作。B_{12}指标平均得分率为22%，没有满分城市，但朝阳市、库尔勒市均开展了新建基础设施建设、既有基础设施修缮、改善城市通行质量等工作，获得较高分数。B_{13}指标平均得分率为36%，朝阳、合肥、淮北、六盘水均开展了城市管网新建改造、综合管廊建设、城市生命线系统维护工作，获得满分，4个试点地区暂时未开展相关工作。B_{14}指标平均得分率为64%，8个试点全面开展了防沙土地治理、城市绿化、城市生态系统完善、林业碳汇建设，获得满分，且单独开展上述工作的试点占比高于50%，仅1个试点地区暂未开展相关工作。B_{15}指标平均得分率为67%，10个试点全面开展了提升供水保障性和提升城市水质的工作，如建设水质监测平台、开展饮用水水源地保护专项行动、开展黑臭水体治理工作等，获得满分，单独开展上述工作的试点占比高于50%，没有未开展相关工作的城市。个性

化适应行动上，分别有 16 个和 5 个试点开展了针对洪涝和强降雨风险的工作，如排涝工程建设、河道防洪治理等；分别有 9 个和 5 个试点开展了针对干旱和雾霾风险的工作，如工业节水、实施人工增雨降尘措施等；13 个试点开展了水土流失或沙化土地治理工作；沿海试点大连市开展了近海生物碳汇恢复和保护等工作。

五 结论及建议

本研究基于构建的评价指标体系识别出，气候适应型城市建设试点均开展了硬措施类的行动，并在落实城市适应理念方面有所进展，而在能力建设、提升监测预警和灾害防控能力、体制机制创新、国际合作等领域开展的工作尚不到位。整体来看，试点普遍在适应气候变化顶层设计、体制机制建设、基础能力建设等方面开展工作不足，这意味着大部分试点是依靠政府强推或者整合部门间已有工作的方式来开展行动的。适应工作缺乏战略或规划目标，缺乏稳定的政策、制度、技术、资金支撑，长效工作机制尚未建立，这导致大部分气候适应型城市建设试点工作只具备短期效果，长期来看对提升城市综合适应能力的成效有限。为推动进一步开展气候适应型城市建设试点工作，尽快形成可复制、可推广的经验，发挥试点的示范带头作用，基于构建的评价指标体系和评估结果，提出建议如下。

（1）根据《试点通知》，2020 年是试点建设的总结期，建议主管部门研究构建指标评估体系并定期开展试点评估，切实发挥好评价指标体系量化标尺与指挥棒的作用，进一步强化试点工作的目标导向，强化适应气候变化监测预警和基础能力建设。鼓励试点城市尽快出台适应气候变化的中长期行动方案或规划文本，尽快构建城市适应气候变化的长效工作机制，以全面提升城市适应气候变化的管理水平和能力。

（2）建议加强对已开展的适应行动的总结梳理，进一步提炼试点工作的亮点，梳理工作完成较好的试点地区的做法，总结提出可复制、可推广的经验，形成"气候适应型城市建设试点案例集"，充分发挥试点的示范带动作用。

（3）建议试点地区切实提高政治站位，强化城市适应气候变化理念，抓紧落实试点实施方案，并在落实好主要任务的基础上推动其他适应气候变化相关工作的开展。以提高城市自身适应气候变化能力为出发点，试点地区应进一步完善基础设施建设，改善城市建筑和其他基础设施应对极端气候事件的能力，降低脆弱性和暴露度。特别是应当充分考虑非常态下的生命线运行保障，避免在应对突发事件时表现出脆弱性和不完善性。

G.14
我国非二氧化碳温室气体排放控制
形势分析

李 湘　马翠梅[*]

摘　要： 非二氧化碳温室气体是我国温室气体清单的重要组成部分，占我国温室气体排放总量（不包括 LULUCF）的 17% 左右，控制非二氧化碳温室气体排放对我国全面实施和强化落实温室气体排放控制政策与行动具有重要意义。本文分析了我国非二氧化碳温室气体排放现状，梳理了重点领域非二氧化碳排放控制相关政策行动。初步预测，"十三五"期末我国非二氧化碳温室气体排放总量约为 22.2 亿吨二氧化碳当量，比 2014 年将上升约 9.6%，到 2025 年，我国非二氧化碳温室气体排放总量预计将达到 23.6 亿吨二氧化碳当量。预计"十四五"期间，我国非二氧化碳排放年均增速约为 1.2%。其中，工业领域、油气领域和废弃物处理领域仍将保持明显的增长趋势。

关键词： 非二氧化碳温室气体　排放控制行动　排放控制目标

非二氧化碳温室气体是指《京都议定书》下除二氧化碳以外的其他温室气体种类，这些气体相比二氧化碳具有更强的温室效应。根据政府间气候

---

* 李湘，国家气候战略中心统计核算部，助理研究员，主要从事非二氧化碳温室气体排放形势与政策研究，行业、企业温室气体排放和报告技术体系研究；马翠梅，国家气候战略中心统计核算部副主任，副研究员，主要从事应对气候变化统计、监测、核算、考核及国际履约相关研究工作。

变化专门委员会（IPCC）第五次评估报告，工业革命以来约有35%的温室气体辐射强迫源自人为非二氧化碳温室气体排放。我国积极控制非二氧化碳温室气体排放，2016年国务院印发的《"十三五"控制温室气体排放工作方案》明确提出"氢氟碳化物、甲烷、氧化亚氮、全氟化碳、六氟化硫等非二氧化碳温室气体控排力度进一步加大"，此外煤炭开采等领域非二氧化碳温室气体排放控制比二氧化碳排放控制在成本效益上也更具优势，尽管如此，我国未来非二氧化碳温室气体排放形势依然比较严峻。

一 我国非二氧化碳温室气体排放现状

根据2019年我国向《联合国气候变化框架公约》（UNFCCC）秘书处提交的气候变化第二次两年更新报告，2014年，我国非二氧化碳温室气体排放量（不包括LULUCF排放）约20.26亿吨二氧化碳当量，比2005年上升了24%，其中甲烷增长了11.5%，氧化亚氮增长了22%，含氟气体增长132.8%。从非二氧化碳温室气体排放领域来源看（见图1），排放量占比最高的领域是农业领域，占当年非二氧化碳温室气体排放总量的41%；增长速度最快的领域为工业领域，年均增长率达到10.5%，其次为废弃物处理领域，年均增长5.3%。

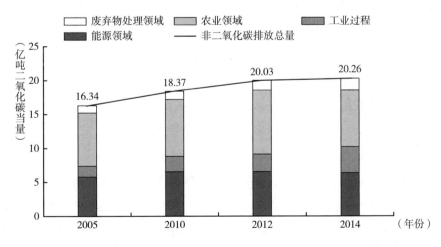

图1　2005～2014年我国非二氧化碳温室气体排放（不包括LULUCF排放）部门构成

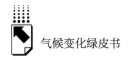

从非二氧化碳温室气体排放的气体种类看（见图2），2005～2014年间，我国非二氧化碳温室气体排放中甲烷排放占比从62%下降到56%，含氟气体排放占比有所上升，增长约6个百分点，而氧化亚氮占比基本保持稳定。

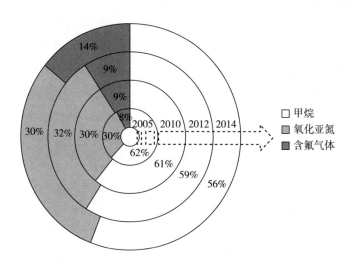

图2　2005～2014年我国非二氧化碳温室气体排放结构

根据历史年份清单数据，我国非二氧化碳温室气体排放变化主要有以下几个特点。

一是甲烷是我国最主要的非二氧化碳温室气体种类，2005～2014年甲烷排放量占比虽然略有下降，但仍然占非二氧化碳温室气体排放总量的50%以上。含氟气体是我国增长速度最快的非二氧化碳温室气体，2005～2014年年均增速达到9.8%。

二是农业领域和能源领域是非二氧化碳温室气体最主要的排放源，两个领域非二氧化碳排放量占我国非二氧化碳温室气体排放总量的70%以上；工业领域非二氧化碳温室气体排放增长速度最快，其中，氧化亚氮和含氟气体排放量增长显著，2014年，硝酸、己二酸生产产生的氧化亚氮排放量为0.96亿吨二氧化碳当量，比2005年增长了192%；金属冶炼、卤烃和六氟化硫生产及消费产生的含氟气体排放量合计约2.91亿吨二氧化碳当量，比2005年增长了133%。

二 我国非二氧化碳温室气体排放控制政策与行动

（一）总体控排目标与要求

非二氧化碳温室气体排放主要来源于能源、工业、农业和废弃物处理等四大领域，各个领域产生非二氧化碳温室气体排放的机理有其各自的典型行业或产业特征。"十二五"以来，我国应对气候变化相关政策文件中虽然涉及了部分非二氧化碳温室气体排放控制要求，但总体以定性要求为主，鼓励相关行业或企业通过改进工艺或使用相关技术进行排放控制。表1集中梳理了"十二五"以来我国应对气候变化领域主要政策文件中与非二氧化碳温室气体排放控制相关的总体行动目标或要求。

表1　我国非二氧化碳温室气体相关控制目标或要求

相关文件	控排目标或要求概述
《强化应对气候变化行动——中国国家自主贡献》	(1)逐渐减少二氟一氯甲烷受控用途的生产和使用,到2020年在基准线水平(2010年产量)上产量减少35%、2025年减少67.5%,三氟甲烷排放到2020年得到有效控制。 (2)推进农业低碳发展,到2020年努力实现化肥农药使用量零增长;控制稻田甲烷和农田氧化亚氮排放。
《国家应对气候变化规划(2014～2020年)》	(1)工业生产过程等非能源活动温室气体排放得到有效控制; (2)在石油天然气行业推广放空天然气和油田伴生气回收利用技术、油气密闭集输综合节能技术、利用二氧化碳驱油技术等。禁止新开发二氧化碳气田,逐步关停现有气井。煤炭行业要加快采用高效采掘、运输、洗选工艺和设备,加快煤层气抽采利用,推广应用二氧化碳驱煤层气技术。 (3)己二酸、硝酸和氢氯氟烃行业要通过改进生产工艺,采用控排技术显著减少氧化亚氮和氢氟碳化物的排放。加大氢氟碳化物替代技术和替代品的研发投入,鼓励使用六氟化硫混合气和回收六氟化硫。 (4)控制农业生产活动排放。积极推广低排放高产水稻品种,改进耕作技术,控制稻田甲烷和氧化亚氮排放。开展低碳农业发展试点。鼓励使用有机肥,因地制宜推广"猪－沼－果"等低碳循环生产方式。发展规模化养殖。推动农作物秸秆综合利用、农林废物资源化利用和牲畜粪便综合利用。积极推进地热能在设施农业和养殖业中的应用。

相关文件	控排目标或要求概述
《国家应对气候变化规划（2014～2020年）》	(5)控制废弃物处理领域排放。加大生活垃圾无害化处理设施建设力度。健全生活垃圾分类、资源化利用、无害化处理相衔接的收转运体系，对生活垃圾进行统一收集和集中处理。推进餐厨垃圾无害化处理和资源化利用，鼓励残渣无害化处理后制作肥料。在具有甲烷收集利用价值的垃圾填埋场开展甲烷收集利用及再处理工作。在具备条件的地区鼓励发展垃圾焚烧发电。
《"十二五"控制温室气体排放工作方案》	(1)控制非能源活动二氧化碳排放和甲烷、氧化亚氮、氢氟碳化物、全氟化碳、六氟化硫等温室气体排放取得成效。 (2)通过改良作物品种、改进种植技术，努力控制农业领域温室气体排放；加强畜牧业和城市废弃物处理和综合利用，控制甲烷等温室气体排放增长。积极研发并推广应用控制氢氟碳化物、全氟化碳、六氟化硫等温室气体排放技术，提高排放控制水平。 (3)鼓励使用缓释肥、有机肥等替代传统化肥，减少化肥使用量。
《"十三五"控制温室气体排放工作方案》	(1)甲烷、氧化亚氮、氢氟碳化物、全氟化碳、六氟化硫等温室气体控排力度进一步加大。 (2)积极开发利用天然气、煤层气、页岩气，加强放空天然气和油田伴生气回收利用。 (3)积极控制工业过程温室气体排放，制定实施控制氢氟碳化物排放行动方案，有效控制三氟甲烷，基本实现达标排放，"十三五"期间累计减排二氧化碳当量11亿吨以上，逐步减少二氟一氯甲烷受控用途的生产和使用，到2020年在基准线水平（2010年产量）上产量减少35%。 (4)实施化肥使用量零增长行动，推广测土配方施肥，减少农田氧化亚氮排放，到2020年实现农田氧化亚氮排放达到峰值。控制农田甲烷排放，选育高产低排放良种，改善水分和肥料管理。 (5)因地制宜建设畜禽养殖场大中型沼气工程。控制畜禽温室气体排放，推进标准化规模养殖，推进畜禽废弃物综合利用，到2020年规模化养殖场、养殖小区配套建设废弃物处理设施比例达到75%以上。 (6)开展垃圾填埋场、污水处理厂甲烷收集利用及与常规污染物协同处理工作。

（二）能源领域控制行动

能源领域产生的非二氧化碳温室气体主要是煤炭和油气开采过程中从地层或开采设备中释放或泄漏的甲烷。由于甲烷是一种有价值的可燃性产品，因此，自"十二五"以来，出于安全生产或资源回收利用等目的，我国能源领域开展了部分甲烷排放控制相关行动。

煤炭领域。一是淘汰落后产能，从源头控制煤炭开采甲烷排放。2010年，国务院发布《国务院关于进一步加强淘汰落后产能工作的通知》，加快淘汰煤炭、电力等重点行业落后产能；2016年国务院发布《关于煤炭行业化解过剩产能实现脱困发展的意见》，提出利用3~5年时间退出产能5亿吨左右，减量重组5亿吨左右，从源头端控制落后产能煤炭开采甲烷排放。二是促进煤层气（煤矿瓦斯）抽采利用，减少甲烷直接向大气中排放。2011年、2012年国家发展和改革委员会先后发布《煤层气（煤矿瓦斯）开发利用"十二五"规划》和《煤炭工业发展"十二五"规划》，推动国内加快煤层气（煤矿瓦斯）开发利用，促进节能减排。2013年国务院办公厅和国家能源局分别印发《关于进一步加快煤层气（煤矿瓦斯）抽采利用的意见》和《煤层气产业政策》，通过加大财政资金支持力度，强化税费政策扶持等加快煤层气开发利用，提高煤层气（煤矿瓦斯）利用率，促进煤炭开采领域节能减排。2014年国家能源局等发布《关于促进煤炭安全绿色开发和清洁高效利用的意见》，提出到2020年我国煤层气（煤矿瓦斯）产量达400亿立方米，其中：地面开发200亿立方米，基本全部利用；井下抽采200亿立方米，利用率在60%以上。2015年国家能源局制定《煤炭清洁高效利用行动计划（2015~2020年）》，提出到2020年煤矿瓦斯抽采利用率达到60%。2016年，财政部发布《关于"十三五"期间煤层气（瓦斯）开发利用补贴标准的通知》，补贴标准由0.2元/立方米调高到0.3元/立方米。

油气领域。目前对甲烷排放的控制主要是鼓励行业企业开展放空气回收利用行动，对于油气开采、储运等重点排放部门的分散放空管点源及无组织泄漏排放源的关注度目前仍比较小。2012年，国家发展改革委印发了《天然气发展"十二五"规划》提出要大力推广油田伴生气和气田试采气回收技术、天然气开采节能技术等，从政策层面引导油气开采行业加强开采活动的甲烷放空回收利用；2013年，国家发展改革委修订了《产业结构调整指导目录（2011年本）》，将"放空天然气回收利用与装置制造"及"石油储运设施挥发油气回收技术开发与应用"等列为石油天然气产业鼓励类，促进提升甲烷回收利用能力，为油气生产减少甲烷放空奠定基础。中国境内主

要的油气生产商和供应商在国家相关政策的引导及国际油气领域应对气候变化相关倡议下，开展了系列甲烷控排行动，中国石油天然气集团参与制订《OGCI—2040 年低排放路线图》，尝试开展对公司所辖石油及天然气产业链的甲烷排放情况的统计盘查及甲烷回收利用行动；中国石油化工集团 2018 年 4 月发布绿色企业行动计划，在甲烷回收与减排方面要求油气企业加强油田伴生气、试油试气、原油集输系统的甲烷回收利用。

（三）工业领域控制行动

工业领域产生的非二氧化碳温室气体排放主要包括硝酸、己二酸生产过程中产生的氧化亚氮排放，电解铝、电力设备制造和运行、半导体生产和二氟一氯甲烷（HCFC－22）生产等工业生产过程的全氟碳化物（PFCs）、氢氟碳化物（HFCs）和六氟化碳（SF_6）等含氟气体排放。

工业生产过程的非二氧化碳排放控制行动主要包括以下几个方面：一是淘汰部分行业落后及过剩产能。2011 年国家发展改革委发布的《产业结构调整指导目录（2011 年本）》将落后的常压法及综合法硝酸工艺列入限制类目录，促使其自然淘汰。2013 年 10 月，国务院、工业和信息化部、国家发展改革委等发布《国务院关于化解产能严重过剩矛盾的指导意见》，提出化解电解铝等行业产能严重过剩矛盾，2015 年底前淘汰 16 万安培以下预焙槽，对吨铝液电解交流电耗大于 13700 千瓦时以及 2015 年底后达不到规范条件的产能，用电价格在标准价格基础上上浮 10%。2015 年，国家发展改革委、工业和信息化部又联合发布《关于印发对钢铁、电解铝、船舶行业违规项目清理意见的通知》，对电解铝行业违规项目予以整顿。2018 年 6 月，国务院发布"打赢蓝天保卫战三年行动计划"，提出京津冀及其周边地区、长三角地区、汾渭平原等重点区域严禁新增钢铁、焦化、电解铝、铸造、水泥和平板玻璃等产能。二是发布排放限制/标准或技术规范控制末端排放。原环境保护部组织制定了《硝酸工业污染物排放标准》，规定了硝酸工业尾气中氮氧化物的排放限值。2012 年 6 月，国家发布了《高压开关设备和控制设备中六氟化硫的使用和处理》标准，规定了高压开关设备和控制设备安装和交接期间的六氟化硫处理、正常使用寿命期间六氟化硫的处理、维护期间的六氟化硫回收等相关要求。三是实施财政补贴销毁处置特定温室气体排放。我国《强化应对气候变化行动——中国国家自主贡献》中提出了"逐渐减少二氟一氯甲烷受控用途的生产和使用,到 2020 年在基准线水平(2010 年产量)上产量减少 35%、2025 年减少 67.5%,三氟甲烷排放到 2020 年得到有效控制"的量化减排目标,为了有效实现上述减排承诺,自 2014 年起相关主管部门积极组织开展控制氢氟碳化物的重点行动,每个年度下发《关于组织开展氢氟碳化物处置相关工作的通知》,并安排中央预算内投资和财政补贴支持开展 HFC - 23 的销毁处置工作。

(四)农业领域控制行动

农业领域产生的非二氧化碳温室气体的排放包括畜禽饲养过程中由于反刍动物胃肠道发酵产生的甲烷排放、畜禽粪便管理过程产生的甲烷和氧化亚氮排放、水稻种植过程中由于水田厌氧环境产生的甲烷排放以及农用地土壤中的氮素在微生物的作用下通过硝化和反硝化作用产生的氧化亚氮排放。

目前,农业领域控制非二氧化碳温室气体排放的相关行动包括以下几个方面:一是控制化肥使用量并推广测土配方施肥技术。从 2005 年起,农业部每年在全国范围内组织开展测土配方施肥技术普及行动,累计投入中央财政资金近 90 亿元,组织实施测土配方施肥补贴项目,采取整县、整乡、整村推进方式,促进测土配方施肥技术普及。2015 年 3 月,农业部颁布了《到 2020 年化肥使用量零增长行动方案》,提出从 2015 年到 2019 年逐步将化肥使用量年增长率控制在 1% 以内,力争到 2020 年主要农作物化肥使用量实现零增长的目标。二是加强畜禽废弃物管理和资源化利用。2017 年,国务院办公厅发布了《关于加快推进畜禽养殖废弃物资源化利用的意见》,提出了坚持源头减量、过程控制、末端利用的治理路径,及"全国畜禽粪污综合利用率达到 75% 以上,规模养殖场粪污处理设施装备配套率达到 95% 以上"等治理目标,相关目标和行动具有一定的温室气体协同控制效应。

（五）废弃物处理领域控制行动

废弃物处理领域产生的非二氧化碳温室气体排放主要包括城市生活垃圾填埋处理产生的甲烷排放、焚烧和堆肥生物处理的甲烷和氧化亚氮排放，以及生活污水和工业废水处理的甲烷和氧化亚氮排放。

废弃物处理领域控制行动主要从以下两方面开展：一是实行废弃物源头减量化、资源化。2017年，国务院同意并转发了国家发展改革委、住房城乡建设部《生活垃圾分类制度实施方案》，要求在2020年底前，部分重点城市的城区范围内先行实施生活垃圾强制分类，按照减量化、资源化、无害化的原则，实施生活垃圾分类回收利用率达到35%以上。二是改进和提升废弃物处理工艺和规模。具体行动包括通过清洁发展机制推动垃圾填埋气收集利用技术发展；通过《水污染防治行动计划》，要求全国所有县城和重点镇具备污水收集处理能力，县城、城市污水处理率分别达到85%、95%左右；推广废水和污泥厌氧消化工艺，促进沼气回收利用等技术发展。

三 "十四五"时期我国非二氧化碳排放情况预测

本研究以国家温室气体排放清单编制层级1方法为基础，基于各领域现有相关政策情景并综合各领域发展形势预判对"十三五"期末（2020年）和"十四五"期末（2025年）非二氧化碳温室气体排放进行了预估和预测（详见图3）。初步预测，2020年我国非二氧化碳温室气体排放总量约为22.2亿吨二氧化碳当量，比2014年将上升约9.6%，到2025年，我国非二氧化碳温室气体排放总量预计将达到23.6亿吨二氧化碳当量，预计"十四五"期间，我国非二氧化碳排放年均增速约为1.2%。"十四五"期间预计我国非二氧化碳温室气体排放将呈现以下特征。

一是煤炭开采及矿后活动甲烷排放随着煤炭产量的持续回升呈现一定增长。近年来，由于我国能源结构和经济结构调整，受供给侧结构改革等大环境的影响，我国控煤政策起到了一定的成效，加之煤炭行业安全管理水平的提高，煤炭开采活动产生的甲烷排放也得到一定的控制。但不容忽视的是，2017 年以来，我国的煤炭产量出现了反弹。综合分析 2017 年以来我国的煤炭生产和消费形势，到 2025 年我国煤炭开采行业甲烷排放量预计在 2616 万吨左右，由于安全管理水平及甲烷回收利用能力的提高，单位产煤量甲烷排放强度将会有所下降，但大量废弃矿井产生的甲烷排放将有所增长。二是油气系统甲烷逃逸排放量随着天然气产量和消费量的增长呈现快速上升态势。石油天然气行业甲烷逃逸排放量目前在我国的温室气体清单中并不是关键排放源，但是由于其增长速度较快，因此也是非二氧化碳排放源细类中非常值得关注的行业。根据第二次国家信息通报，2014 年中国油气系统甲烷逃逸排放量增长到 2366.7 万吨二氧化碳当量，比 2005 年增加了超过 4 倍。随着国内能源结构调整和生态环境高质量保护的内在需求，天然气的消费量快速增长，油气系统甲烷逃逸排放量将显著增加。初步预测，2020 年，油气系统甲烷逃逸排放量约 347 万吨，比 2014 年增长 208%。三是工业领域排放增长对非二氧化碳温室气体排放总量增长的贡献率最大。我国硝酸、己二酸产业的氧化亚氮减排装置前期主要基于 CDM 项目支持，项目支持结束后，如没有进一步政策约束，大部分企业基本不采取氧化亚氮减排措施，预计"十四五"期间，由硝酸、己二酸生产导致的氧化亚氮排放年均增速将达到 2.2%，含氟气体也将持续增长。四是农业领域非二氧化碳温室气体排放总体平稳，种植业非二氧化碳温室气体排放随着种植面积和化肥使用量减少进入平台期，畜禽养殖业非二氧化碳温室气体排放总量呈波动趋势。由于"十三五"期间实行的化肥零增长行动，2016 年中国化肥使用量首次出现了下降，并持续下降，2020 年化肥使用量零增长目标提前实现，对有效控制农用地氧化亚氮排放起到了积极作用；受蛋奶产品的需求驱动，畜禽养殖规模仍将增长，考虑到饲养周期、饲料成本上涨、畜禽疫病及气象灾害等多种因素影响，畜禽养殖业非二氧化碳温室气体排放总量预计将呈小幅波动增长趋势。五是废弃物处理领域非二氧化碳温室气体排放仍将增长。废弃物处理活动产生的温室气体排放变化与人口增长、经济发展水平、垃圾分类、填埋情况紧密相关。

初步预测，"十四五"期间，我国废弃物处理领域非二氧化碳温室气体排放仍将以年均2.5%的速度增长。

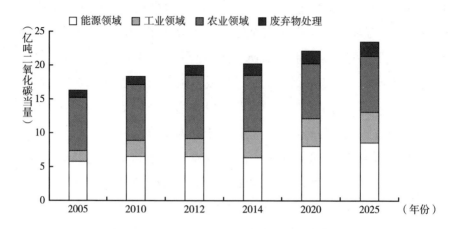

图3　我国非二氧化碳温室气体排放形势预判

四　"十四五"时期我国非二氧化碳 温室气体排放控制建议

（一）强化目标控制与政策体系

"十二五"和"十三五"期间我国非二氧化碳温室气体排放主要以定性要求为主，建议"十四五"期间针对煤炭开采和油气开采领域甲烷排放、化工行业氧化亚氮排放予以重点关注并建议设定量化控制目标；严格控制商用空调、工业和商用制冷泄漏率；进一步控制农田氧化亚氮排放，强化单位畜产品温室气体排放强度管理，推动垃圾填埋和污水处理甲烷回收利用率大幅提高。推动重点部门或重点区域制定有针对性的二氧化碳温室气体排放控制行动方案。

（二）完善监测、报告和评估技术体系

相比于二氧化碳，非二氧化碳温室气体排放数据基础比较薄弱，"十二

五"期间我国虽然出台了部分非二氧化碳温室气体相关量化技术文件，但近年来由于重点开展全国碳市场相关工作，非二氧化碳温室气体排放的数据核算和报告相对弱化，亟待完善和充实相关监测、报告和评估技术体系，并充分借鉴污染物监测相关工作基础，强化非二氧化碳温室气体排放的监测和报告，建立非二氧化碳温室气体排放数据库。

（三）多种机制协同推动排放控制行动

采用多种机制结合促进非二氧化碳温室气体排放控制，开展煤炭领域部省合作控制甲烷排放工作机制，开展油气领域部企合作控制甲烷排放工作机制；开展农业领域和废弃物处理领域部部合作机制；结合污染物排污许可制度、环评制度等已有制度探索非二氧化碳温室气体排放与污染物排放协同工作机制；研究将部分重点领域非二氧化碳减排纳入全国碳排放权交易体系或自愿减排交易体系；建立部分领域排放标准/限值管理制度；完善非二氧化碳温室气体排放控制保障和激励机制。

（四）加强排放形势分析与研判

"十二五"及"十三五"期间，我国温室气体排放控制以二氧化碳为主，形成了定期形势研判机制，为及时有效了解我国二氧化碳的减排形势提供了重要的支撑依据。而由于非二氧化碳温室气体排放涉及的领域和排放源众多，数据基础比较薄弱，除清单估算外，暂时还未形成及时有效的形势分析研判机制。"十四五"乃至未来，非二氧化碳温室气体排放控制对我国全面开展温室气体排放控制意义重大，且同样需要有有效的数据和形势研判基础做支撑，因此未来应着手开展非二氧化碳温室气体排放形势分析及研判。

G.15
"十三五"工业应对气候变化的
行动及成效

禹 湘 刘夏青 莫君媛*

摘 要： 本文对"十三五"时期工业应对气候变化的成效进行了总
结。"十三五"前三年，工业增加值累计增长 19.10%，年平
均增长率为 6.08%。工业增加值快速增长的同时，中国工业
的碳排放强度持续下降。相比其他发达国家和发展中国家，
中国单位工业增加值碳排放下降的速度更为迅速，为中国提
前实现 2020 年单位 GDP 碳排放强度比 2005 年下降 40% ～
45% 的目标做出了贡献。"十三五"期间通过不断完善工业
应对气候变化的顶层设计；大力推动绿色制造体系建设，实
现低碳、绿色的协同发展；大力推动工业低碳技术的创新；
不断加强节能服务等举措，形成了工业应对气候变化的良好
局面。未来"十四五"期间，工业应对气候变化还将通过多
措并举积极构建以低碳排放为特征的工业体系。

关键词： 工业 碳排放 绿色发展

---

* 禹湘，中国社会科学院生态文明研究所副研究员，主要研究方向为气候变化经济学和气候变
化政策；刘夏青，中国社会科学院生态文明研究所博士，工业和信息化部电子第五研究所工
程师，主要研究方向为可持续发展经济学，为本文通讯作者；莫君媛，中国电子信息产业发
展研究院博士，助理研究员，主要研究方向为绿色制造、清洁能源。

引　言

当今世界，应对气候变化，实现绿色、低碳发展，已经成为国际社会的广泛共识。我国是目前世界上温室气体排放总量最多的国家，在应对气候变化领域所做的努力和成效直接关系全球应对气候变化目标的实现。这其中，工业是我国应对气候变化的最主要领域之一。构建绿色低碳的工业体系，不仅是实现应对气候变化目标的必要手段，也是我国工业可持续发展的不二选择。改革开放40多年来，我国已取得了举世瞩目的经济发展成就，目前已成为全球第二大经济体，且经济增长仍保持着较高的增长速度。我国应对气候变化的成效将关系到全球应对气候变化减排目标的实现，在全球气候治理体系中发挥着日益重要的作用，同时也将面临更为严峻的国际碳减排压力。

进入21世纪，世界各国虽然经历了国际金融危机、经济衰退和新冠肺炎疫情的冲击，但是发展绿色低碳现代工业，提高国际竞争力始终是欧美发达国家的重要发展目标。美国虽然退出了《巴黎协定》，但仍在实施以先进制造业为核心的"再工业化"，将信息科技与绿色产业高度融合作为发展重点；欧盟于2019年12月发布了《欧洲绿色协议》，明确提出了制定新的工业发展战略，以应对绿色化、数字化挑战，并于2020年7月公布了高达7500亿欧元的刺激计划，明确将加大对可再生能源、循环经济、清洁运输物流、数字经济（5G互联互通、人工智能、超级计算机）等领域的投资；① 2020年6月，德国政府同意了一项为期两年的1300亿欧元的经济复苏计划，其中包括提升能源效率、发展绿色交通、开发氢燃料等，以此来促进该国能源转型。② 法国也加大了对绿色航空、新能源汽车、新建自行

---

① 龙迪、王毅：《全球绿色转型：中欧携手共进》，《观中国》2020年8月19日，https://www.huanbao-world.com/a/zixun/2020/0819/170034.html。

② Germany Gives Energy Transition Mild Boost with Economic Stimulus Programm，2020年7月4日，https://www.cleanenergywire.org/news/germany-gives-energy-transition-some-extra-boost-economic-stimulus-programme.

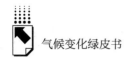

车道等领域的投资;① 英国 2019 年将 2050 年前减排 80% 的目标修改为减排100%，并为此制定和实施了一系列工业减排政策及项目。可见，欧美主要发达国家均加大了对新能源、数字经济、清洁生产的投资，这无疑对我国工业的绿色低碳发展提出了更高要求。

从国内看，工业是我国能源消耗和二氧化碳排放最主要的领域之一，也是实现我国应对气候变化目标最重要的领域之一。"十三五"期间，工业碳排放占全国碳排放总量的比重超过 70%，以钢铁、有色、建材、石化、化工和电力为代表的高耗能行业占工业二氧化碳排放的 80% 左右。工业生产过程中排放的二氧化碳、含氟气体、氧化亚氮等占非化石能源燃烧温室气体排放的60% 以上。未来随着工业化、城镇化进程的继续推进，六大高耗能行业碳排放量仍将呈现出一定的增长趋势，在能源结构保持以煤炭和石油等化石能源为主的情况下，未来我国工业领域对碳排放总量仍有一定的需求。

一 工业应对气候变化取得显著成效

"十三五"期间，我国单位国内生产总值的碳排放强度和单位工业增加值的碳排放强度均在持续下降。2018 年，我国单位国内生产总值的碳排放强度比 2005 年下降了 45.9%，已提前实现到 2020 年单位国内生产总值碳排放强度下降 40% ~45% 的目标。② 工业减排努力对该目标的顺利实现做出了极大贡献。

同时我国工业保持着快速发展的势头，2005 ~2018 年工业增加值持续增长，从 2005 年的 9.42 万亿元（2010 年可比价）增长到 2018 年的 28.64万亿元（2010 年可比价），同比增长 204.02%。"十一五"与"十二五"期间，工业增加值分别累计增长 75.30% 和 45.62%，年平均增长率分别为11.88% 和 7.81%。"十三五"前三年，工业增加值累计增长 19.10%，年

① 龙迪、王毅：《全球绿色转型：中欧携手共进》，《观中国》2020 年 8 月 19 日，https：//www.huanbao - world. com/a/zixun/2020/0819/170034. html。
② 生态环境部：《中国应对气候变化的政策与行动 2019 年度报告》，http：//www.scio. gov. cn/。

平均增长率为 6.08%。[①]

　　根据发达国家碳排放变化规律，在基本实现工业化时，碳排放强度将达到峰值，此后碳排放强度将随着其产业结构的优化升级、能源利用技术的进步而逐渐下降。2005～2018 年，根据 IEA 的数据，我国工业碳排放强度下降超过 50%。相比世界其他主要经济体，在后工业化时期，我国碳排放强度的下降速度较快。美国的碳排放强度从 1970 年的最高峰经过 32 年后才下降至此前约 50% 的水平。而经历同样的进程，英国、法国、德国分别耗时 27 年、25 年、22 年。日本的工业实力在战后迅速恢复，其碳排放强度于 1967 年达到峰值后耗时 49 年下降至此前约 50% 的水平。印度作为发展中大国，其碳排放强度在 1991 年达到峰值后的 26 年间，仅下降了约 32%。

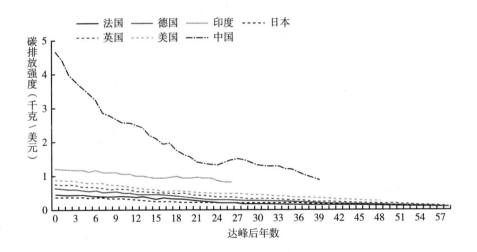

图 1　主要经济体工业碳排放强度下降情况

资料来源：International Energy Agency, https://www.iea.org。

　　中国工业领域之所以取得显著减排成效，主要原因在于我国通过不断完善应对气候变化政策顶层设计，形成了不同重点行业，针对不同重点领域，多维度、全覆盖的工业低碳发展体系。

[①]　根据历年《中国统计年鉴》计算。

二 工业应对气候变化的主要行动

(一)工业低碳发展的政策机制不断完善

中国政府在"十三五"规划中提出"创新、协调、绿色、开放、共享"的发展理念。工业领域将实现绿色、低碳、循环发展作为目标,形成了工业应对气候变化的有效举措。为此,工业和信息化部等多部委发布了一系列的重要行动方案和发展规划,对工业应对气候变化提出了指向性要求。

工业和信息化部、国家发展改革委等部门于 2012 年发布《工业领域应对气候变化行动方案 (2012~2020 年)》,不仅提出了 2020 年工业应对气候变化的整体目标,还提出了降低钢铁、有色、石化、化工、建材、机械、轻工、纺织、电子信息等重点行业单位工业增加值二氧化碳排放量的具体目标,明确了应对气候变化的思路与任务。[1] 2016 年工业和信息化部发布了《工业绿色发展规划 (2016~2020 年)》,提出了到 2020 年,部分重化工业能源消耗出现拐点,主要行业单位产品能耗达到或接近世界先进水平,部分行业碳排放量接近峰值的目标。[2] 2016 年国务院发布的《"十三五"控制温室气体排放工作方案》中,也明确提出了力争部分重化工业 2020 年左右实现率先达峰的目标。[3]

"十三五"期间,通过这一系列政策的出台,如表1所示,我国进一步加强了对工业应对气候变化的组织和领导,将应对气候变化的低碳发展战略融入了各类规划中,统筹制定了分行业、分地区的工业低碳发展方案,并以此建立了有效的工作管理机制,健全了政策落实的保障措施。

---

① 工业和信息化部、国家发展和改革委员会、科学技术部、财政部:《工业领域应对气候变化行动方案 (2012~2020 年)》,http://www.miit.gov.cn/n1146285/n1146352/n305435 5/n3057542/n3057544/c3865061/content.html。

② 工业和信息化部:《工业绿色发展规划 (2016~2020 年)》,http://www.miit.gov.cn/n1146285/n1146352/n3054355/n3057267/n3057272/c5118197/content.html。

③ 国务院:《"十三五"控制温室气体排放工作方案》,http://www.gov.cn/zhengce/content/2016-11/04/content_5128619.htm。

表1 "十三五"工业应对气候变化相关政策

名称	发布时间	发布单位	目标	举措
《工业领域应对气候变化行动方案(2012~2020年)》	2013年1月11日	工信部、国家发改委、科技部、财政部	1. 2015年比2010年,单位工业增加值二氧化碳排放量下降21%以上;到2020年,单位工业增加值二氧化碳排放量较2005年下降50%左右 2. 单位工业增加值二氧化碳排放量2015年比2010年,在钢铁、有色金属、石化、化工、建材、机械、轻工、纺织、电子信息等重点行业分别下降18%、18%、18%、17%、18%、22%、20%、20%、18%以上 3. 工业生产过程温室气体二氧化碳和氧化亚氮、氢氟碳化物、全氟化碳、六氟化硫等排放得到有效控制	积极构建低碳工业体系;提升工业能效水平;控制工业生产过程温室气体排放;加快低碳技术开发和推广应用;促进低碳工业产品生产和消费
《国家低碳工业园区试点工作方案》	2013年9月29日	工信部、国家发改委	试点园区单位工业增加值碳排放大幅下降	大力推进低碳生产,积极开展低碳技术创新与应用,创新低碳管理,加强低碳基础设施建设等
《工业绿色发展规划(2016~2020年)》	2016年7月18日	工信部	1. 部分重化工业能源消耗出现拐点,部分工业行业碳排放量接近峰值 2. 主要行业单位产品能耗达到或接近世界先进水平 3. 工业能源消费中绿色低碳能源使用比例明显提高	削减温室气体排放,积极促进低碳转型;提升科技支撑能力,促进绿色创新发展
《"十三五"控制温室气体排放工作方案》	2016年10月27日	国务院	1. 2020年比2015年,单位国内生产总值二氧化碳排放下降18% 2. 加大对非二氧化碳温室气体氢氟碳化物、甲烷、氧化亚氮、全氟化碳、六氟化硫等管控 3. 到2020年,部分重化工业实现率先达峰	构建低碳工业体系;加快建设全国碳排放权交易市场;加强低碳科技创新等

名称	发布时间	发布单位	目标	举措
《绿色制造工程实施指南（2016～2020年）》	2016年9月14日	工信部	1. 2020年比2015年，单位工业增加值二氧化碳排放量下降22% 2. 2020年比2015年，规模以上单位工业增加值能耗下降18% 3. 部分重化工业资源消耗和排放达到峰值	传统制造业绿色低碳提升；提升资源循环利用、绿色制造技术创新效率；加快低碳技术创新及产业化示范应用；加快绿色制造体系建设

（二）持续推动工业低碳技术创新

低碳技术是推动工业降低碳排放总量和强度的重要推动力。工业生产过程复杂，通过提高能源效率、减少对碳密集型产品和服务的需求以及部署脱碳技术，是工业领域实现深度减碳的国际共识。近年来，中国加大了工业领域的科技创新，工业节能减碳技术发展迅速，制造业主要产品中约有40%的产品能效接近或达到国际先进水平。[①] 重点耗能行业也在节能减碳先进技术的开发和应用上有所突破，推动产品单位能耗和碳排放强度下降，部分大型企业的工艺达到国际先进水平。

1. 新能源技术和储能技术不断发展

优化工业的能源结构，加大可再生能源的使用力度是降低工业碳排放的有效手段。当前，我国已成为全球最大的可再生能源生产国和应用国，水电、风电、光伏装机规模多年保持全球领先，核电在建规模也居世界首位。据国家能源局统计，2019年我国可再生能源发电量为2.04万亿千万时，约减排二氧化碳16.4亿吨。

可再生能源在工业领域的大范围应用受到储能技术的限制。储能技术是智能电网、可再生能源高占比能源系统、能源互联网的重要组成部分和关键

---

① 温宗国、李会芳：《中国工业节能减碳潜力与路线图》，《财经智库》2018年第6期。

支撑技术。储能技术能够有效提高风、光等可再生能源的消纳水平，支撑分布式电力及微网，是推动主体能源由化石能源向可再生能源更替的关键技术，能够减少火电调峰从而促进二氧化碳减排。"十三五"期间，我国储能技术得到迅速发展。抽水蓄能、压缩空气储能、飞轮储能、超导储能和超级电容、铅蓄电池、锂离子电池、钠硫电池、液流电池等储能技术研发应用加速；储热、储冷、储氢技术也取得了一定进展。

此外，通过创建智能微电网示范工程，探索建立容纳高比例波动性可再生能源电力的发输（配）储用一体化的局域电力系统，以及新型商业运营模式和新业态的电力能源服务，推动了更加具有活力的电力市场的创新发展，逐渐完善了新能源微电网技术体系和管理体制，有利于大力提升工业能源使用效率，从而减少二氧化碳排放。

2. 工业领域电气化水平进一步提升

"十三五"期间，在中国工业部门能源消费中，煤炭比例持续缩减，电气化水平显著提升。据统计，要将全球升温幅度控制在较工业化前水平的2℃以内，终端部门电气化率需要从2017年的24%提升至2050年的53%。[①]工业流程电气化是中国工业领域能源变革中的重要环节。在工业领域中，将工业锅炉、工业煤窑炉用煤改为用电，大力普及电锅炉，减少直燃煤，可实现部门工业生产过程的零排放。

3. 工业节能减碳技术不断发展

工业节能减碳技术水平在"十三五"期间也得到显著提升。以水泥、钢铁、石灰、电石、己二酸、硝酸、化肥、制冷剂生产等为重点，控制工业生产过程中产生的二氧化碳、氧化亚氮、氢氟碳化物等温室气体。开展生产原料替代，以低温室气体排放的原料替代高温室气体排放的原料。以低碳排放的新型水泥、新型钢铁等材料替代高碳排放的传统水泥、传统钢材等。如钢铁工业通过推广高炉炉顶煤气循环技术、焦炉煤气氧化重整技术（POX）

---

① 国家发展和改革委员会能源研究所、国家可再生能源中心：《中国可再生能源展望2018》，http：//www.cnrec.org.cn/cbw/zh/2018－10－25－541.html。

等有效减少二氧化碳排放 25% 左右。① 水泥行业余热回收发电技术、焚烧垃圾替代煤炭等技术，同样实现了有效减碳。目前我国电解铝综合交流电耗、钢铁单位产品能耗等均处于国际先进水平。

4. 二氧化碳捕集、利用及封存技术

二氧化碳捕集、利用及封存技术（CCUS）对于工业减少二氧化碳排放也十分重要。在碳普及技术研发方面，2019 年国家重点研发计划等支持了 10 余项 CCUS 研发项目和示范工程。在技术应用推广方面，截至 2019 年 8 月我国已建成了数十个 CCUS 示范项目，在验证技术可行性的同时加强了工程实践能力。在能力建设方面，通过中国 CCUS 产业创新联盟积极开展多边双边合作，努力搭建 CCUS 产学研一体化国际合作平台。但是由于碳捕集、利用及封存技术的成本高昂，大规模推广难度仍然较大。

（三）实施节能行动实现工业深度减碳

通过开展实施工业节能服务，提升能源利用效率，可大量减少生产过程中温室气体排放。工业和信息化部通过开展节能诊断与节能监察"双轮驱动"的节能管理机制，不断提升工业节能水平。

"十三五"以来，工业和信息化部每年对 5000 家重点高耗能行业企业实施节能监察，累计监察高耗能企业 2 万余家，完成 19 个行业节能监察全覆盖，包括冶金行业钢铁、铁合金，有色金属行业铜、铝、铅、锌、镁、多晶硅等，建材行业水泥、平板玻璃、陶瓷，石化化工行业乙烯、合成氨、尿素、电石、焦化、烧碱、磷化工，以及造纸行业等，倒逼企业加快技术改造，有效减少了电力、钢铁、建材、化工等重点行业碳排放。

2019 年，为深入推进工业节能，培育工业节能市场化新机制，加快企业绿色转型和高质量发展，工业和信息化部组织开展节能诊断服务行动，为全国 4400 余家企业提供公益性节能诊断服务，被诊断企业能源消费总量达到

---

① 工业和信息化部、国家发展和改革委员会、科学技术部、财政部：《工业领域应对气候变化行动方案（2012~2020 年）》，http://www.miit.gov.cn/n1146285/n1146352/n3054355/n3057542/n3057544/c3865061/content.html。

4.65 亿吨标准煤。通过诊断，累计提出节能改造措施建议 7930 项，预期节能量约 1400 万吨标准煤，平均节能率约 3.0%，预计减碳量约 3878 万吨二氧化碳。

在钢铁、电解铝、铜冶炼、乙烯、原油加工、合成氨、甲醇、电石、烧碱、焦化、水泥、平板玻璃等重点用能行业开展能效领跑者工作，有计划发布领跑者名单和指标，积极组织企业开展能效对标达标行动，鼓励企业实施节能技术改造工程。据统计，"领跑者"企业的钢铁烧结工序能耗水平比行业平均水平低 22%，减少了大量二氧化碳排放。

三 实现了工业绿色低碳的协同发展

绿色制造体系建设是实现中国工业绿色、低碳、循环发展的重要举措，《工业绿色发展规划（2016～2020 年）》提出了到 2020 年能源利用效率显著提升，资源利用水平明显提高，清洁生产水平大幅提升，绿色制造产业快速发展，绿色制造体系初步建立的发展目标。为此，我国开展了创建千家绿色示范工厂和百家绿色示范园区，开发万种绿色产品，创建绿色供应链的绿色制造体系建设。① 这其中减少碳排放是开发绿色产品，创建绿色工厂、园区和供应链的重要内容。工业绿色发展的核心理念不再只关注工业生产末端的碳排放，而是将绿色低碳理念贯穿于产品生产、园区和供应链规划管理的全过程。例如，绿色产品是从产品的设计阶段就系统考虑原材料选用、生产、销售、使用、回收、处理等各个环节对资源环境的影响，从而减少工业产品的设计、制造、使用、回收、再制造的全生命周期的碳足迹。② 绿色制造体系的建设对绿色产品、工厂、园区、供应链都提出了明确的碳排放评估评价的指标，如表 2 所示。

---

① 工业和信息化部：《工业绿色发展规划（2016～2020 年）》，http：//www. miit. gov. cn/ n1146285/n1146352/n3054355/n3057267/n3057272/c5118197/content. html。
② 工业和信息化部：《工业和信息化部办公厅关于开展绿色制造体系建设的通知》，http：// www. miit. gov. cn/n1146285/n1146352/n3054355/n3057542/n3057544/c5258400/content. html。

表2 绿色制造体系中低碳相关指标

绿色制造体系维度	低碳相关指标
绿色工厂	工厂生产中替代或减少全球增温潜势较高温室气体的使用
	工厂采用适用的标准或规范对产品进行碳足迹核算或核查
	单位产品碳排放量
	工厂获得温室气体排放量第三方核查声明
	工厂利用温室气体核算或核查结果对其排放进行改善
绿色园区	园区万元工业增加值碳排放量削减率的引领值为3%
绿色供应链	披露企业节能减排减碳信息情况
绿色设计产品	衡量产品全生命周期温室气体排放水平

（一）绿色工厂

绿色工厂是制造业的基础核心生产单元，属于绿色制造体系的核心组成部分，是绿色制造工程实施的主体。绿色工厂的核心原则是：用地集约化、生产洁净化、废物资源化、能源低碳化。[①] 绿色工厂关注生产过程的绿色低碳水平。在厂房设计方面，优先选择绿色建筑技术；在能源使用方面，优先选取可再生能源代替传统化石能源，不断提升能源使用效率；在生产方面，合理优化产品绿色设计等环节，积极采用国家鼓励的先进技术目录，不使用国家淘汰的技术和装备；在管理方面，实施绿色采购和绿色供应链管理；在资源管理方面，提升物质流动效率，建立资源循环利用机制。

绿色工厂的评价要求还明确工厂生产中要尽量替代或减少全球增温潜势较高温室气体的使用，并对工厂生产的产品进行碳足迹核算，同时利用温室气体核算或核查结果对其排放进行改善等。截至2019年9月，包括钢铁、有色、化工、建材、机械、汽车、轻工、食品、纺织、医药、电子信息等重点行业的1402家工厂被遴选为工信部绿色工厂。

据不完全统计，绿色工厂万元产值碳排放量先进水平为0.1156吨二氧

---

① 工业和信息化部：《工业和信息化部办公厅关于开展绿色制造体系建设的通知》，http://www.miit.gov.cn/n1146285/n1146352/n3054355/n3057542/n3057544/c5258400/content.html。

化碳当量。机械行业绿色工厂先进水平为万元产值能耗 0.0368 吨标煤、万元产值碳排放量 0.1516 吨二氧化碳当量。绿色工厂的创建，提升了全行业应对气候变化意识，同时使得节能降碳领域取得显著成效。

（二）绿色园区

绿色园区是将绿色发展的理念贯穿于园区的规划、建设、运营和管理的全过程的一种可持续园区发展模式。在绿色园区的评价体系中，园区万元工业增加值碳排放量削减率是绿色园区低碳发展的重要指标。绿色园区中的不少园区推动了园区中的重点工业企业开展温室气体排放核查，对碳排放情况进行数据采集和核查工作，编制园区的年度碳排放清单。采取系列措施推进重点行业低碳转型，采用先进适用的低碳技术，控制工业过程温室气体排放。例如通过焦炉煤气制 LNG 项目，充分利用焦炉煤气中的富氢和一氧化碳，通过甲烷化技术生产天然气，将高碳能源转化为低碳能源。截至 2019 年 9 月，已创建 118 家绿色园区。实践表明部分示范园区在创建过程中实现了经济增长与碳排放的脱钩。通过优化能源结构，将全生命周期的碳减排积极延伸到园区的生产、消费、贸易和投资的全过程，实现了碳排放强度不同程度的下降。

（三）绿色供应链

绿色供应链是将环境保护和资源节约的理念贯穿于企业从产品设计到原材料采购、生产、运输、储存、销售、使用和报废处理的全过程，使企业建立经济活动与环境保护相协调的上下游供应关系。绿色供应链管理是一种创新型管理工具，它充分发挥市场的作用，引导各行业企业采购污染排放少、环保绩效高的原材料和产品，从而促使上游更多的企业主动遵守环境法规，采取环保措施，实现整体产业的绿色升级和可持续发展。绿色供应链的实施对构建高效、清洁、低碳、循环的绿色制造体系，强化绿色生产，建设绿色回收体系，搭建供应链绿色信息管理平台，带动上下游企业实现绿色发展，促进传统产业转型升级、经济提质增效和绿色协调发展以及环境质

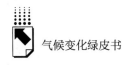

量总体改善起到至关重要的作用，同时也从全生命周期减少了工业生产的碳足迹。①

（四）绿色设计产品

绿色设计是以绿色制造实现供给侧结构性改革的有效举措，侧重于产品全生命周期的绿色化，产品具有较低的碳足迹是其重要内容之一。绿色设计产品除了从末端减少碳排放，还从源头和全生命周期减少碳排放。工业和信息化部积极推动开展绿色设计产品试点。即按照全生命周期的理念，在产品设计开发阶段系统考虑原材料选用、生产、销售、使用、回收、处理等各个环节对资源环境的影响，实现产品对能源资源消耗最低化、生态环境影响最小化、可再生率最大化。通过选择量大面广、与消费者紧密相关、条件成熟的产品，应用产品轻量化、模块化、集成化、智能化等绿色设计共性技术，采用高性能、轻量化、绿色环保的新材料，开发具有无害化、节能、环保、高可靠性、长寿命和易回收等特性的绿色产品，对于整个工业体系低碳转型具有重要意义。② 截至 2019 年 9 月，四批共遴选 1097 项绿色设计产品。

四 "十四五"期间工业应对气候变化的前景展望

未来，工业仍将是中国经济增长的主要动力和提升国际竞争力的重要领域，也仍将是中国能源消耗和温室气体排放的主要领域。工业深度的绿色低碳转型，具有战略性和全局性的意义。"十四五"期间不仅需要严格控制高耗能、高碳的重化工业过快增长，继续推进工业部门朝着绿色化、精细化、高端化、信息化和服务化转型，同时也要依托绿色制造体系建设，

---

① 工业和信息化部：《工业和信息化部办公厅关于开展绿色制造体系建设的通知》，http://www. miit. gov. cn/n1146285/n1146352/n3054355/n3057542/n3057544/c5258400/content. html。
② 工业和信息化部：《工业和信息化部办公厅关于开展绿色制造体系建设的通知》，http://www. miit. gov. cn/n1146285/n1146352/n3054355/n3057542/n3057544/c5258400/content. html。

以工业园区、重点工业企业、重点工业产品为抓手，促进工业形成绿色、低碳、环保的发展方式，建设具有绿色低碳发展特征的工业体系，从而为中国应对气候变化战略目标的实现做出贡献，推动国民经济继续实现长期、平稳、较快的发展。

（一）建立健全工业应对气候变化政策体系

形成各部门在应对气候变化领域的合力，完善工业和信息化部、生态环境部等主管部门对工业应对气候变化的组织领导。制定"十四五"期间工业应对气候变化工作方案。把应对气候变化、推动工业低碳发展作为编制相关规划的重要内容，将控制工业温室气体排放、碳排放达峰，以及促进工业低碳发展等指标纳入产业发展规划等各类规划，及重点工业行业的工作计划中。同时加强财税、金融等配套政策支持，提升财政资金的使用效率，积极依托金融市场探索绿色金融等融资创新机制。

（二）积极构建以低碳为特征的绿色制造体系

工业和信息化主管部门要加强应对气候变化工作与绿色制造体系建设等工作的配合，发挥协同效应。为进一步推进绿色制造体系示范工作的开展，还应强化对绿色制造体系的监管，对于已经获得通过国家绿色制造体系的园区、企业、产品、供应链等，应建立动态监督机制，将碳排放水平作为核心要素纳入绿色制造标准体系中，从而依托绿色制造打造绿色、低碳的工业体系。还应进一步推广典型绿色低碳发展的模式案例，强化体系对工业绿色发展的引领和带动作用等。

（三）创新驱动加快先进低碳技术的研发推广和应用

低碳技术创新是实现工业应对气候变化发展的关键所在。加强专项资金和金融支持力度，加快低碳技术的研究开发、示范与推广。大力推进"低碳＋互联网"，充分利用新一代信息技术，提升应对气候变化新动能。在传统高耗能行业，继续推广焦炉煤气制甲醇、转炉煤气制甲酸、新型干法水泥

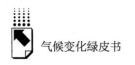

技术、水泥窑协同处置废弃物等高效绿色低碳技术。加强对二氧化碳的捕集、利用及封存技术探索，研发二氧化碳制备高附加值化学品技术、二氧化碳化学利用过程的低氢耗技术，实现二氧化碳资源化利用。

（四）逐步完善重点工业行业碳核算和标准体系

建立温室气体排放数据信息系统，加强工业企业温室气体排放管理。包括，加快建立符合我国工业发展水平的碳排放测算体系，建立重点用能企业温室气体排放定期报告制度，构建工业产品碳排放评价数据库。研究制定钢铁、水泥、石化等高耗能行业，产品的碳排放标准，加紧制定重点用能企业碳排放评价通则，指导和规范企业降低碳排放。

（五）建立健全促进工业低碳发展的市场机制

完善工业应对气候变化的市场机制，发挥碳价格的市场信号和激励作用，降低控制温室气体排放成本。探索建立碳排放自愿协议制度，在钢铁、建材等行业开展减碳自愿协议试点工作，制定减碳自愿协议管理办法和奖励措施，推动企业开展自愿减排行动。鼓励工业企业参与自愿减排交易，支持钢铁、水泥、石化、化工等行业重点企业开展碳排放交易试点。

（六）加强工业应对气候变化宣传培训和国际合作

继续加强工业应对气候变化的国际合作。在现有工作的基础上，创新形式和手段，进行应对气候变化科学知识的普及和宣传，倡导低碳生产方式和消费模式。积极开展工业领域应对气候变化专题培训，加强人才培养。积极拓展应对气候变化国际合作渠道，建立资金、技术转让和人才引进等机制，构建国际合作平台，推动国际合作项目落地，有效消化、吸收国外先进的低碳技术，增强工业应对气候变化能力。

研究专论

Special Research Reports

G.16

气候紧急状态及其对我国气候治理的启示*

肖潺　王亚伟　赵琳　尹红　巢清尘　何孟洁**

摘　要： "气候紧急状态（Climate Emergency）"一词的使用频率在2019年增加了100多倍，因此牛津字典将其选为年度词。该词使用频率的迅速增加，反映了全社会持续关注气候变化议题背后出现的危机感和紧迫感。本文从当前国际社会对于气候紧急状态的看法出发，提出要正确认识我国气候变化面临

---

* 本研究得到了中国气象局软科学研究项目"如何更好发挥气候治理在国家治理体系和治理能力现代化中作用专题研究（2020ZDIANXM08）"资助。

** 肖潺，博士，国家气候中心正高级工程师，主要从事气候与气候变化影响评估、气象灾害风险管理研究；王亚伟，中国气象局高级工程师，主要从事气象灾害防御、气象应急管理研究；赵琳，国家气候中心工程师，主要从事气象灾害应急管理研究；尹红，博士，国家气候中心高级工程师，主要从事气候变化检测归因和历史时期气候变化研究；巢清尘，博士，国家气候中心副主任、研究员，主要从事气候系统分析及相互作用、气候风险管理、气候变化政策研究；何孟洁，中国气象报社高级工程师，主要从事防灾减灾、气候变化等气象科普宣传研究。

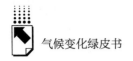

的形势和任务，更好地发挥气候治理在国家治理体系和治理能力现代化中的作用。首先，本文总结了我国气象灾害的特点：一是灾害种类多，占比高；二是灾害发生频繁，分布广；三是灾害极端性强，灾情重；四是灾害关联性强，链条长；五是灾害损失重，影响大。其次，分析了气候变化可能给经济安全、粮食安全、水资源安全、生态安全、环境安全、能源安全、基础设施安全等传统与非传统安全带来的威胁。未来，我国气候治理一要扎实做好气象防灾减灾工作；二要提高极端天气气候事件防范和应对能力；三要合理开发利用气候资源，发挥能源和经济转型中的气候优势；四要开展气候治理文化建设。

关键词： 气候紧急状态 灾害风险 气候治理

气候变化问题长期受到国际社会的高度关注，1972 年召开的联合国人类环境会议，是首次关注人类生存环境问题的国际大会，拉开了全球气候治理的序幕。近 50 年来，国际科学界、政治界、经济界共同关注、深入研究，在气候变化科学认知、减缓和适应等方面取得诸多进展。然而，由于多方面原因，各国行动措施力度不一致，与国际社会的期望仍存在巨大差距。随着全球温度持续快速攀升，极端天气气候事件日趋频繁，人类社会对气候变化问题的担忧持续增加，"气候紧急状态（Climate Emergency）"一词应运而生，迅速为社会各界接受，引起广泛共鸣。

在此背景下，国际社会的多国政府和组织、企业、社团、民间组织等针对气候紧急状态进行了不懈努力，多元力量交织在一起，对国际气候治理产生了巨大影响力。我国正处在全面建成小康社会的关键时期，推进国家治理体系和治理能力现代化尤为重要，党的十九届四中全会通过的《中共中央关于坚持和完善中国特色社会主义制度　推进国家治理体系和治理能力现代化若干重大问题的决定》，为未来中国治理体系和治理能力现代化构建了一张蓝图，开启了国家治理体系和治理能力现代化的新时代。国家治理体系涉及各个方面，气候治理是国家治理体系中的重要组成部分，更好发挥气候治理在国家治理体系和治理能力现代化中的作用尤为重要。本文从科学看待国际社会气候紧急状态出发，立足国情分析我国气象灾害风险和气候变化影响，总结我国气候治理经验，为气候治理现代化提供决策参考。

一　气候紧急状态背景及指示意义

2019 年 11 月，"气候紧急状态"一词被牛津字典选为年度词①，因为该词的使用率在 2019 年增加了 100 多倍。气候紧急状态一词入选为年度词这一则新闻也受到广泛关注，从一定程度上反映出社会各界对气候议题的高度关注。

事实上，英国《卫报》早在 2019 年 5 月就曾发布消息②，指出他们在报道气候环境方面议题时，"气候紧急状态""气候危机"（climate crisis）等词语逐渐取代了"气候变化"（climate change），"全球变热"（global heating）逐渐取代了"全球变暖"（global warming）。《卫报》主编 Katharine Viner 解释说，这种语言表达的变化是为了确保能够更准确和科学表达这一重要议题，她同时也指出，从联合国到英国气象局，越来越多的气候科学家和组织，都在改变他们的用词，用语气更加强烈的词语来描述我们所处的状况。用词的变化和频数的快速增加，反映的是全社会持续关注气候变化议题背后出现的危机感和紧迫感。

牛津词典将"气候紧急状态"定义为需要采取紧急行动以减少或阻止气候变化，并避免由此可能引发不可逆的环境破坏的情况（*Climate emergency* is defined as "a situation in which urgent action is required to reduce or

---

① Word of the Year 2019, https：//languages. oup. com/word – of – the – year/2019.

② https：//www. theguardian. com/environment/2019/may/17/why – the – guardian – is – changing – the – language – it – uses – about – the – environment.

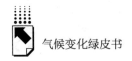

halt climate change and avoid potentially irreversible environmental damage resulting from it")①。该词反映了应对气候变化已经刻不容缓，如不采取紧急行动，则无法应对这一危机。这种紧急程度集中体现在两个方面。

一是气候变化本身的影响越来越大，甚至可能引发人类社会不可承受之重。随着大气中温室气体浓度不断增加，全球平均温度不断升高。根据世界气象组织发布的气候状况②，2019 年，全球平均温度比 1850～1900 年的基准温度高出约 1.1℃，是有记录以来第二热的年份。随着全球温度快速升高，极端气候事件频繁发生，2019 年夏季欧洲连续遭遇两次严重的极端高温热浪事件；澳大利亚受罕见高温影响，自 2019 年 9 月起频繁发生森林大火，持续四个多月。气候变化带来的影响已对人类生存和社会发展造成严重威胁，涉及农业和粮食安全、水资源安全、能源安全、生态安全等多个领域。

二是减缓措施不足，看不到气候变化减缓的希望。积极应对气候变化，减缓气候变化，防止气候变化可能给人类社会带来不可控的灾难性后果，是全球气候治理的共同愿望。随着科学界和全社会对气候变化及其风险认知的提高，国际气候谈判也逐步深入推进，从"共同但有区别的责任"原则到"国家自主贡献"，都体现了各国在积极进行温室气体减排。然而，减排的力度还是很不够，根据联合国环境规划署（UNEP）发布的《2019 年排放差距报告》③，尽管科学界发出了警告，政治界也做出了努力，但是当前的排放还在持续增加，排放差距还在扩大，对于 2℃目标，到 2030 年年排放量需要比当前所有的国家自主贡献再减少 15Gt 二氧化碳；对于 1.5℃目标，到 2030 年年排放量需要比当前所有的国家自主贡献再减少 32Gt 二氧化碳。目前来看，这样的差距还是巨大的，这在某种程度上意味着未来

---

① Word of the Year 2019, https：//languages. oup. com/word - of - the - year/2019.

② WMO Statement on the State of the Global Climate in 2019, https：//public. wmo. int/en/resources/library/wmo - statement - state - of - global - climate - 2019.

③ Emissions Gap Report 2019, https：//www. unenvironment. org/resources/emissions - gap - report - 2019.

气候还将持续变暖，极端气候事件的概率将上升，出现极端气候灾害的风险很可能不是概率极小的"黑天鹅"事件，而是概率增加的"灰犀牛"式气候风险①。

基于此，为了凸显气候变化影响、减缓与适应的重要性和严重程度，在全社会危机感和紧迫感日趋增加的背景下，欧洲、北美等部分国家和城市纷纷宣布进入气候紧急状态。2019年，英国、爱尔兰、加拿大、法国等国宣布进入气候紧急状态；欧洲议会在2019年底宣布进入气候紧急状态；纽约、巴黎、悉尼和墨尔本等大城市也宣布进入气候紧急状态，表示要以更加积极的行动来推动减排目标，以减缓和适应气候变化，上述国家和城市也相应设定了自己的目标，大部分将目标设定为2050年实现净零排放，也有些地区雄心勃勃地将实现净零排放的时间设定为2040年。

即使如此，仍有多地气候变化运动组织和人士认为目前力度还不够，他们举行游行示威，要求政府拿出更为有力的应对措施。针对具体的项目和工程，他们针锋相对、诉诸法院，上演了真实的紧急状态。伦敦希思罗机场第三条跑道扩建遭遇气候变化运动组织和人士反对一案就是典型案例。希思罗机场是英国最大的机场，也是世界上最繁忙的机场之一，仅有两条跑道，运力接近饱和，早在2001年就提出修建第三条跑道的计划，但由于大量反对者认为造价高昂、加重航空噪声污染和加大二氧化碳排放等，该计划迟迟没有进展。2018年，英国议会终于批准久拖未决的希思罗机场扩建计划，然而，气候变化运动组织和人士诉诸法院，认为扩建计划没有考虑应对气候变化，要求叫停。2020年2月英国上诉法院裁定，政府扩建伦敦希思罗机场的计划不合法，理由是政府没有把在《巴黎协定》框架内应对气候变化的承诺纳入考虑。法院的判决给了气候变化运动组织和人士巨大的鼓舞，也给希思罗机场扩建计划增加了不确定性因素。这一判决被认为是全球首个基于《巴黎协定》做出的重大法

---

① 潘家华、张莹：《中国应对气候变化的战略进程与角色转型：从防范"黑天鹅"灾害到迎战"灰犀牛"风险》，《中国人口·资源与环境》2018年第10期。

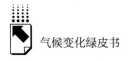

律裁决，具有重要意义。

达沃斯世界经济论坛自 2006 年以来连续发布年度《全球风险报告》，旨在研究和讨论世界经济领域存在的问题，通过与企业、学术界和公共部门的合作进行全球风险的定性和定量研究，以开发可持续的、综合的解决方案来应对全球最紧迫的挑战。《全球风险报告2020》[①]，根据全球风险认知调查的最新排名，指出环境风险仍然是当前全球风险的"重头戏"。在"发生概率"方面，首次出现的前五大风险都来自环境风险，包括极端天气、气候变化减缓与适应措施失败、自然灾害、生物多样性丧失和人为环境灾难；在"影响"方面，气候变化减缓与适应措施失败排在第一位。该报告还指出，气候变化比许多人预期的更加强烈和迅速，过去的十年和五年都是有记录以来最暖的年份；与气候有关的自然灾害变得越来越严重和频繁，飓风、干旱、野火等灾害平均一周发生一次；极地海冰的融化速度显著高于预期；欧洲经历了创纪录的高温热浪。如果维持此状态，到 21 世纪末，全球平均气温将至少上升 3℃，气候变暖将导致物种灭绝加速、生态系统紊乱、粮食和水源危机、人口被迫迁徙等系列严重后果，并会加剧地缘政治的紧张局势，致使劳工和供应链中断，造成极为严重的经济、社会和环境后果。

"气候紧急状态"一词及其现实表现，反映了以应对极端天气气候事件、减缓气候变化为主线的全球气候治理走上全球治理的核心位置。对国家而言，气候风险已是新型风险点与挑战，气候治理已成为国家治理体系中的重要组成部分。正确认识我国气候变化面临的形势和任务，更好地发挥气候治理在国家治理体系和治理能力现代化中的作用，对于我国参与全球气候治理、为全球气候治理提供中国方案，具有重要意义。

[①] The Global Risks Report 2020，https：//www. weforum. org/reports/the－global－risks－report－2020.

二 正确认识我国气候条件的复杂性

我国地处东亚季风区，受地理位置、地形地貌及气候特征等因素影响，气象灾害种类之多、发生频次之高、范围之广、影响之大超过世界上绝大多数国家。我国气象灾害具有以下特点。

一是灾害种类多，占比高。几乎所有气象灾害都在我国出现过，暴雨洪涝、干旱、台风、高温、低温冷冻、雪灾、风雹、雷电等各类灾害频繁和交替发生，气象灾害占自然灾害的71%左右。

二是灾害发生频繁，分布广。每年，我国约有1700市（县）发生近6000次暴雨，1600市（县）经历25000次高温，88%的地区年均干旱日数超过50天，有7~8个台风登陆，经历10余次区域性沙尘天气过程和10余次区域性强冷空气过程。

三是灾害极端性强，灾情重。我国极端气象灾害多发、频发，异常气候所引发的暴雨、干旱、台风、山洪地质灾害等极端天气气候事件呈现增多增强趋势，2010年因特大暴雨导致的甘肃舟曲特大山洪泥石流灾害，2012年北京"7.21"特大暴雨引发的严重城市内涝和山洪泥石流灾害，均为历史罕见。

四是灾害关联性强，链条长。气象灾害的"灾害链"特征明显，突发暴雨诱发山洪泥石流灾害，高温少雨引发森林火灾，异常气候条件引发农业灾害，恶劣气象条件引发交通和航空事故、大气环境污染。据统计，86%的重大自然灾害、59%的因灾死亡、84%的经济损失和91%的保险损失是由气象灾害及其衍生灾害引起。

五是灾害损失重，影响大。与发达国家相比，我国气象灾害损失偏重、人员伤亡偏大。21世纪以来，我国平均每年因气象灾害造成的直接经济损失高达3000亿元，占GDP比例平均为0.89%，是美国的2倍多；平均每年因气象灾害造成3.3亿人次受灾，千余人死亡。

因此，推动我国气候治理体系建设，首先要正确认识我国气候条件的复

杂性，坚持"人民至上，生命至上"的理念，扎实做好气象防灾减灾工作，守牢适应中国气候变化的"第一道防线"，努力降低气象灾害造成的生命财产损失。

三　气候安全对我国国家安全的影响

我国气候变暖幅度明显高于全球，1951～2019 年，我国地表年平均气温呈显著上升趋势，增温速率为 0.24℃/10a[①]，升温幅度几乎是全球的两倍。在此背景下，高温事件显著增多，干旱和暴雨洪涝事件频发，登陆台风偏多偏强[②]。

气候变化对自然生态系统和人类社会产生了深刻影响，虽然气候变化影响有利有弊，但在全球气候变暖背景下，我国极端天气气候事件明显增多、增强，影响加大。气候变化的影响涉及政治、经济、军事、环境、外交、科技、文化等诸多方面，由此可能给经济安全、粮食安全、水资源安全、生态安全、环境安全、能源安全、基础设施安全等传统与非传统安全带来威胁，因此，气候安全作为一种新的非传统安全，与上述安全问题具有明显的联动效应，也越来越得到国际社会的广泛重视[③]。

对粮食安全的影响。随着全球平均温度和二氧化碳浓度的上升，热量资源增加和二氧化碳施肥效应叠加，会使得双季稻、冬小麦等作物种植北界北移，一定程度上有利于农业生产；然而温度升高也会使得作物生育期提前和缩短，病虫害发生概率和面积增大，危害程度提高。同时，水资源短缺，导致我国耕地受旱面积有可能不断增加。因此，从另一方面而言，气候变化导致农业生产不稳定性增加。

对水资源安全的影响。在全球变暖背景下，与温度明显上升趋势不同，

① 中国气象局气候变化中心编著《中国气候变化蓝皮书2020》，科学出版社，2020。
② 郑国光：《科学认知气候变化 高度重视气候安全》，《人民日报》2014 年 11 月 24 日第 10 版。
③ 马建堂、郑国光主编《气候变化应对与生态文明建设》，国家行政学院出版社，2015。

我国平均降水量并没有显著的趋势特征，只表现出年代际变化特征、区域的降水变化特征以及降水结构的变化。20 世纪中叶以来，气候变化和人类活动的共同影响，导致我国东部主要河流径流量呈现不同程度的减少趋势；冰川退缩会加大以冰川融水补给为主的河流和河段径流量变化的不稳定性；气象灾害频繁发生导致水资源可利用性降低，北方水资源供需矛盾加剧，南方出现区域性甚至流域性缺水现象。

对生态安全的影响。气候变化和气象灾害也是导致我国水土流失、生态退化、物种迁移的重要原因之一。受气候变化影响，我国东北黑土和西北黄土高原水土流失加剧；草原植被生产力降低，植被类型发生不可逆的改变，生态系统的稳定性和服务功能也有所降低，林火灾害范围和频次逐渐加大；物种分布范围改变，部分地区甚至出现物种消失[1]。

对环境安全的影响。在全球气候变暖的背景下，不同区域和不同高度层增暖幅度存在差异。一方面，北半球高纬度地区增暖较低纬度地区更加明显，减弱了北半球经向温度梯度，我国地面平均风速减小，小风日数和静风日数增加；另一方面，对流层高层增温幅度大于对流层低层，使得大气层结更加稳定，大气自净能力下降，增加了大气污染防治工作难度。此外，随着气温升高，河流、湖泊、水库的水温也会升高，水中溶解氧水平降低，影响水质，甚至出现污染事件；随着强降水的增加，更多的污染物，被冲进溪流，溪流和河流会将污染输送到下游或者湖泊、河口等地，从而使污染物聚集，影响水质水环境。

对能源安全的影响。能源基础设施大都暴露在自然环境中，其生产运输与气象条件关系密切，气象灾害的增加对我国能源安全具有重要影响。清洁能源尤其是风能、太阳能和水电，是气候资源开发利用的不同方式，气候变化对其资源量的变化本身就有重要影响。风速和风向变化直接影响风力发电，1961 年以来，我国华北北部和东南沿海风速有减小趋势，风机发电效

---

① 郑国光：《科学认知气候变化 高度重视气候安全》，《人民日报》2014 年 11 月 24 日，第 10版。

率降低；同时，我国日照时数总体呈下降趋势，特别是在夏、冬两季，一定程度上影响到太阳能资源的开发和利用；此外，河川径流变化影响水库入水流量，给水电安全运营带来挑战。气候变化还会影响能源需求的变化，特别是冬季采暖、夏季制冷等能源消费。

对重大工程安全的影响。气候变暖可能造成青藏铁路沿线多年冻土普遍退化，威胁青藏铁路安全运营；同时，气温升高加速冰川消融，水体面积快速增加，高原湖泊溃决风险加剧。2011年卓乃湖溃决，洪水一路下溢至可可西里盐湖，给周边生态环境带来巨大影响，威胁青藏公路和青藏铁路。三峡库区及上游区域发生的超标准洪水，会增加水库防洪、调度和运营风险，暴雨事件频发可能引发滑坡、泥石流等地质灾害，危害大坝安全。气候变化和气象灾害给我国南水北调、西气东输、特高压电网、中俄输油管线、三北防护林等重大工程的安全运行带来风险，甚至可能引发重大环境事件。[1]

对经济安全的影响。随着我国经济社会快速发展，经济总量迅速提升，气候变化和气象灾害对我国造成的经济损失将不断增加，特别是极端天气气候事件，灾害损失大，社会影响重，影响经济稳定性，威胁国家经济安全。随着全球经济一体化，气候变化对其他国家经济安全造成的风险，也会通过国际贸易间接影响我国。

四 气候治理的重点及其对我国治理体系现代化的贡献

国外关于气候紧急状态的一系列举措，反映了西方国家国民意识的觉醒和气候变化思潮的进步。当前西方社会对气候变化的态度，已经成为区分政治路线是左还是右的重要因素之一，也深刻影响着西方的选举文化和社会文化，并推动国际气候治理的发展。中国与西方的政治体制和国情有显著差

---

[1] 郑国光：《科学认知气候变化 高度重视气候安全》，《人民日报》2014年11月24日，第10版。

异，经济发展阶段不同，气候特征和气候风险亦有不同。习近平总书记曾指出，关于气候变化问题，不是别人要我们做，而是我们自己要做。因此，我国气候治理既要借鉴国外的成功经验，又要深刻立足我国国情，从国家治理体系和治理能力现代化的要求出发，充分认识全球气候治理变革所带来的战略机遇，明确战略目标，增强战略定力，统筹好国际、国内两个大局，坚决维护好国家利益，彰显我国负责任大国形象，推动构建人类命运共同体。

一要扎实做好气象防灾减灾工作。我国仍是一个自然灾害频发和灾害损失较大的国家，党中央、国务院高度重视国家自然灾害防治和应急管理体系建设。习近平总书记提出了"两个坚持、三个转变"的防灾减灾救灾新理念，自然灾害防治、应急管理和气象工作息息相关、密不可分。气象是自然灾害防治和应急管理工作的"前哨站"和"第一道防线"，各类自然灾害的防、抗、救与气象条件密切相关，气象监测预报预警是自然灾害综合防灾减灾链条中的首要环节，具有基础性和先导性作用。推进国家自然灾害防治和应急管理体系建设，迫切需要强化气象灾害监测预报能力、突发灾害预警能力、灾害风险防范能力和灾害救援服务保障能力，提高气象防灾减灾工作的法治化、规范化、现代化水平。

二要提高极端天气气候事件防范和应对能力。在全球气候变暖背景下，天气气候异常复杂，气象灾害的多样性、突发性、极端性、不可预见性日益突出，多变性、关联性和难以预见性更加明显，气象灾害发生发展的规律越来越难以把握。同时，经济社会的快速发展对气象灾害的敏感性和脆弱性越来越强。在全球化和城镇化发展背景下，人群更加向城镇集中，经济社会活动流动性加大，由此带来的社会孕灾环境更加脆弱敏感、承灾体更加暴露、致灾因子更加复杂多样，气象灾害的放大效应、连锁效应日益凸显，气象灾害脆弱区域越来越广，敏感行业越来越多，气象灾害风险和防御难度越来越大。要立足于提高极端天气气候事件的防范和应对能力，增强对极端天气气候事件及其影响的预见性，防止气候变化引起的极端天气气候事件影响到不同行业，进而引发连锁反应，酿成"黑天鹅"或"灰犀牛"事件。要加强气候可行性论证，尊重气候、因地制宜，加强对重大规划和建设项目的气候

适宜性、风险性以及其对局地气候的影响评估，增强重大规划和重大工程建设抗御气候变化风险能力。

三要合理开发利用气候资源，发挥能源和经济转型中的气候优势。减缓气候变化，归根结底是要实现能源和经济的绿色低碳发展。在可再生能源中，风能、太阳能和水电等就广义而言都是气候资源。我国有 9 大气候带、22 个气候大区、45 个气候区，气候资源丰富。我国陆地 80 米高度风能资源技术开发量为 35 亿千瓦，另有 7 亿千瓦低风速风能资源，近海风能资源也很丰富。因此，可依据气候条件，科学合理开发风能、太阳能和水电等可再生能源。同时，科学挖掘气候宜居、气候生态、气候旅游等气候资源，加大生态文明建设气象服务保障，助力绿色发展。

四要开展气候治理文化建设。我国高度重视气候变化工作，但公众气象灾害风险防范意识偏弱，应对气候风险意识较低。气候治理文化建设是一项长期任务，提高社会气候治理能力，增强抵御气候变化能力，需要不断提高公民科学素养和气候素质，将气候知识列入国民教育体系中，实现气候文化进课堂。要依靠每一代人的持续努力，在全社会树立节能节约意识、培养绿色低碳行为习惯，形成公民应对气候变化、保护气候环境的自觉行动。

G.17
极地气候与环境的科技、战略和治理问题研究

刘嘉玥　陈留林　王文涛*

摘　要： 北极和南极位于地球的高纬度地区，由于其独特的环境和在全球气候系统中的重要性，备受国际关注。极地环境与全球气候变化间的相互影响，不但包含环境和科学问题，而且涉及安全、能源、经济和政治等多个方面。本文以极地环境与气候变化为切入点，梳理世界主要国家在南北极的战略规划布局、科学技术研究、经济发展以及国际合作和治理等方面开展的工作，并从科技创新布局和投入、极地考察活动等方面总结我国极地事务的发展历程和取得的成果，最后从基础研究、技术装备研发、数据共享、平台建设和国际合作等方面提出建议和思考，为应对气候变化和极地环境的可持续发展提供科学支撑。

关键词： 南极　北极　气候变化　科技创新

极地具有独特的地理位置，是人类赖以生存的全球生态环境的重要屏障。地球的南北两极，是全球变化的驱动器、全球气候变化的冷源，也是人

---

* 刘嘉玥，天津大学海洋科学与技术学院，讲师，主要研究方向为海洋战略；陈留林，中国极地研究中心，高级工程师，主要研究方向为极地科技战略与政策；王文涛，中国21世纪议程管理中心，研究员，主要研究方向为气候变化战略与政策。

类居住的地球与地外空间联系的重要窗口。极地储备了大量的矿产资源、水资源和生物多样性资源，是关乎人类生存和可持续发展的战略要地，也是大国利益竞争的制高点，具有举足轻重的地位。

党的十八大以来，习近平总书记做出了"认识南极、保护南极、利用南极"等重要批示，为极地工作的开展指明了方向。党的十九大报告把"坚持总体国家安全观""坚持推动构建人类命运共同体"等作为"新时代中国特色社会主义思想和基本方略"的重要内容，强调要"引导应对气候变化国际合作，成为全球生态文明建设的重要参与者、贡献者、引领者"。随着地球系统科学研究的不断深入，极地快速变化对全球气候和社会经济发展等诸多方面的影响越来越显著，极地的战略价值大幅提升，各国针对极地的科技投入呈明显增长趋势。极地作为海上新通道、资源新产地、全球治理新焦点、科技竞争新高地，已逐步成为21世纪国际治理的"新疆域"。

一 主要国家极地政策特点和动向分析

（一）战略规划

对于北极国家而言，经济发展、环境保护和国际合作是首要任务。其中，保持环境保护和经济发展之间的平衡是各国政策的重中之重，各国发布了一系列的极地战略规划。美国、俄罗斯作为北极国家，先后制定了较为具体的北极政策。2020年3月，俄罗斯发布《2035年前俄联邦北极地区国家基本政策》，将安全和发展作为新阶段俄罗斯北极政策的主要目标和方向①，在保障地区安全的前提下，重点关注北极地区的社会经济发展，将发展北方海航道作为俄罗斯北极国家利益的重要内容。挪威是最早颁布北极战略的国家，提出北极是其外交事务的优先事项，对冰川融化、环境污染等非传统安全事项非常重视。2016年，挪威发布了"南森遗产"国家计划，旨在加强

---

① 白峻楠：《〈2035年前俄联邦北极国家基本政策〉解析》，《国际研究参考》2020年第4期。

巴伦支海的环境和资源的可持续管理，2019 年发布《新奥尔松研究战略》，提出四大旗舰计划，进一步加强挪威在北极环境研究领域的领导力。北欧五国以软实力为主、硬实力为辅来介入北极事务，先后发布了各国的北极战略。对于欧盟来说，北极气候变化与生态保护、北极资源的绿色开发以及提升和加强北极治理是其北极战略的三大目标。日本 2015 年启动了"北极可持续挑战（ArCS）"国家旗舰计划，以科技创新和合作交流提升日本在北极的影响力。

南极方面，《南极条约》体系及其衍生出的南极治理机制构成了南极治理的核心，围绕"非军事化利用、国际合作、环境保护"三大支柱，各国制定了相应的南极战略和规划。美国具有强大的南极科研能力，发起并主导通过《南极条约》，建立了世界上最大的南极罗斯海海洋保护区，其南极科学研究、南极活动等领域的规模和能力处于世界领先地位。俄罗斯在南极地区的战略目标和国家利益的本质是争夺南极地区的权力，从南极获得国家利益、控制海上交通线以及据有战略要地等。2010 年，俄罗斯政府公布了俄罗斯 2020 年前后南极事业发展战略。《俄罗斯至 2020 年及以远南极活动发展战略》确定了俄罗斯在南极的优先任务，其中包括保护南极环境、保障宇航活动、确保捕捞业经济效益、对南极洲及其沿海进行地质矿产资源勘探、在南极洲从事系列科研活动以及对俄联邦在南极的科考设施进行现代化改造等内容。英国、澳大利亚也先后发布战略文件，制定各国南极行动计划，从国家战略层面进行部署，加大科研投入，提高开发利用力度。2009年，英国公布了《英属南极领地战略文件（2009～2013）》，为英国在南极的行动规划了蓝图。澳大利亚制定了未来 20 年极地行动计划，将维护《南极条约》体系稳定、增强其南极领土实际控制列为重点，并重启南极内陆冰川考察，以加强南大洋生物资源利用，提高南极科学研究质量，维护其在南极的领导地位。

（二）政策体系

各国的极地政策体系存在明显的差异，美国的极地科技体制是典型的多元系统型。美国涉及极地研究与发展的部门有 30 多个，其中国防部、美国国家航空航天局（NASA）、美国科学基金会（NSF）等 8 个部门是主要的资助和政策制定机构。美国极地科技体系的总体构架是白宫负责行政决策，NSF 负责管理实施。NSF 是极地科学研究、应用研究、国内科研支撑平台运行、科普教育的最主要资助者，直接影响美国极地科技和计划决策。美国国家科学院（NAS）是高端的民间科学咨询服务机构，既有对现有极地科学工作的介绍性报告，也有领域内的前瞻性报告，在极地科学研究和决策方面为NSF 起到了智囊的作用。这些报告也被 NSF 用于国会预算听证会和决策层的极地政策制定会议。此外，美国国家海洋和大气局（NOAA）、NASA 和美国地质调查局（USGS）也是长期参与极地考察和研究的重要政府事业机构。NOAA 主要资助南极气候监测、臭氧研究、遥感、海冰和冰山分析以及海洋生物资源研究。NASA 主要资助宇宙背景辐射和太阳活动、南极陨石收集、地外微生物、海冰和冰盖、平流层臭氧监测、合成孔径雷达地面站、极端环境下的人体医学和废弃物循环利用的技术研发等项目研究。美国北极政策的利益关注点在安全方面，而南极政策主要围绕四项核心原则，即不承认任何领土诉求、保留未来参与南极利用的权利、和平利用南极、科学调查及其他和平活动的自由进出。

澳大利亚、德国、英国等国家的极地政策体系呈现中心化的模式。澳大利亚南极局（AAD）、德国阿尔弗里德·瓦格纳极地与海洋研究所（AWI）和英国南极调查局（BAS）的定位是极地全球科学和事务的国际领导中心，分别隶属于澳大利亚环境部、德国教育与研究部和英国自然环境研究委员会，是各国海洋极地政策的核心咨询机构，也是各国极地研究和考察组织的核心机构。以德国为例，其极地科技体系与决策机构由德国教育与研究部出资设立的相关研究组织代表政府管理和运行，并为研究计划及机构提供资金支持。德国科学基金会是德国的科学资助机构，负责资助德国高等院校和公共性研究机构的科学研究，具体事务由 AWI 负责管理、协调和实施，同时 AWI 也是承担南北极研究的主要机构，是德国极地研究活动最重要的力量。德国地学研究中心、吉斯达赫特海岸带研究所以及基尔海洋研究中心也参与到了德国极地科学研究中。此外，由德国联邦和州政府支持的马克斯－普朗克研究所在极地气候模拟和微生物研究方面也颇有建树。

（三）科学研究

基于2015～2017年度极地领域的文献分析情况，我们发现共138个国家涉及极地研究领域。美国、英国、加拿大分别位列论文产出前三名，德国、挪威、俄罗斯也稳居前列。美国在极地海洋学领域占有极大优势，其次是加拿大、俄罗斯、挪威、英国等毗邻北极的国家。美国是冰川研究文献产出最多的国家，国家冰芯实验室（NICL）保存和分析了南极大陆和格陵兰岛的几乎所有冰芯样品和数据，NOAA和NASA的卫星则为全球提供了极地冰盖的遥感监测数据记录。冰川研究文献产出紧随其后的是英国、德国。总体而言，极地领域研究呈现"一超多强"的局面，美国每年南极活动投入在2亿～5亿美元，遥遥领先其他协商国。美国未来南极科技研究主要包括以下6个优先领域：①领导国际努力改善观测网络和地球系统模式；②继续支持致力于新发现的基础科学研究；③加强国际合作；④研发和运用新技术；⑤协调综合的极地教育；⑥通过改进后勤的有效性、灵活性、机动性，继续为南极科学提供强有力的支持。除美国外，其他各国在极地研究领域保持着固有特色。例如，挪威在北极环境保护研究领域的影响力举足轻重，加拿大则在航道环境和渔业资源研究方面保持着世界领先地位。

（四）大科学计划和国际组织

近年来，极地相关的国际大科学计划密集出台。南极研究科学委员会（SCAR）通过南极和南大洋"地平线扫描计划"（Horizon Scan），确定了南极未来6大科学研究优先领域。国际北极科学委员会（IASC）通过第三次国际北极研究计划大会（ICARP III），确定了北极未来十年的优先事项。北极理事会（AC）与IASC合作推动了北极持续观测网（SAON）的实施。欧盟于 2016 年启动了整合北极观测系统（INTAROS）项目，集合了 14 个欧洲国家的科学家，共同致力于扩展、改进和统一北极地区的现有观测系统。海洋科学委员会（SCOR）和 SCAR 合作开展了南大洋观测系统（SOOS）计划。由 21 个国家参与的极地预报年（YOPP）计划正在实施，有望推进从小时、季节到气候尺度的极区无缝隙预报。各国科技投入也持续加大，美国为维持其在南极科技领域的领导地位，制定了西南极冰川大型观测计划，极力推进对南极冰下湖环境等前沿领域的探索和研究；投入 10 亿美元研发并发射了新一代冰观测卫星（ICEsat-2），并计划建造 3 条重型和 3 条中型破冰船。由 IASC 推出、AWI 主导的北极气候研究多学科漂流观测计划（MOSAiC）目前已顺利进展至第 4 航段，19 个国家的 600 多位科学家参与了此项国际极地年（IPY）以来最大的国际北极合作计划。德国 AWI 和挪威极地研究所（NPI）在北大西洋和北冰洋的战略要道弗拉姆海峡布放了一系列海流潜标，2000 年至今该计划迅速发展为多国联合的共同观测计划。

在北极对话机制建设方面，挪威、俄罗斯和冰岛活跃程度较高，各自分别发起建立了北极前沿论坛（Arctic Frontier）、国际北极论坛（International Arctic Forum）和北极圈论坛（Arctic Circle），主办国极其重视，国家元首出席并发表北极宣言，鼓励北极域内外国家开展科学交流和政策对话，与会各方借此机会共同商讨有关北极地区的重要议题。目前，这 3 个论坛已逐渐成为全球范围内探讨北极可持续发展、共同开发和有效利用北极资源的多边性机制平台，主办国自身的北极影响力不断扩大。

（五）极地考察活动

美国持续维持其对南极考察活动的强大支持，如美国海岸警卫队的重型破冰船及航空大队 C17、C130 等设施维持了麦克默多站、帕尔默站和斯科特站的常年运行，同时美国还持续加强对北极的考察能力。到 2020 年，俄罗斯已经全面恢复了苏联时期留下的全部考察站点设施，拥有了分布最广的南极科学观测站网系统，恢复了南极考察的双船模式，开展了全面的南大洋海洋调查与研究。全球在高北地区共有 87 个北极陆地观测站，其中俄罗斯共设立了 21 个、加拿大设立了 20 个、挪威设立了 10 个。俄罗斯正在升级北极漂流浮冰站，开工建造海上永久观测设施，长期驻扎地理北极点。澳大利亚的考察活动由 AAD 负责，AAD 除了运行管理澳大利亚南极计划的职能外，自身也有由科学家组成的研究团队，每年的运行经费约 1.2 亿澳元，已经建立了蓝冰机场，沙砾跑道已在规划中；美国强化海军主导的核潜艇水下动力环境考察，并与北约盟友合作布设和运行长期浮冰观测站。加拿大和挪威等国家先后启动了能够对北极实现全天候凝视观测的高椭圆轨道卫星观测计划。

二　我国政府高度重视极地研究工作

习近平总书记高度重视极地工作，多次就极地事务做出重要指示。2013 年 6 月 21 日，习近平总书记向南极科考人员发去南极仲冬节慰问电，指出"开展海洋和极地考察、探索地球科学奥秘具有重大现实意义"。2014 年 11 月 18 日，习近平总书记登上"雪龙"号科考船，视察了中国第 31 次南极考察队，参观了中国南极考察 30 周年图片展，作出了要"认识南极、保护南极、利用南极"的重要指示。2016 年 9 月 27 日，习近平总书记在中央政治局第三十五次集体学习中指出，"要积极参与制定海洋、极地、网络、外空等新兴领域治理规则"。2017 年 1 月 18 日，习近平总书记在瑞士日内瓦出席"共商共筑人类命运共同体"高级别会议时指出，"把深海、极地、外空、互联网等领域打造成各方合作的新疆域，而不是相互博弈的竞技场"。2017 年 7 月 4 日，习近平总书记在莫斯科会见俄罗斯总理梅德韦杰夫时，明确提出中俄"要开展北极航道合作，共同打造'冰上丝绸之路'"。2019 年 1 月 4 日，习近平总书记在会见芬兰总统尼尼斯托时，指出"中方愿同芬方加强在北极理事会框架内合作，共同促进北极地区可持续发展"。

我国于 1983 年正式成为《南极条约》缔约国，并随着第一个科学考察

站的建立，进一步成为《南极条约》协商国，积极参与南极事务决策；我
国于 2013 年成为北极理事会观察员国，近年来参与北极事务的活动范围和
能力不断增大。2018 年，我国发布《中国的北极政策》白皮书，从"不断
深化对北极的探索和认知""保护北极生态环境和应对气候变化""依法合
理利用北极资源""积极参与北极治理和国际合作"四个方面提出我国参与
北极事务的基本原则和政策主张①。白皮书既体现了我国对北极地区实现和
平和合作的追求，也是习近平总书记倡导的"构建人类命运共同体"思想
的又一具体实践，同时也回应了当前国际社会的期待。在世界多国已先后发
布北极政策文件的前提下，白皮书是我国结合自身实践总结提炼的北极政策
主张，能够进一步规范指导北极活动。

（一）加强极地科技创新规划布局

进入 21 世纪，我国进一步重视和加强极地科技创新的顶层设计和战略
部署，先后出台了一系列政策规划，全面推进极地研究和科考事业快速发
展。《国家中长期科学和技术发展规划纲要（2006～2020 年）》② 提出，面
向国家重大战略需求，将极地气候、环境及其对全球变化的响应作为研究重
点。《国家"十一五"海洋科学和技术发展规划纲要》③ 提出，重点发展极
地重要海洋生物资源开发利用技术；重点开展南极和南大洋、北极、极地考
察高新技术和基础设施建设研究；建成极地海洋科学数据的共享数据库系统
和极地样品海洋自然科技资源共享平台。《国家"十二五"海洋科学和技术
发展规划纲要》④ 提出，发展极地遥感技术、测绘技术、天文观测技术和大

---

① 国务院：《中国的北极政策》，http：//www.scio.gov.cn/zfbps/32832/document/1618203/
1618203.htm.
② 《国家中长期科学和技术发展规划纲要（2006～2020 年）》http：//www.gov.cn/gongbao/
content/2006/content_240244.htm.
③ 《国家"十一五"海洋科学和技术发展规划纲要印发》http：//www.gov.cn/gzdt/2006-11/
27/content_454522.htm.
④ 《海洋局等联合发布"十二五"科技发展规划纲要》http：//www.gov.cn/jrzg/2011-09/
17/content_1949648.htm。

气探测技术等；从种群、物种和基因三个层次建设极地海洋生物多样性研究体系；加强极地科研试验基地、基础设施和条件平台建设，建造新型极地破冰船。《"十三五"海洋领域科技创新专项规划》① 提出，开展全球海洋变化、极地科学等基础科学研究；研究极区环境变化对全球气候变化的影响；开展极地关键技术攻关和装备研发。

（二）极地技术创新不断发展

近年来，我国不断强化极地领域科技创新和关键技术支撑，针对极地研究实际需求，在极地环境观测、冰下探测、北极大气 – 海冰 – 海洋耦合数值预报系统等方面已取得了技术和装备上的重大突破。在北冰洋碳循环和海洋酸化研究方面，揭开了北冰洋酸化水团快速扩张机理；在极地冰川研究领域，建立了观测断面和冰穹 A 地区冰川学综合观测体系，在国际上首次揭示南极冰盖的形成和演化过程；自主研发的"海 – 冰 – 气无人冰站观测系统"在北冰洋实现了 1 年以上的连续观测；国际领先的大气钠荧光激光雷达完成了在南极中山站的试运行，进入业务化应用阶段，可 24 小时昼夜连续观测；2019 年5 月，我国首制南极磷虾船"深蓝"号在广州下水，该船是我国第一艘新造专业南极磷虾捕捞加工船，建成后将是国内最大最先进的远洋渔业捕捞加工一体船，有力提升了我国在南极磷虾科考、捕捞、加工等领域的技术水平。

（三）极地科学考察能力显著增强

我国于 2012 年组建国家海洋调查船队，在极地科考方面，与俄罗斯、加拿大等环北极国家相比科考船数量较少。随着极地在国家战略中的地位不断提升，我国对科考船的投入逐渐增加，科考船的数量和功能也在不断完善。自 1980 年我国开展南极科学考察以来，已完成 36 次南极科考、10 次北极科考，极地科考队伍逐渐壮大，极地事业大规模发展。近年来，我国极

---

① 《三部门联合印发〈"十三五"海洋领域科技创新专项规划〉》http：//www.gov.cn/xinwen/2017 – 05/22/content_ 5195566. htm。

地科学考察能力显著增强，一是形成了极地航行保障和运输体系，已建成两艘极地科学考察破冰船、极地科考内陆车队和航路预报系统。其中，"雪龙"号分别于2012年、2017年首航北极东北航道和西北航道，创下了我国航海史上多项新纪录；2018年我国第一艘自主建造的极地科考破冰船"雪龙2"号下水，该船融合了国际新一代考察船的技术、功能需求和绿色环保理念，已进入世界先进极地科学考察破冰船行列。二是形成了极地科学考察站点体系。已建成南极"长城站"（1985年）、"中山站"（1989年）、"昆仑站"（2009年）、"泰山站"（2014年）和北极"黄河站"（2004年）、"中冰北极科学考察站"（2018年），并着手建设我国第5个南极科考站，进一步完善我国南极考察站网，填补我国南极重点区域空白，提升我国在国际南极事务中的话语权。三是构建了极地环境综合观测系统，涵盖海洋、冰雪、大气、生物、地质等学科的立体观测体系。

三 建议和思考

与其他国家相比，我国极地科技总体起步较晚，部分极地核心关键技术自主创新能力不足，极地装备和设施条件不具规模。当前，我国极地科技创新正处于大有可为的战略机遇期，应积极面向国家重大战略需求，瞄准极地科学研究的前沿方向，提出切实可行的极地科技发展目标，抓好顶层设计和具体任务落实，推动极地事业的高质量发展。

（一）提升极地科学基础研究水平

针对极地气候、环境、生态、地质和空间等重大科学问题开展进一步研究，特别是深入探索和解决南极冰架－海洋相互作用、极区海洋酸化及其生态效应、极地微塑料等新兴污染物环境问题、极地生物适应性机制、南大洋环流及其生态效应等前沿热点难题，不断提升科研成果质量和社会经济效益，从而更好地引领国际极地研究，应对气候变化和环境危机，支撑和拓展国家核心权益。

（二）加强极地技术装备研发

加大极地技术装备研发的投入力度，加强交流合作，在科考站建设基础上进一步系统规划匹配大型科研项目。同时加强核心关键技术装备的创新突破，支撑我国极地船舶建造、航道运行、资源开发等领域科技自主创新能力不断提升，打造新技术、新模式、新产业。加快推进南北极科学考察新站、新船、新飞机、新装备等能力建设，进一步完善极地科技创新支撑和条件保障体系。

（三）加强国家极地科技资源统筹共享

积极依托现有极地科技创新资源，建立和完善成果共享机制，加强相关平台、装备和数据的共享使用。进一步加强极地科考装备、卫星地面站以及国家野外观测台站等建设，汇聚力量统筹建设极地科技资源国家平台，为极地科技创新发展提供更好的支撑。

（四）进一步推动极地科技国际合作

充分利用已建立的良好国际合作基础，围绕极地环境与气候变化，进一步深化极地科技双边和多边国际交流合作，推进国际相关合作计划项目实施，有序推动极地科技外交工作，体现大国责任并有效回应国际社会关切，为我国极地科技发展营造良好的外部环境。同时，积极发起"三极环境与气候变化"等国际大科学合作计划，汇聚全世界相关科技力量，着力解决极地关键科学问题，展现我国极地综合实力和科技竞争力。

G.18
黄河流域应对气候变化与高质量
发展的挑战

朱守先　周兵　韩振宇　崔童*

摘　要：　黄河流域是我国第二大流域，也是中华文明的重要发源地，
　　　　　是我国重要的生态屏障和重要的经济地带，在我国经济社会
　　　　　发展和生态安全方面有着十分重要的地位。探讨黄河流域应
　　　　　对气候变化和高质量发展对于优化全国战略布局具有积极意
　　　　　义。在全球变暖背景下，未来黄河流域气候呈现温度上升和
　　　　　强降水事件增加的趋势，本文综合考虑黄河流域生态环境基
　　　　　本特征、水资源状况和气候变化因素，分析了黄河流域减缓
　　　　　和适应气候变化行动，开展了黄河流域未来气候变化预估与
　　　　　气候风险评价。建议：一是加强上游气候变化监测与影响研
　　　　　究；二是提高流域旱涝预报预测预警水平；三是统筹规划提
　　　　　高流域气候综合保障能力；四是加强气象灾害风险管理，推
　　　　　进农业气象保障工程实施；五是转变传统经济发展方式，加
　　　　　强流域水资源保护。

关键词：　黄河流域　高质量发展　气候风险　气候生态

---

* 朱守先，博士，中国社会科学院生态文明研究所人居环境研究中心执行研究员，主要研究方
向为资源环境与区域发展；周兵，博士，国家气候中心研究员、新闻发言人，主要研究方向
为应对气候变化监测与气候服务；韩振宇，国家气候中心副研究员，主要研究方向为气候变
化预估；崔童，国家气候中心工程师，主要研究方向为气候与气候变化服务。

黄河是我国的第二大河，发源于青藏高原巴颜喀拉山北麓海拔 4500 米的约古宗列盆地，流经青海、四川、甘肃、宁夏、内蒙古、山西、陕西、河南、山东等 9 省（区），在山东垦利注入渤海。干流河道全长 5464 千米，流域面积 79.5 万平方千米（包括内流区 4.2 万平方千米）。黄河流域涉及 66 个地市（州、盟），340 个县（市、旗），其中 267 个县（市、旗）全部位于黄河流域，73 个县（市、旗）部分位于黄河流域。

黄河流域是我国重要的生态屏障和重要的经济地带，是打赢脱贫攻坚战的重要区域，在我国经济社会发展和生态安全方面具有十分重要的地位，保护黄河是事关中华民族伟大复兴的千秋大计，黄河流域生态保护和高质量发展，同京津冀协同发展、长江经济带发展、粤港澳大湾区建设、长三角一体化发展一样，是重大国家战略①②。

一 黄河流域气候变化与生态环境概况

（一）黄河流域气候变化特征

黄河流域大部分地区位于我国南北气候过渡带，降水年际、年代际变化大特征明显。1961 年以来，黄河流域大部气温呈上升趋势，其中上游地区升温最为显著，1998~2019 年平均气温较之前升高了 1.3℃，中游地区升高了 1.1℃，下游地区升高了 0.8℃。20 世纪 90 年代黄河流域处于降水偏少时期，严重时黄河多次出现断流，黄河上游和中游地区 2010 年以来降水处在偏多时期，平均年降水量较 20 世纪 90 年代分别偏多 9.2% 和 12.4%，但 2010 年以来下游地区平均年降水量比 20 世纪 90 年代要少，干旱现象凸显。黄河上游暖湿化与中下游暖干化趋势明显。

---

① 《〈求是〉杂志发表习近平总书记重要文章：在黄河流域生态保护和高质量发展座谈会上的讲话》，《人民日报》2019 年 10 月 16 日，第 1 版。
② 水利部黄河水利委员会：《黄河流域综合规划（2012~2030）》，黄河水利出版社，2013。

1. 极端性与气候变化趋势

1961~2019 年，流域内极端最高气温（44.4℃）出现在河南伊川（1966 年），极端最低气温（－48.1℃）出现在青海玛多（1978 年）。1961 年以来，黄河流域年平均气温、平均最高气温和平均最低气温均呈上升趋势，升温幅度分别为每 10 年 0.28℃（见图 1）。其中，黄河上游平均每 10 年升高 0.36℃，中游和下游每 10 年分别升高 0.35℃和 0.25℃。黄河流域高温日数呈增加趋势，常年平均高温日数 5.6 天，最多年（1997 年）14.4 天，最少年（1984 年）1.2 天。1961 年以来，黄河流域高温日数总体呈增加趋势，增加幅度为每 10 年 0.4 天。

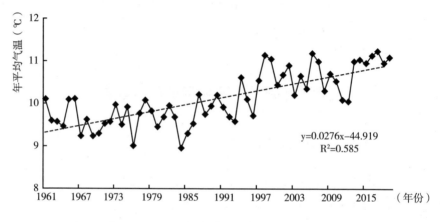

图 1　黄河流域年平均气温线性变化趋势（1961~2019 年）

黄河流域降水变化特征为北部增多，南部减少，极端降水强度增强、年际变率大。年平均值为 465.6 毫米，最多年（1964 年）降水量为 697.8 毫米，最少年（1997 年）降水量为 336.8 毫米。1961 年以来，流域降水量降水年际变化大，总体呈减少趋势。流域降水量呈减少趋势，减少幅度为每 10 年 5.4 毫米。降水年代际及阶段性变化特征明显，20 世纪 60~80 年代偏多，进入 90 年代后处于降水偏少时期，黄河曾经多次断流。21 世纪以来降水快速增加，2003~2019 年平均降水量比 20 世纪 90 年代偏多 10.8%。尽管黄河中游地区总降水量呈减少趋势，但是极端降水强度增强。以银川、兰州为例,最大小时降水量由 60 年一遇变为 45 年一遇、45 年一遇变为 30 年一遇、25 年一遇变为 15 年一遇。黄河流域降水日数总体呈减少趋势,减少幅度为每 10 年 2.5 天。黄河流域年平均相对湿度 60.7%,呈弱减小趋势,最大年(1964 年)为 69.2%,最小年(2013 年)为 56.2%。

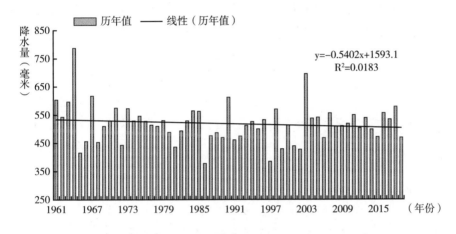

图 2 黄河流域年平均降水变化特征(1961~2019 年)

黄河流域风速与大风日数呈现减少趋势,减小幅度为每 10 年 0.1 米/秒。年平均风速为 2.0 米/秒,最大年(1969 年)为 2.66 米/秒,最小年(2003 年)为 1.85 米/秒。1961 年以来,黄河流域年平均风速呈减小趋势。黄河流域年大风(6 级以上大风)日数有 11.2 天,最多年(1966 年)26.2 天,最少年(2011 年)3.3 天。1961 年以来,黄河流域年大风日数呈减少趋势,减少幅度为每 10 年 2.4 天。

2. 冰川面积与水资源变化趋势

受区域升温的影响,黄河上游地区冰川面积表现为一致性的退缩趋势,积雪日数总体呈减少趋势。各主体冰川面积均呈现显著退缩,退缩减少幅度在 8%~13%。三江源标志性冰川之一小冬克玛底冰川,1989~2015 年,累积物质平衡亏损 7.615 毫米;在青海祁连山区,近 50 年来冰川面积减少 198.44 平方千米(减少了 19.17%)。

1961 年以来,黄河流域地表水资源量总体呈现微弱下降趋势,年代际丰枯变化明显，20世纪60年代到80年代以偏多为主，其中60年代最多，较常年偏多9.6%；90年代为枯水时段，较常年偏少5.2%；21世纪以来地表水资源呈回升态势，2011年以来明显偏多（8.2%）。2003年和1964年为水资源最为丰富的两年，水资源分别较常年偏多38.6%、49.9%。

受气候变化和人类活动共同影响，1961年以来上游控制站头道拐站、中游控制站花园口站、下游控制站利津站年径流量均呈现显著下降趋势，且自上游向下游下降趋势越来越明显。20世纪90年代以前以正距平为主，之后以负距平为主。

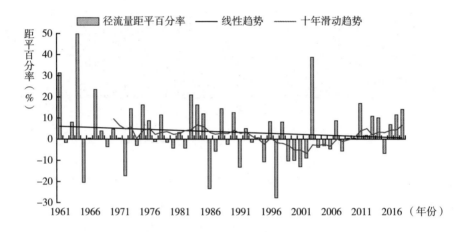

图3 黄河流域地表水资源距平百分率历年变化

（二）流域生态环境基本特征

1. 植被生长状况变化

2000年以来，黄河流域5～9月生长季平均植被指数（NDVI）呈明显的增加趋势，植被条件逐步改善，其中2019年平均植被指数为0.49，较近20年同期平均增加11.3%，仅低于2018年，为近20年来第二高值（见图4a）。上游NDVI呈明显的增加趋势，植被条件逐步改善，其中2019年平均植被指数为0.44；中游NDVI呈明显的增加趋势，植被条件逐步改善，其中2019年平均植被指数为0.56，较近20年同期平均增加10.8%；

下游 NDVI 呈明显的增加趋势，植被条件逐步改善，其中 2019 年平均植被指数为 0.60，略低于 20 年同期平均值（见图 4b）。黄河流域下游区域最近的 5 年平均植被指数较 21 世纪初的 5 年平均值提高了 9.1%，植被生态环境显著改善。

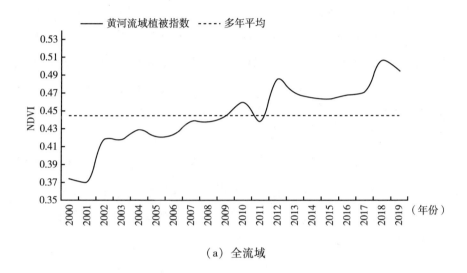

（a）全流域

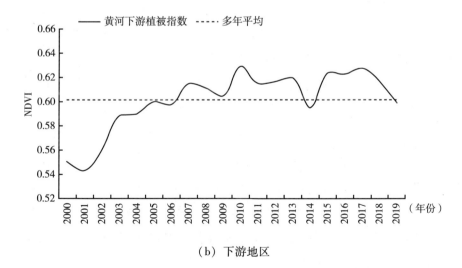

（b）下游地区

图 4　黄河流域全流域及下游植被指数历年变化情况

植被改善面积大于退化区域面积，植被覆盖及生长状况恢复明显。总体上以上游地区植被指数增长最为缓慢，中游地区变化差异较大，下游地区增长最快。黄河源区植被覆盖程度整体呈波动上升趋势、局部有所退化，"先增后降"的年代际变化特征明显。植被改善区域主要分布在扎陵湖和鄂陵湖以南地区，气温是影响黄河源区植被变化的主要气候因子，海拔越高影响越大。退化区域则主要分布在两湖以北，植被退化区平均坡度和海拔相对较低。中游南部局地植被指数显著减少，植被退化严重；下游地区植被指数多呈增加趋势，植被覆盖程度明显好转，植被改善情况总体较好。

2. 湖泊湿地与植被生产力

随着黄河上游降水量的增加，相应的水文生态环境也发生也明显改变，湖泊湿地面积增大，植被长势趋好。根据卫星遥感监测数据，2006 年以来三江源地区湖泊总面积呈稳定增加趋势，平均每年增加 40 平方千米，面积累计增加约 5%。黄河上游的青海及甘肃境内湿地面积总体均呈增加趋势，目前两省湿地面积较 21 世纪初分别增加了 110.9% 和 51%。

2000 年以来，黄河下游山东境内湿地面积显著增加，2018 年湿地面积相对于 2000 年增加了 93%，其中 2000～2004 年增加了 68%；2004 年以来，湿地面积持续增加。山东境内水体面积略有增大，增加了约 3%，其中在 2017 年水体面积达到最大，达 4310 平方千米。

2000～2017 年黄河流域植被年生产力整体呈增加趋势，变化趋势在时间上表现为先减少后增加。黄河流域植被生产力具有较强的空间分异性，呈从南向北带状递减分布。其中黄河中上游地区植被生产力总量约占整个流域的 96%，对整个黄河流域生态环境的影响有着举足轻重的作用，加强对中上游区域的生态环境建设与保护至关重要。黄河流域植被生产力总体上受降雨影响较大。土地利用方式的变化是黄河流域植被生产力减少的主要因素[1]，其中农

---

① 李作伟、吴荣军、马玉平：《气候变化和人类活动对三江源地区植被生产力的影响》，《冰川冻土》2016 年第 3 期。

用地转变为建设用地，以及草地转变为荒漠是造成黄河流域植被生产力损失的主要土地利用变化方式。

（三）气象灾害及气候风险

影响黄河流域的气象灾害种类繁多，主要包括：干旱、暴雨洪涝、低温冰冻及雪灾等。流域内旱涝灾害频繁，季节性、区域性和群发性特征明显。中下游不仅受暴雨洪涝导致黄河水泛滥的威胁，还受干旱的影响，时有凌汛发生。黄河流域气象灾害损失严重，平均每年农作物受灾面积 11.26 万平方千米，直接经济损失 656 亿元。其中暴雨洪涝最为严重，造成的经济损失占该地区总经济损失的 35.5%，其次为干旱，造成的经济损失占比为 28.3%。历史上 2010 年甘肃舟曲发生特大泥石流灾害；2016 年 7 月山西太原由于极端降水出现严重内涝；2017 年 7 月陕西北部出现强降水过程，子洲（218.7毫米）、米脂（140.3 毫米）、横山（111.1 毫米）3 站日降水量均突破历史极值。

气象干旱风险呈增加态势，平均年干旱日数 47 天。干旱年发生频率，河套地区及中下游地区多达 60%~70%，内蒙古中部、宁夏北部、河南中部超过 70%。1961 年以来，黄河流域年干旱日数大部地区呈现增加趋势，河套南部及山西等地增加趋势每十年超过 5 天，干旱风险增加。

盛夏时期黄河流域上中游暴雨风险大。黄河流域平均年暴雨日数仅有0.63 天，由上游至下游逐渐递增，上中游不足 1 天，下游一般有 1~3 天，局地超过 3 天。雨涝年发生频率下游较大，有 5%~10%，局部地区超过10%，上中游发生频率低。暴雨洪涝多发期出现在盛夏 7~8 月，渭河流域9 月也有发生。

凌汛决溢是黄河洪水灾害的另一种表现形式。冬季封河期和初春开河时，黄河干流宁夏石嘴山至内蒙古河口镇和下游花园口至黄河入海口两个河段是冰凌洪水形成的高风险区。1951 年、1955 年、1969 年、1982 年、1997年和 2007~2008 年，黄河流域均发生过严重的凌汛灾害。如 2007~2008 年度黄河宁蒙河段遭遇 40 年来最严重的凌情，该年度稳定封河长度约 720 千

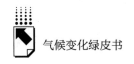

米，河槽蓄水量达 18 亿立方米，超过多年均值的 30% 以上且分布不均匀。

河套地区低温霜冻危害大。黄河流域每年 10 月至次年 5 月为寒潮的高发期。河套地区及青海东部寒潮发生频繁，年寒潮发生次数有 4 ~ 10 次，青海东南部、内蒙古南部、陕西北部、山西北部超过 10 次，内蒙古南部、青海东南部年寒潮天气频次最多的年份超过 20 次。寒潮发生过程中最大降温幅度普遍超过 20℃，内蒙古、青海部分地区最大降温幅度达 25 ~ 30℃。

黄河中游是霜冻害的易发区，黄淮平原、关中平原和晋南地区经常发生春季霜冻害；甘肃陇南及河套地区为春小麦主产区，易受春季较强冷空气侵袭，也易遭受较严重霜冻害；陕西南部及黄河下游地区是冬小麦的主产区，初秋、春季易遭受低温霜冻灾害。黄河下游虽然年降雪日数和积雪日数不如上游多，但极端日降雪量大（20 ~ 30 毫米）、最大积雪深度厚（20 ~ 30 厘米），由于下游区域的社会经济快速发展和交通地理位置重要性日益凸显，其造成的影响也不容忽视。

在气候变暖的背景下，由于平均最低气温的快速上升导致气候日较差变小，从而造成黄河流域低温霜冻日数减少，中下游减少趋势较为显著。但低温霜冻灾害仍时有发生，需关注其造成的可能危害。草原牧区有受雪害风险。黄河流域上游年降雪、积雪日数多，均普遍有 30 ~ 100 天，黄河源区超过 100 天，局地的平均年雪灾过程次数有 0.2 ~ 0.4 次，最大值超过 2 次，草原牧区有受雪灾影响的风险。

二　气候变化影响下黄河流域高质量发展的机遇挑战

（一）气候变化影响下高质量发展的挑战

第一，黄河流域各省区尽管拥有"黄金水道"，却不具备航运价值，陆路交通制约流域内各省区之间的经济要素有效流通。自然地理形成了"天堑"，但现实中黄河流域各省区急需社会经济互联互通，碎片化的局域合作成为折中的选择，而各自为政却使得协作区无法真正实现要素流动、协同发展，优势互补，未形成区域整体系统发展格局。

第二，黄河干流流经西宁、兰州、郑州、济南等省会城市，但缺少有足够辐射带动全流域综合发展动力的区域，没有像长江经济带那样形成龙头城市、核心城市等发展引擎，下游城市尚不能通过辐射带动中上游省区的发展。黄河流域是中部崛起和西部大开发的主战场，但与长三角、粤港澳相比，发展相对较慢。尽管近年来"中原经济区""晋陕豫黄河金三角示范区""宁夏沿黄经济带""兰州－西宁经济区""天山北坡经济带"等国家级区域发展规划相继发布，但黄河经济协作区作为一个整体，目前协同发展还处于较低的水平，缺乏整体规划和推进，能源资源等优势发展要素缺乏综合系统规划，区域协作力量弱。

第三，黄河流域大部分位于干旱半干旱地区，水资源系统对气候变化十分敏感，最近几十年黄河流域气温和降水发生了明显变化。气温升高和降水减少是黄河流域径流锐减的重要原因，上游生态水源涵养、中游水土保持和治理、下游湿地保护都与气候承载能力密不可分。黄河的水量利用率超过80%，远远超过国际公认水资源开发生态警戒线，供水量已超过了黄河水资源的承载能力，严重挤占生态流量，随着区域经济的加快发展，水资源供需矛盾将更加突出，水环境治理难度将更大。

（二）气候变化影响下高质量发展的机遇

第一，发展基础坚实，政策红利突出。2013 年，国务院批复《黄河流域综合规划（2012～2030 年)》。该规划作为黄河流域开发、利用及节约、保护水资源和防治水害的重要依据，通过组织实施，将使得黄河流域的综合治理与开发进一步提速。按照该规划，到 2020 年，黄河水沙调控和防洪减淤体系将初步建成，以确保下游在防御花园口洪峰流量达到每秒22000 立方米时堤防不决口，重要河段和重点城市基本达到防洪标准；到 2030 年，黄河水沙调控和防洪减淤体系基本建成，洪水和泥沙得到有效控制，水资源利用效率接近全国先进水平，流域综合管理现代化基本实现。

2019 年 9 月，习近平总书记在黄河流域生态保护和高质量发展座谈会上对黄河治理作出重要指示，要求"共同抓好大保护，协同推进大治理，让黄河成为造福人民的幸福河"。强调针对黄河复杂治理问题的系统思维、协同配合与系统治理方略，"治理黄河，重在保护，要在治理。要坚持山水林田湖草综合治理、系统治理、源头治理，统筹推进各项工作，加强协同配合，推动黄河流域高质量发展"。

1988 年 7 月，沿黄河七省区（青海、甘肃、宁夏、陕西、山西、河南、山东）经济协作区正式成立，远早于长江经济带成立时间，截至 2019 年 12 月 30 日，黄河经济协作区省区负责人第三十次联席会议召开，黄河经济协作区省区负责人联席会议平台提出紧紧抓住黄河流域生态保护和高质量发展上升为重大国家战略这一历史机遇，共同抓好大保护、协同推进大治理，推动黄河流域高质量发展，让黄河成为造福人民的幸福河。

第二，能源生态呈优化趋势，低碳发展潜力显著。黄河流域总体发展基础坚实、自然资源丰富，拥有占全国储量 67% 的天然气、75% 的煤炭、43% 的石油等能源资源，地缘优势独特，是"一带一路"的节点区域，促进高质量发展的潜力巨大。从黄河流域能源生产情况分析，2019 年中游地区的山西、内蒙古、陕西三省区能源消费总量均超过 5 亿吨标准煤当量，属于能源净输出地区，三省区原煤产量达到 27 亿吨，占全国原煤产量比重超过 70%，是全国煤炭最为集中的产区。

多数情况下现代能源工业生态系统的发育建立在其他先导生态系统的基础之上。除山西、内蒙古、陕西三省区以外，黄河流域六省区均属于能源净流入地区，而且以煤炭为主的能源消费结构是其高碳发展的原因所在，同时以非能源资源开发为基础的能源产品使用者和消费者的集合——能源外生系统在中下游省区表现得更为显著。其中山东省境内黄河流域面积最小，仅为 1.36 万平方千米，但是全省能源消费位居全国首位，相比之下，由于拥有较为发达的外生系统（主要体现在具有良好的金属和建材等基础原材料加工及农业生产能力上），下游河南和山东等省的能源生态系统保持着一种较为良好的发育状态，依靠区域联动实现低碳发展潜力巨大。

三　黄河流域减缓与适应气候变化的政策与行动

（一）产业发展特征

2019 年，黄河流域 9 省区经济总量为 24.74 万亿元，人口总量为 4.22 亿人，占全国比重分别为 24.97% 和 30.13%，其中甘肃、宁夏、青海 3 省区经济总量占全国比重不足 1%，青海所占比重不足 0.3%。2019 年黄河流域人均经济总量为 5.86 万元，比全国平均水平低 17%，9 省区人均经济总量均低于全国平均水平，甘肃人均经济总量位居全国末位，不足全国平均水平的 1/2。

（二）节能与能源转型

黄河流域的能源资源在全国七大江河流域中最多，具有种类齐全、储量大、质量好、开采条件优越、分布相对集中等特点，流域内形成了上游水电、中游煤炭、下游石油的分布格局[①]。"十二五"时期重点建设了五大国家综合能源基地，其中山西基地和鄂尔多斯盆地基本上全部位于黄河流域，两大基地一次能源生产能力占国家综合能源基地的 61%。此外，黄河流域地区能源综合效率呈现不稳定特征，需要积极应对经济转型、产业转型、能源转型中的各类问题，在生态优先原则下保障高质量发展[②]。

（三）农业领域行动

以甘肃为例，气候变化对甘肃农业生产的影响深刻，普遍而又有区别，利弊兼并，总体影响利大于弊。适应气候变化已成为全球共识，应充分利用变暖的气候资源，减少不利影响，促进农业可持续发展。基于气候变化对甘肃主要粮食作物、经济作物和林果等的影响研究成果，分析主要农作物适应

---

① 张文合：《黄河流域开发条件的总体评价》，《干旱区资源与环境》1991 年第 3 期。
② 关伟、许淑婷、郭岫垚：《黄河流域能源综合效率的时空演变与驱动因素》，《资源科学》2020 年第 1 期。

气候变化的总体策略，分区域提出对策措施，以确保农业稳定增产，实现趋利避害和防灾减灾的目标。具体措施如下。

（1）实现土地资源优化配置和综合利用格局，充分利用丰富的光热资源，针对春小麦、冬小麦、玉米、马铃薯等主要作物的生物学特征，建立作物生态气候综合区划指标体系。

（2）调整作物种植制度。根据农业现实和地形梯度的土地利用分布特征，结合气候变化对农业影响的事实及气候资源差异性特点，综合考虑农业种植结构调整，建立不同区域农业土地利用及农业种植结构调整优化方案。河西走廊灌区以绿洲农业为主，应减少春小麦种植面积，增加玉米种植面积，稳定马铃薯种植面积，适当扩大棉花、甜菜等经济作物种植数量，引进扩大啤酒大麦、甘草等特种作物。

（3）调整作物品种布局，充分利用水热资源优势，变被动抗旱为主动抗旱、科学抗旱，管好用好当地现有水资源，在暖湿化气候背景下合理使用空中水资源。冬小麦、棉花等适宜种植区、可种植区范围急剧扩大，调整作物种植面积，通过集雨蓄水、保墒集水、节水灌溉、地膜覆盖、设施农业等措施提高水资源利用效力，采用人工影响天气作业，大力开发空中水资源，实现农业生产和水资源协调发展。

（四）森林和其他生态系统

以上游的三江源地区为例，三江源是中国陆地生态系统最脆弱和敏感的区域之一，面积 39.5 万平方千米，其中草地约占 65%、水体与湿地约占 8.5%、森林约占 4.7%、农田约占 0.3%。气候－生态承载力则是指气候系统对生态系统的健康持续发展的支撑能力，可采用反映生态系统结构和功能的关键指标对气候因子的响应情况来进行评估。在气候－生态承载力评估中，采用生态系统主要功能指标，如生态系统净初级生产力（NPP）、生态系统生产力（NEP）以及生态碳储存能力（TOC）等单个指标或多个指标进行评估。

自 20 世纪 60 年代以来，三江源地区年平均 NPP 呈增加趋势，但 20 世纪 90 年代来以来，NPP 的年际波动加大，生态系统的不稳定性有所增加；气候变化促进了三江源地区生态系统的碳吸收固定能力，区域总体年均 NEP 呈明显增加趋势，三江源生态系统总体碳吸收能力受气候变化影响显著增加。

2003 年以来，三江源区开始推行封育草地，减少载畜量，扩大湿地、涵养水源，防治草原退化，实行生态移民、鄂陵湖出水口附近建设水电站等一系列生态工程项目，源区的生态逐渐恢复。1990~2004 年重点生态建设工程区的草地面积减少了 378.99 平方千米，草地锐减趋势得到极大遏制，仅减少了 2.60 平方千米。荒漠化土地面积呈现减少趋势，其中黄河源重点工程区由前期的增加转变为后期的减少，长江源重点工程区持续减少。[1] 2005~2012 年，全区草地面积净增加 123.70 平方千米，水体与湿地生态系统面积净增加 287.87 平方千米，荒漠生态系统的面积净减少 492.61 平方千米。

四 未来气候变化预估与气候风险

（一）未来气候变化预估

未来气温继续升高、降水增多，将对冰川、积雪、冻土等生态格局产生重要影响；黄河中游未来气温继续升高、降水增多，水土流失防治任务依然艰巨。在全球变暖背景下，未来黄河上游气温继续升高、降水增多，将对冰川、积雪、冻土等产生重要影响，并将进一步影响径流、水资源及生态环境的变化。

1. 未来黄河流域气温将继续升高

2050 年前后，黄河流域年平均气温将呈一致升高趋势，升温幅度在整个区域大体呈由东向西逐渐增大的趋势，一般在 1.4~2.0℃。其中，上游的兰州以西地区升温幅度多在 1.6℃以上；上游兰州至河口地区的升温幅度在 1.5~1.6℃；而中下游的升温幅度多低于 1.5℃。区域平均的夏季气温增幅高于年平均，而冬季气温增幅年代际波动大；2040~2059 年，冬、夏季

---

[1] 邵全琴、刘纪远、黄磷，等：《2005~2009 年三江源自然保护区生态保护和建设工程生态成效综合评估》，《地理研究》2013 年第 9 期。

区域平均升温幅度分别为 1.61℃和 1.63℃。

2. 未来黄河流域降水将总体增加

2050 年前后，黄河流域年平均降水量以增加为主，区域平均增加幅度为
5.5%；上游龙羊峡以上及中游龙门至三门峡增加幅度相对较大，增加值多超
过6%，部分地区可超过10%。夏季降水增幅与年降水的变化特征较为一致，但
增幅略小。冬、夏季区域平均降水增幅分别为15.9%和3.9%。2050 年前后，黄
河流域大雨日数整体增加幅度较小，大部分地区不超过2 天。增幅大值区主要分
布在中游地区，增幅在0.5～1.5 天；而上游和下游地区多不超过0.5 天。

3. 未来流域干旱与径流变化

2050 年前后，连续干旱日数在上游地区减少值多数可超过4 天；中下
游的部分地区，连续干旱日数增加，但其增幅一般不超过2 天。未来黄河上
游特别是黄河源头显著的增温将对冰川、积雪、冻土等产生重要影响，并将
进一步影响径流、水资源及生态环境的变化。

未来处于青藏高原的黄河源积雪日数和雪水当量均将减少，最大减少幅
度分别在平均每年25 天和10 毫米水当量以上，未来气温升高还将可能会使
黄河源区冻土环境发生显著的变化，若气温平均升高1.1℃，多年冻土的消
失比例为19%；而若气温以平均每年0.85℃的速率升高，到2050 年前后，
现在0.5～1.5 米的冻土活动层将增厚到1.5～2.0 米。如果气候变暖趋势继
续，黄河流域内冰川、积雪和冻土在未来几十年里可能会继续发生变化。其
中积雪的减少将使得春季融雪径流减少或消失，积雪对河川径流的调节能力
将显著减弱，春旱将日趋严重，干旱形势加剧，生态环境将面临严峻风险。

4. 未来生态系统生产力变化

预计未来 20 年气候变化对黄河流域生态系统生产力的影响以增加为主，
流域范围内生态系统净初级生产力平均增加约13%，上、中、下游增加量
分别为14%、13%、9%。其中黄河源头地区增加最为显著，未来气候条件
有利于黄河源区植被生长及生态系统恢复；但上游地区生态系统生产力变化
的空间差异较大，大部分地区将有所增加，但在河套平原地区有所下降，下
降幅度在10%以内；而下游地区总体上生态系统生产力增加较少。

（二）未来气候风险与气候安全

未来暴雨风险等级将加大。对基准期 1986~2005 年和未来 2040~2059 年暴雨风险等级面积比例及其变化（见表 1）分析发现：黄河流域未来人口、GDP 等承灾体易损度普遍增加，受其和气候变化的综合影响，到 2050 年左右，高风险等级的面积在明显扩大，且在中下游地区的增加幅度相对较大。未来黄河流域暴雨高风险等级（Ⅴ级）的面积比例较基准期增大了一倍多，增加面积比例达 4.45 个百分点，占流域总面积的 8.51%，且主要集中在黄河中下游地区（16.39%）。Ⅴ级风险从渭河流域和黄河下游地区扩大到汾河流域及三门峡附近。暴雨较高风险（Ⅳ级）增加不明显，仅上游地区有 1.61 个百分点的增加幅度，而中下游减少了 1.21 个百分点。暴雨中等风险（Ⅲ级）表现为一致性的小幅增加，总体增加 1.33 个百分点。

表 1　暴雨灾害风险的等级及变化（面积比例）

区域	风险等级	基准期(%)	2040~2059 年(%)	变化百分点
黄河流域	Ⅰ	43.33	40.67	-2.66
上游		74.92	70.74	-4.18
中下游		13.51	12.29	-1.22
黄河流域	Ⅱ	20.61	17.33	-3.28
上游		14.47	16.72	2.25
中下游		26.40	17.91	-8.49
黄河流域	Ⅲ	20.37	21.70	1.33
上游		10.13	10.29	0.16
中下游		30.05	32.47	2.42
黄河流域	Ⅳ	11.63	11.79	0.16
上游		0.48	2.09	1.61
中下游		22.15	20.94	-1.21
黄河流域	Ⅴ	4.06	8.51	4.45
上游		0.00	0.16	0.16
中下游		7.89	16.39	8.5

注：表中Ⅰ、Ⅱ、Ⅲ、Ⅳ、Ⅴ级，分别对应低、较低、中等、较高和高风险。

五　黄河流域高质量发展策略与建议

在全球变暖背景下，未来黄河流域气候呈现温度上升和强降水事件增加的特征，综合考虑未来气候特点、水资源状况和气候变化因素，黄河流域的气候安全形势不容乐观，要充分其考虑上中下游的气候差异和气候变化特征，落实习总书记提出的"以水而定、量水而行"等重要指示，从以下方面为推动黄河流域生态保护和高质量发展加强保障。伴随极端高温和强降水事件增加，未来气候生态环境面临重大气候风险，气候变化为人类生存环境带来诸多挑战与机遇，关键问题是如何适应这种变化。因此建议如下。

一是加强上游气候变化监测与影响研究。上游虽然目前呈现暖湿化特征，但由于上游总体处于干旱区半干旱区，降水增加的绝对量仍然很小，而且伴随气温上升，蒸发增大，上游的干湿变化状况更为复杂。要加强上游气候变化监测与影响研究，全面评估在上游气候暖湿化背景下，黄河流域生态环境对气候变化的响应，完善上游水源涵养区和生态修复治理区的气候变化应对能力。应立足气候特征和气候资源禀赋，针对流域水资源的管理、调度和规划以及生态环境工程修复保护和建设等，建立气象条件对流域生态环境状况的贡献率和影响指标。

二是提高流域旱涝预报预测预警水平。由于黄河流域地处南北气候过渡带、东西地势差异大，流域区域差异大、气候年际波动大，降水时空分布不均，夏季暴雨强度大、突发性强，下游悬河水位高，洪水来势猛，预见期短，强降水和洪水预报难度很大；中下游呈现干旱化区域，干旱频率增加，在变暖的背景下，干旱发展速度快，影响重，需要加强黄河流域干旱、洪涝变化规律研究，提高旱涝预报预测预警水平，增强气象和水文灾害风险管理能力。

三是统筹规划提高流域气候综合保障能力。黄河流域上游生态水源涵养、中游水土保持和治理、下游湿地保护都与气候密不可分，既有区域气候的差异，又有区域间相互影响，要立足于上中下游的气候特征和规律，指导流域水资源的管理、调度和规划，充分发挥气候服务在推动黄河流域生态保护和高质量发展过程中的优势。

四是加强气象灾害风险管理，推进农业气象保障工程实施。把气候作为生态红线的重要内容，充分考虑生态脆弱区的气候承载力，把握气候生态红线。确定短中长期的气候安全目标，推进草地农业种植制度调整。加强粮食生产核心区及高标准农田智慧化气象服务；推动农村新能源建设，推动循环经济发展；创建碳汇功能区，加强生态环境保护。

五是转变传统经济发展方式，加强流域水资源保护。减少对自然环境的依赖，开展黄河流域生态保护和高质量发展气象保障规划，充分发挥气象大数据在服务经济高质量发展中的优势。合理开发和优化配置水资源，推进水土流失综合治理，严格执行国家取水许可、水资源有偿使用和节水用水管理制度，农业灌溉主要以漫灌为主。

G.19
气候变化应对措施的就业影响及治理进展

张 莹[*]

摘 要： 积极应对气候变化，遏制全球变暖已成为全球共识。要实现
《巴黎协定》中确定的未来温升控制目标，全球经济必须步
入向低碳、可持续发展方向转型的道路，这将对经济社会中
的各个方面产生深远影响。理解以及准确预判气候变化措施
对就业产生的影响与冲击，通过针对性的机制妥善应对并推
动社会最终实现公正、可持续的转型是获得社会各界对气候
行动支持的重要基础。考察相关的气候政策和行动对就业可
能造成的影响，是正确选择政策目标和评估政策影响的重要
课题。为了更好地促进气候政策执行过程中发挥就业创造效
应，应对产生的不利冲击，中国应积极开展针对性的基础研
究，通过加大投资促进发挥气候变化行动的就业创造效应，
建立促进公正转型的规划、战略和资金机制安排。

关键词： 气候变化 公正转型 就业影响 气候治理

引 言

《巴黎协定》的缔结为构建 2020 年后全球应对气候变化的新制度框架

---

* 张莹，中国社会科学院生态文明研究所，副研究员，主要研究方向为能源经济学、环境经济
学、数量经济分析。

提供了基础。要实现《巴黎协定》中确定的未来全球温升控制目标，世界经济必须步入向低碳、可持续发展方向转型的道路，这将给经济社会的各个方面产生深远影响。在这难以避免的时代大潮中，一些行业的从业群体将因为工作岗位、就业机会的变化和调整而经历转型。理解并能准确预判应对气候变化措施对就业产生的影响与冲击，通过针对性的机制妥善应对，推动社会最终实现公正、可持续的转型是取得各界对气候行动支持的重要基础。

尽管气候问题受到了前所未有的关注，应积极行动去应对气候变化已经成为全球共识，但与此同时，一些同样重要的全球性社会和经济挑战也亟待解决。由于经济社会发展的不平衡，全球失业人口和处于非稳定就业状态的人数规模不断扩大：全球失业人口从 2007 年的 1.7 亿人提高到 2015 年的 1.97 亿人，估计到 2017 年将增加到超过 2 亿人①。无法实现充分的生产性就业还将滋生一些其他问题，如贫困、教育、健康等方面的问题。联合国提出的 2030 年可持续发展目标中的第 8 个目标明确了要实现持久、包容和可持续的经济增长并强调了充分的生产性就业和体面劳动的重要性。根据 ILO 对全球人口规模以及年龄结构的预测分析结果，到 2030 年，全球必须创造超过 6 亿个新的就业机会才能实现联合国《2030 年可持续发展议程》中关于就业的目标，这意味着每年需要创造 4000 万个新的就业岗位。由于就业关系到民生，各国都非常关注。在全球气候治理的视阈下，各国也愈加重视气候变化应对措施的就业影响，并应积极探索建立实现公正转型的社会机制。

一 应对气候变化措施产生的就业影响

应对气候变化措施包括减缓和适应两大类，减缓气候变化的措施旨在减少温室气体排放量，适应气候变化的措施则是通过针对性的政策与行动去应对气候变化带来的影响。这两类措施中，大部分的具体行动会对相关就业产

---

① ILO, Guidelines for A Just Transition towards Environmentally Sustainable Economies and Societies for All, 2015, http: //www.ilo.org/wcmsp5/groups/public/—ed_ emp/—emp_ ent/documents/publication/wcms_ 432859. pdf.

生影响：有些行业的就业会因此减少甚至消失，但另一些新兴的行业可能会因此创造出新的就业机会。因此，应对气候变化的措施将对就业总量与结构产生影响，并对很多工作的技能提出新的要求。气候变化政策制定时，应考虑到政策的就业与相关的社会影响，针对具体影响建立制度安排，帮助受冲击就业群体平稳过渡，找到新的工作机会；通过政策扶持，发挥新兴行业的就业吸纳潜力成为各国在参与全球气候治理中都非常关注的议题之一。

（一）减缓气候变化措施对就业的影响

减缓气候变化要求大幅削减温室气体排放水平，这需要从根本上调整能源供给结构，从以化石燃料为基础的能源体系转为更多使用清洁、可再生能源。另外一个同样重要的任务就是大幅提升能源利用效率。要实现温室气体减排意味着调整能源结构与产业结构，向低碳和可持续发展方向转型，这会对就业产生正面和负面影响。总体来说，低碳产业和服务性行业的产出和就业水平会提高，而能源密集型和资源密集型的部门会发展减缓从而就业减少。

从减缓的角度看，一些行业会因发展加速而创造更多就业机会，例如在可再生能源开发利用，针对制造业、交通运输业和建筑业的能效提升服务行业，有机农业等行业，除了直接就业机会增加，还会通过间接影响在产业的上下游创造新的相关就业机会。

经济的可持续转型，从资源的低效利用转向高效利用，从高碳生产模式转向清洁、低碳的生产方式，从高污染技术、工艺和产品转向低污染的产品和服务，并推动一些现有工作岗位被取代，例如从使用化石燃料转为可再生能源，从卡车运输转为铁路运输，从燃油汽车转为电动汽车，以及从垃圾填埋转为回收再利用。这种就业的调整和替代既可能迅速完成，也可能是一个渐进的过程，但必须通过必要的技能培训让原来的工作群体掌握新的技能。减缓行动对就业的影响还体现在工作内容的调整与升级，如一些与能源利用相关的工作岗位，需要根据节能技术的要求，重新改变日常的工作实践、技能、工作方式等。

但在减缓气候变化的过程中，一些高污染和能源密集型行业的就业会逐步被淘汰。而且，随着能源、资源利用的提高以及废弃物的回收再利用，一些基础性资源生产部门也会因就业机会的大量减少而面临压力。

针对减缓措施就业影响的定量分析结果倾向于证明，积极的气候政策总体将能产生就业净增的积极影响[①]。关于巴西、澳大利亚、德国和美国的国别研究也表明积极的减缓气候政策将可能增加就业机会。但即使减缓气候变化政策能产生净的就业促进作用，一些低碳转型政策与措施也将对全球、区域和各国经济结构产生显著影响，并严重冲击部分工人群体的就业、生计以及地区的整体发展。高度依赖于化石燃料生产与利用的地区需求水平和创新能力受到客观条件的限制，面对这种转型的压力将极端脆弱。

（二）适应气候变化措施对就业的影响

相比较于减缓气候变化措施，过去对于适应行动的就业影响关注较少，但随着气候极端事件的增多，适应气候变化措施及相应的就业影响也逐渐引起各界关注。

适应气候变化对就业带来的冲击主要是气候灾害和气候影响改变了一些工作的基本条件，并导致就业机会减少。大量的工作依赖于生态系统提供的服务功能，一旦气候变化产生影响并改变生态系统，将无法为这些工作提供基本的工作条件与安全保障。适应气候变化措施正是为了减少或消除气候变化带来的不利影响，因此将防止出现这样的失业，并能带来新的就业机会。根据估算，到2050年，欧洲将因采取各种适应行动而增加约50万个工作岗位。[②] 如为了保护生物多样性和修复生态系统开展的适应项目，植树造林活动以及旨在适应气候变化影响和增强抵御能力而开展的基础设施建设，修建防洪屏障等。适应气候变化的措施不仅能够通过加大投资对就业产生积极的影响，还将降低与气候相关的各种风险，保护一些传统的就业机会。

---

① ILO. 2013. Sustainable Development, Decent Work and Green Jobs. International Labour Conference, 102nd Session, Report V. Geneva, International Labour Organization.

② European Commission, European Green Deal, 2019, https：//eur - lex. europa. eu/legal - content/EN/TXT/? qid = 1588580774040&uri = CELEX：52019DC0640.

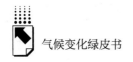

　　针对受气候变化影响群体的技能培训也被视为适应气候变化措施之一，因为通过这样的活动能够帮助因气候变化而无法从事原来职业的工人重新掌握新的技能并转入其他行业，免受失业和收入降低等不利冲击。

　　和减缓措施不同，适应气候变化的各项政策和措施都具有积极的就业保护和就业创造效应。因此，越来越多的国家开始重视对适应活动的支持，通过将适应气候变化措施与就业相关目标结合起来，帮助实现就业增长。

二　《联合国气候变化框架公约》下就业议题的进展

　　就业问题受到各国关注，但在气候变化国际治理体系中却并没有对这些就业影响予以足够的重视，或者并没有在应对气候变化的政策框架体系内，系统性去考量各种行动所造成的就业影响并制定针对性的举措。为了解决该问题，《联合国气候变化框架公约》（以下简称《公约》）第 17 次缔约方会议通过了一项关于实施应对措施影响的工作方案，并决定设立"实施应对措施影响论坛"，所确定的 8 个论坛关键工作领域中包括关于气候行动实现劳动力的公正转型，创造体面和高质量的就业的内容。公正转型最初被宽泛地用于讨论经济向可持续发展和环境保护方向转型过程中导致的就业影响，但近年来，这一概念被越来越多地用于气候变化领域，并被视为支持应对气候变化的重要就业机制。ILO 在 2010 年就在一份研究报告中提出应对气候变化行动和政策对劳动力的影响必须实现一种公正的转型[①]。

　　SBSTA 和 SBI 的 第 36 次会议提出了于 2013 年 5 月在德国伯恩召开关于应对气候变化背景下实现公正转型的研讨会。研讨会提出为了应对气候变化采取的一些行动，如提供农业补贴、在国际贸易中制定一些标准以及征收关税等，将对就业状况产生影响，其影响程度因国情而异。绿色就业所需的劳动力技能更高，也可以提供更好的收入，但发展中国家因缺乏相应的机制而

---

① ILO, Climate Change and Labour: The Need for a "Just Transition", *International Journal of Labour Research*, 2010, (2): 125–162.

面临挑战。因此亟须建立明确的治理机制来应对该问题，推动各国成功完成低碳转型，并确保工人群体不会在这一过程中遭受不必要的不利影响。

随后，关注应对气候变化措施的就业影响逐渐得到了各缔约方的认可，公正转型也逐渐成为"实施应对措施影响论坛"的常设议题和重点领域。《公约》秘书处在 2016 年完成并发布了关于公正转型议题的技术报告《劳动力的公正转型，创造体面和高质量的就业》，并在 2019 年推出该报告的修订版本。《巴黎协定》也明确将"公正转型"写入案文，在序言部分明确指出"考虑到务必根据国家制定的优先事项，实现劳动力公正转型以及创造体面和高质量就业岗位"[1]，清楚地阐明了公正转型的重要性。

《公约》指出，在气候变化的应对措施设计和执行阶段评估中应充分考虑措施对发展中国家就业、经济发展等产生的综合性影响。通过鼓励所有利益相关方进行社会对话，针对绿色就业进行技能培训和再培训，建立绿色企业，促进形成积极的劳动力政策，为受影响群体提供社会保障，帮助工人群体将所面临的困难降到最低；制定有针对性的公共政策，构建一套完整的公正转型治理机制，确保各国都能积极参与和推动公正转型。

ILO 在 2015 年所发布的《实现面向所有人的向环境可持续经济和社会的公正转型指导原则》报告中，总结了向环境可持续方向转型的愿景，面临的机遇与挑战，以及实现公正转型的指导性原则，包括关键性的政策领域和制度框架。

在 ILO 和其他机构的推动下，欧洲和北美一些国家非常重视应对气候变化过程中产生的就业问题，并积极将其与国家气候战略结合起来，希望能够实现公正的低碳转型。如欧盟 2019 年发布的《欧洲绿色协议》就明确指出，实现公正转型是其重要目标之一，欧盟计划通过实施该协议在减少温室气体排放的同时创造就业机会，完成公正合理且具包容性的转型[2]。

---

① UNFCCC, Paris Agreement, 2015, https：//unfccc. int/process/conferences/pastconferences/paris – climate – change – conference – november – 2015/paris – agreement.

② European Commission, European Green Deal, 2019, https：//eur – lex. europa. eu/legal – content/EN/TXT/? qid = 1588580774040&uri = CELEX：52019DC0640.

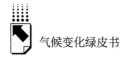

三 国际气候治理中就业议题的前景分析

近年来，就业议题在国际气候治理体系中的重要性不断提升，但是前进的道路依旧非常复杂。一方面，从《公约》和各国的进展来看，目前国际气候变化议程所取得的进展仍然不足以实现雄心勃勃的全球温控目标；但另一方面，越来越多的国际机构和社会团体不遗余力地提出在国际层面和国家层面的气候战略制定中纳入对包括就业问题在内的社会影响相关内容。尽管关于应对气候变化措施的就业影响已经引起越来越多的关注，联合国秘书长古特雷斯也在马德里气候大会上参与发布了关于气候行动的就业倡议，呼吁各国制定国家计划，去实现公正转型，创造体面工作和绿色工作，并制定具体措施，包括对应对气候行动对就业、经济和社会产生的影响进行审慎的评估，制定有针对性的社会保障政策去保护工人和弱势群体，制定措施帮助受影响人群去获得新技能。他还号召发达国家多向发展中国家转让技术和知识，增加创新和负责任的投资，为企业（特别是中小企业）创造有利的商业环境，鼓励它们积极应用低碳生产技术。各国都应进行政策创新，探索新的经济政策和奖励措施，支持和鼓励企业向环境可持续的商品和服务生产转型；建立能包容各方的社会对话机制，针对公正转型的概念内涵和制度框架达成共识。但在当前的国际气候治理体系中，仍缺乏对公正转型内涵和要求有明确界定的权威文件，导致各国对其理解缺乏共识。部分国家将气候变化的就业影响和公正转型的制度框架仅局限在绿色就业或煤炭等化石燃料部门的转型上，但一些机构则提出更为宽泛的概念框架。无法统一理解概念，为理解、接受和将该概念引入治理体系设置了障碍。

在就业问题以公正转型议题的形式在国际气候治理中得到广泛认可和接受后，下一步的工作重点是将其切实落实到国家政策中去。由于公正转型问题涉及行业广泛，每个国家独有的国情决定了难以找到模式化的方法来解决这个问题。相比较欧美国家，发展中国家对公正转型问题理解与关注有限，许多国家需要关于建立公正转型制度框架和提供可选政策工具的针对性指导。针对气候变化就业影响和劳动力政策的承诺和规划需要进行跨部门合作，但在关于应对气候变化措施就业政策和战略方面，各国政府还缺乏必要的沟通和协调机制。

《巴黎协定》确定了各国以提出国家自主贡献的形式提出应对气候变化行动和目标，并规定缔约方每隔 5 年应通报一次国家自主贡献，国际劳工组织的工人活动局在对缔约方提交的第一次国家自主贡献进行评估后指出不应该在其中完全忽视公正转型议程①。在 2019 年举办的马德里气候大会上，许多机构在气候战略政策圆桌会议上提出应在各国提交的国家自主贡献中补充与公正转型相关的内容，即要求在国家自主贡献中明确提出关于公正转型的承诺和相应的政策安排。但这一要求并没有得到各缔约方（尤其是发展中国家缔约方）的广泛认同。发展中国家普遍认为公正转型主要与发达国家有关，且也较少在国家战略中纳入与就业及公正转型相关的内容。目前只有少数缔约方，如加纳等国在所提交的国家自主贡献中提及应对气候变化能够对该国的食物和农业部门带来就业创造效应。但短期内，较难推动大部分国家将公正转型的内容纳入国家自主贡献中。但部分发达国家会积极推动公正转型议题的发展，并积极推动就业与公正转型成为《公约》下的一个重要议题。但要实现该目标，需要继续促使各国在《公约》框架下通过论坛、会议等形式进行经验交流，通过对特定部门（例如采矿、化石燃料、能源密集型工业和农业）的个案研究来总结部门经验；通过使用现有工具和方法来评估减缓政策和行动对劳动力的影响；利用社会对话进程来指导和确定关于公正转型的优先工作领域，并利用分析和研究结果为政府和社会伙伴之间的对话提供信息；通过评估相关减缓政策和措施，制定最有效的综合实施办法。

由各国政府、工人组织和雇主组织构成的国际劳工组织批准了为所有人实现向环境可持续的经济和社会公正转型的关键指导原则，《公约》下的对

---

① Galgóczi B. , Just Transition Towards Environmentally Sustainable Economies and Societies for All, 2018, https：//www.ilo.org/wcmsp5/groups/public/—ed_dialogue/—actrav/documents/publication/wcms_647648.pdf.

话机制将推动各缔约方就国际劳工组织制定的指导原则和其他管理机制框架的试点应用达成一致，这些指导原则和制度框架可以支持各国在实施其气候变化承诺时充分考虑就业问题和公正转型等议题。《公约》应通过与国际劳工组织、工人组织和雇主组织以及其他公共、私营和民间社会组织等国际机构的国际合作，支持国家行动并为全球谈判进程提供信息，帮助缔约方完成关于公正转型的能力建设，并与在这一领域中制定了专门工作方案的有关组织合作，如国际劳工组织的国际培训中心等，帮助各国确定和推动与公正转型和体面工作相关的国家和国际准则。

四　对中国的影响及对策建议

为了实现《巴黎协定》中确定的国家自主贡献所提出的各项承诺，中国必须持续推动能源结构和产业结构的调整。就业关乎职工群体的命运，也事关社会稳定，作为"六稳""六保"任务之首，是当前我国的重中之重。公平正义也是生态文明的核心要素、内在要求和基本原则。推进生态文明建设，既要体现生态公平的核心理念，也必须保障社会公正。公正转型所要实现的生态环境保护、就业稳定、社会包容、消除贫困等目标和生态文明建设的内在要求都基本吻合，因此实现公正转型，不仅仅源自国际社会的外部压力，同时也是生态文明建设的必然要求。

我国目前对于执行气候变化应对措施的就业效应研究不够深入，相关的定量和实证研究则更少。应对气候变化政策会给一些部门带来积极影响，创造出大量新增的绿色就业岗位；但与此同时，一些传统的化石能源生产和使用部门则会因此受到冲击，很多就业岗位将会减少或永久性消失。近年来，在环境保护和经济增速趋缓的双重压力下，很多依赖化石能源利用的工业部门（如煤炭开采、火力发电、钢铁和水泥生产等）就业规模不断缩减：目前煤炭开采行业就业规模已经不足300万人，相比较五年前已经有明显的减少。如何妥善应对由此带来的就业压力，是摆在政策制定者和重点地区面前的新挑战。

但需要认清的是，即使没有气候政策的影响，化石能源生产和能源密集型行业未来也会面临自然的就业挤出影响。伴随技术水平和企业专业化经营水平的提高，这些部门的总就业水平会逐步降低。而为了应对气候变化推出的各种气候政策将加速对传统化石能源生产和使用部门的就业挤出影响。尽管气候政策会导致部分部门中的相关就业岗位减少，但减少的多为安全保障度低、环境负面影响较大的工作机会，而执行气候变化应对措施的就业影响则为创造新兴产业中待遇相对较高的体面工作岗位，因此为了能够更科学地评估应对气候变化政策对就业的整体影响效果，除了需要预估政策影响最为直接的一些关键部门的就业总量变动趋势之外，还应该认真分析政策影响下就业创造和损失机会的内在价值和质量。

气候变化及相关的社会经济影响越来越受到国际社会的关注，为了应对气候变化所开展的各项行动和所制定的政策目标会给经济和就业带来怎样的影响也受到更多国家政府和公众的关注。对于受冲击较为严重的部门要循序渐进地设定政策目标并采取有针对性的措施，在实施过程中安置转移好因政策实施失去工作机会的群体，避免局部地区或企业出现严重的就业问题。在制定气候政策时，考虑其与就业政策的协调关系，应做好以下几方面的工作。

第一，正视应对气候变化行动产生的就业影响，展开相应的基础性研究，科学评估执行气候变化措施所产生的就业和其他社会影响，做好前瞻性判断和制度安排。针对这些影响，识别出稳定就业压力较大的地区，明确政策需求，协助受影响地区和群体更好地实现公正转型。

第二，通过加大投资充分发挥气候变化行动的就业创造效应。可再生能源产业就业潜力巨大，将通过产业规模扩大、产业链的延伸、新技术研发等方式扩展对整个国民经济的影响深度和广度，从而创造更大的劳动力需求。农业和林业部门的生产方式调整也具有显著的就业创造潜力。此外，提高能效水平的节能服务行业也能创造新的就业机会。能源是保障经济增长持续性和稳定性的必要物质前提，要减小经济体系对能源的依赖，首要的任务是利用技术进步提高能源利用效率，其次是优化产业结构，将高耗能行业控制在合理的发展空间内，同时积极发展与生产行业密切相关的技术服务业和消费型服务业，以便在降低能源需求的基础上促进就业目标的实现。国外经验已经证明，绿色投资拉动就业的间接效应远大于直接效应，应通过针对性的产业和财税政策促进提供更多的社会服务，减少单位产出的温室气体排放，从而实现促进就业和应对气候变化的双重目标。

第三，建立促进公正转型的规划、战略和资金机制安排，保证在努力实现《巴黎协定》提出的 2℃目标或者 1.5℃目标时，能够同时实现社会保障、社会包容以及为所有人提供体面工作等的目标。可以考虑设立专门性的公正转型资金。为重点地区和群体提供资金支持，包括对职业教育和培训、工人重新参加培训和获得技能、工人及其家人的社会保障提供资金支持。还应当运用低息或无息贷款、种子资本项目等多种创新资金机制去支持受影响地区发展以及受影响群体创业。

第四，建立专门机构，为工人提供重新培训、重新获得技能的机会，为脆弱的工人群体获得正规工作提供公共支持，督促雇主履行责任帮助他们。政府和雇主必须参与相关项目的投资，确保一些易受影响的工人群体获得技能和岗位培训，以有能力在转型过程中重新找到工作。具体举措包括以工作为基础的学习过程，或者一些正规教育方式。这些可以以社会参与者的方式提供。企业也应当提供正规的机制保障正式职工在产业中获得培训和轮岗机会。

第五，投资低碳排放的基础设施，通过这些投资创造体面的工作，尤其是对于那些在转型过程中受到影响的地区。政府应该对这些地区有所倾斜，在这些地区优先考虑投资公共交通、可再生能源开发利用、智能电网和储能基础设施、零排放建筑、电动汽车等公共基础设施。

G . 20
性别与气候变化[*]

黄磊 张永香 巢清尘 陈超[**]

摘　要： 性别平等是社会文明进步的标尺，是人类实现可持续发展的重要目标，在应对气候变化领域实现性别平等更具有现实意义。女性在面对气候变化时相对男性具有更高的脆弱性，同时女性在应对气候变化领域也能够发挥重要作用。本文综述了《联合国气候变化框架公约》下性别与气候变化议程的进展，评估了气候行动中性别平等的差距与不足。我国在气候行动的性别平等方面的问题，主要体现在男女平等的性别意识尚未在我国完全普及，重男轻女传统观念仍是影响女性地位和权利保护的重要因素，城乡、区域间经济社会发展水平不均衡导致我国中西部贫困地区女性在获取气候行动资源、信息服务等方面受到一定程度的制约，女性参与气候行动决策和管理的比例仍需进一步提高。为此，建议推动性别与气候变化领域相关政策、法规的制定；进一步提高女性参与应对气候变化和防灾减灾领域决策和管理的比例；加强对提高女性参与气候行动程度的相关培训和能力建设。

关键词： 性别平等　气候变化　气候行动

---

　* 本文受生态环境部环境保护项目"巴黎协定实施后续相关能力建设问题研究"支持。
　** 黄磊，博士，国家气候中心研究员，主要从事气候变化相关科学与政策研究；张永香，博士，国家气候中心副研究员，主要从事历史气候、气候变化影响和政策研究；巢清尘，博士，国家气候中心副主任，研究员，主要从事气候变化诊断分析及政策研究；陈超，中国气象局科技与气候变化司气候变化处主任科员。

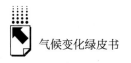

气候变化绿皮书

一 引言

性别平等是人类追求公平、正义与平等的永恒主题，是社会文明进步的标尺，也是人类实现可持续发展的重要目标。性别平等是联合国2030年全球可持续发展目标的一项关键要素，在应对气候变化领域实现性别平等更具有现实意义。实践与理论研究都表明女性在面对气候变化时相对男性具有更高的脆弱性：一方面，女性的社会角色意味着女性需要花费更多的劳动力去应对气候变化和极端灾害；另一方面由于女性更容易受到生计不稳定的影响，缺乏应对气候变化和气象灾害的相应设施和技术，也缺乏参与应对决策的机会和机制。虽然女性受气候变化和气象灾害的影响较大，但女性在应对气候变化领域能够发挥重要的作用，如女性对于适应不同的气候与环境条件有着更多的知识和理解，也能够提出适应和减缓气候变化的切实可行的解决方案。但是，由于受到土地、资金、技术资源以及相关决策和管理等方面性别不平等的制约，女性在一定程度上难以充分发挥其在应对气候变化中的重要作用。

即使是在《联合国气候变化框架公约》（下文简称《公约》）进程中，对性别平等的关注也出现得较晚，在很长一段时间内《公约》层面都缺少涉及性别平等的议程。1992年联合国通过的《关于环境与发展的里约宣言》在其原则中特别强调了女性在环境管理与发展中可发挥关键性的作用，同期通过的《21世纪议程》也多处涉及性别问题，但《联合国气候变化框架公约》并无一处文字提及性别问题，1997年《公约》框架下达成的《京都议定书》也同样不涉及性别问题。同时，女性在应对气候变化决策与管理领域也缺乏相应的领导力，如全球性别与气候联盟发布的《性别与气候变化：更仔细地审视现有证据》报告分析指出：截至2015年底全球只有12%的联邦环境部由女性领导，全球92个环境领域的国家委员会中只有4%的主席和18%的秘书是女性。女性平等参与气候行动决策是实现性别平等的关键因素，女性平等参与气候变化决策可以充分体现社会公平并为应对气候变化提供必要的跨领域经验，同时在国家立法机构中女性所占比例较高的国家更有可能批准环境领域的相关协定。

二 《公约》框架下性别与气候变化议程进展

直到 2001 年底在摩洛哥马拉喀什召开的《公约》第 7 次缔约方大会（COP7）上，各缔约方才首次通过了"改善女性代表缔约方参加《联合国气候变化框架公约》和《京都议定书》所设机构会议的状况"（36/CP.7号）决定，敦促采取必要措施使女性能充分参加与气候变化有关的各级决策进程。这是在《公约》框架下各缔约方第一次讨论性别与气候变化问题。此后的十余年间，尽管各缔约方为落实《公约》第 36/CP.7 号决定做出了很多努力，但女性在参加《公约》框架下相关会议和在《公约》和《京都议定书》所设机构中的代表性仍然不足。例如，从 2008 年至 2015 年女性在《公约》会议国家代表团的平均参与率从 30% 上升到 35% 左右，但 2016 年又回落到 32% 左右。2015 年在巴黎举行的《公约》第 21 次缔约方大会（COP21）上，女性代表约占 29%。

2012 年底在多哈召开的《公约》第 18 次缔约方大会（COP18）在"其他事项（Any Other Business）"议题下通过了"促进性别平衡和改善女性参加《联合国气候变化框架公约》的谈判以及代表缔约方参加《公约》和《京都议定书》所设机构会议的状况"决议，再次确认女性必须在《联合国气候变化框架公约》进程的所有方面中具有代表性，包括参加各国的代表团和在正式和非正式谈判小组中担任主席或主持人，以便体现气候政策的性别敏感度；必须保证女性在参与《联合国气候变化框架公约》决策进程中被赋予与男性平等的权利。为此，会议决定《公约》和《京都议定书》现任和未来的主席在建立非正式谈判组或联络组、专题组以及在任命这些小组的主持人和主席时须遵循性别平衡的方针，《公约》和《京都议定书》所设立的其他机构也应以性别平衡的目标为指导方针，逐步增加女性的参与，从而实现性别平衡。

2015 年底在巴黎召开的《公约》第 21 次缔约方大会（COP21）上达成的《巴黎协定》正式规定了性别平等以及增强女性权利及其他交叉权利的问题，在序言中明确规定"缔约方承认气候变化是人类共同关切的问题，在采取行动应对气候变化时应尊重、促进和考虑各自在人权、健康、土著、社区、移民、儿童、残疾人、弱势群体上的权利和发展权以及性别平等、女性赋权和代际平等的义务"。同时，《巴黎协定》还规定了在适应气候变化和能力建设领域促进性别平等的行动，如第 7 条第 5 款规定"缔约方承认，适应气候变化的行动应遵循国家驱动、促进性别平等、充分参与和透明的方针……"，第 11 条第 2 款规定"能力建设应当以吸取的经验教训为指导……是一个参与性的、跨领域的和对性别问题有敏感认识的过程"。政治承诺还有待于转化为实际行动，根据此前各缔约方向《公约》秘书处提交的 162 份国家信息通报，只有约 40%（65 份）的国家在其优先事项和减排目标中明确提到"性别"或"女性"，而根据 2012 年国家温室气体清单所统计的排放基线，提及性别或女性的这 65 个缔约方的排放量仅占所有国家温室气体排放总量的 19%。此外，在提到性别或女性的 65 个国家中，有 33 个国家将性别问题确定为一个跨领域的政策优先事项或承诺，将性别问题纳入所有应对气候变化的行动、战略和政策中，而不是把性别问题作为独立的气候行动或政策措施。根据对各缔约方向《公约》秘书处提交的 190 份国家自主贡献，只有 1/3（64 份）的国家在国家自主贡献中提及了性别或女性，并且其中一些国家只是在更广泛的可持续发展战略的背景下提及了性别问题，而没有提及涉及性别问题的具体的气候变化政策。此外，这些国家也多是在适应气候变化的背景下提及性别或女性问题，在减缓气候变化领域提及的较少。

"性别与气候变化"自 2012 年起开始成为《公约》缔约方会议的常设议程，《公约》秘书处此后每年将《公约》和《京都议定书》所设机构的性别结构情况进行记录和整理，同时收集出席《公约》和《京都议定书》缔约方大会的代表团性别结构情况，以供每年的缔约方大会审议。根据《公约》秘书处发布的代表团性别结构报告，截至 2018 年底《公约》和

《京都议定书》半数以上组成机构的女性代表比例首次达到或超过 38%，其中三个组成机构的男女成员人数相同，各为 50%，分别为巴黎能力建设委员会（PCCB）、适应委员会（AC）、《公约》非附件一缔约方国家信息通报问题咨询专家组（CGE），有三个组成机构的女性成员人数达到 40% 以上，但清洁发展机制执行理事会（Executive Board of the Clean Development Mechanism）的 10 名成员中仅有一名是女性，是《公约》和《京都议定书》所有组成机构中女性代表比例最低的。出席 2017 年《公约》第 23 次缔约方大会（COP23）的 11253 名缔约方代表中共有女性代表 4164 名，女性代表比例为 37%，比上一年提高了 5 个百分点，但代表团团长为女性的仅占 24%，比上一年还有所下降；出席 2018 年《公约》第 24 次缔约方大会（COP24）的 11306 名缔约方代表中女性比例为 38%，代表团团长为女性的占 27%，均比上一年有所提高。另外，根据《公约》秘书处发布的 2019 年度代表团性别结构报告，《公约》和《京都议定书》组成机构中已经有两个组成机构的女性成员占比首次超过 50%，即巴黎能力建设委员会（PCCB）女性成员占比 58%、适应委员会（AC）女性成员占比 56%。

2014 年底在利马召开的《公约》第 20 次缔约方大会（COP20）通过了关于性别议题的《利马工作方案》，2016 年召开的《公约》第 22 次缔约方大会（COP22）决定应当继续执行关于性别问题的《利马工作方案》，并决定在 2019 年底召开的《公约》第 25 次缔约方大会（COP25）上对该工作方案进行审查。此外，2017 年底召开的《公约》第 23 次缔约方大会（COP23）在性别与气候变化议题下通过了"性别行动计划"，邀请各缔约方、下属机构成员、联合国组织、观察员和其他利益相关方参与性别行动计划的实施，以推动将性别问题纳入应对气候变化行动的所有环节。2017 年底召开的 COP23 还决定在 COP25 期间除审查《利马工作方案》进展外，还将审查"性别行动计划"的进展，以进一步考虑包括评估性别行动方案影响在内的后续工作。

"性别行动计划"确定了性别与气候变化行动的五个优先领域：一是在能力建设、知识分享和交流领域，力求在《公约》和《巴黎协定》框架下

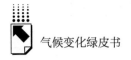

相关的政策、措施、方案和项目中系统纳入关于性别的认知和专门知识；二是在性别平衡、女性参与和女性领导领域，力求实现和维持女性充分、平等和有意义地参与应对气候变化进程；三是在一致性领域，力求将性别因素纳入《公约》框架下各机构、秘书处以及联合国其他实体、利益攸关方的相关活动范围；四是在政策实施和执行领域，力求在《公约》和《巴黎协定》实施过程中确保促进性别平等和女性赋权的工作；五是在监测和报告领域，希望落实《公约》规定，加强对性别与气候变化领域相关工作的落实与追踪。2019 年底在马德里召开的《公约》第 25 次缔约方会议（COP25）对《利马工作方案》和"性别行动计划"的进展进行了审查，各缔约方围绕《利马工作方案》和"性别行动计划"下所取得的进展、有待改进的领域和下一步拟开展的工作展开了磋商；议题磋商过程中发达国家和发展中国家在资金问题上存在较大分歧，澳大利亚、欧盟、美国、加拿大等发达国家和地区坚持该议题在资金体制下没有授权，只愿泛泛提及资金问题，发展中国家坚持本议题要与绿色气候资金（GCF）、适应基金等挂钩，双方难以达成一致。经智利主席国组织的多次集团双边谈判，各方最终决定将性别议题中与绿色气候资金相关的内容整体移到资金组进行磋商，不在本议题中体现。大会最终通过了《强化的利马工作方案及其性别行动计划》，进一步强调女性在《公约》进程的所有方面及国家和地方层面的气候政策和行动中充分、切实和平等地参与并发挥领导作用对于实现长期气候目标而言至关重要，决定在 2022 年对性别行动计划所载活动的进展情况开展中期审查，并在 2024 年评审《强化的利马工作方案及其性别行动计划》的执行情况，以确定性别行动的进展情况及需要开展的进一步工作。

需要指出的是，虽然在《公约》框架下性别与气候变化行动取得了一定进展，联合国各相关组织、国际社会也在一起努力推进气候行动中性别平等的进程，但需要清醒地认识到，这一过程将是漫长、曲折和艰难的，需要更多的相关政府、组织、社区和个人团结起来更好地认识和理解促进气候行动性别平等并亲自参与到这一过程中来。

三 我国在气候行动性别平等领域的进展

我国女性占世界女性总人口的 1/5 左右，我国在气候行动性别平等领域的努力是对世界的重要贡献。我国自 1990 年起每隔 10 年开展一次全国范围的女性社会地位调查，调查数据全面、客观地反映了中国女性社会地位的状况和变化，也是我国制定促进女性发展、推动性别平等政策措施的科学依据。第四期中国女性社会地位调查于 2020 年 7 月 1 日起开展，调查结果将于 2021 年发布。2010 年开展的第三期中国女性社会地位调查结果显示，18～64 岁女性的平均受教育年限为 8.8 年，其中女性中接受过高中阶段及以上教育的比例为 33.7%，但存在显著的区域差距，中西部农村女性中这一比例仅为 10%。我国中西部农村地区由于经济社会发展水平不高，大量的男性劳动力外出打工，女性承担了更多的生产性角色，在生计方面更依赖于自然资源的女性也比男性更显著地受到气候变化的不利影响，在面对气候变化的不利影响时女性也更加脆弱。女性作为维持家庭生计和保障生计安全的主要承担者，无论是在减少气候灾害损失方面还是在减缓环境退化、保护自然资源等方面都发挥着至关重要的作用。《气候变化绿皮书：应对气候变化报告（2016）》研究指出，我国农村留守女性人口超过 5000 万人，占农村劳动力人口的 2/3 左右；中国、英国、瑞士共同合作开展的"中国适应气候变化（ACCC）项目"在宁夏、内蒙古等地区开展的调查研究发现：气候变化增加了女性群体的劳动时间和家庭负担，如气候变化加剧了宁夏中南部地区的干旱化趋势，减少了农作物收成、增加了病虫害，降低了作物品质和营养成分，在极端年份（如出现旱灾、冻害或洪涝灾害等的年份）甚至出现歉收绝收，使得不少家庭入不敷出，家庭主要劳动力外出打工补贴家用，家庭的主要工作大都落在女性身上。

《中国妇女发展纲要（2011～2020 年）》明确了我国女性在经济、环境、法律等领域的发展权利，并明确规定女性在参与决策与管理方面将被赋予更多的发展机会。2015 年习近平主席在全球妇女峰会上进一步强调了考

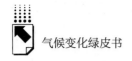
虑性别差异和女性的特殊需求。针对我国农村贫困地区女性在应对气候变化和灾害防御过程中的独特性，我国采取了相应的政策措施保障女性权益，举例如下。

第一，增强女性获取并应用天气和气候服务信息的能力，以提高应对气候变化和防灾减灾的效果。针对农村地区女性受教育程度低和对应对气候变化和防灾减灾信息关注程度低的情况，我国相关部门组织开展了针对女性的气候灾害防御知识培训，培训教材尽可能符合女性主要从事农业生产和照顾家庭的双重需求，取得了显著的效果。

第二，扩大应对气候变化和防灾减灾信息对女性群体的覆盖率。针对女性群体的收视习惯，考虑到我国农村地区电视较为普及的现实，相关天气和气候服务信息的播报时间充分考虑了女性群体的收视时间，同时在农村地区架设了更多的电子显示屏和高音喇叭，扩大了相关气候服务信息对女性群体的覆盖率。

第三，增强女性参与天气与气候服务信息的制作与传播能力。在农村信息员队伍中扩大了女性比例，由于她们能够切身体会到女性在应对气候变化和防灾减灾领域的需求，在及时向女性及弱势群体传递气候服务信息方面发挥了重要作用。

第四，提高女性在应对气候变化和防灾减灾领域技术和管理队伍中的比例。经过不懈努力，我国气象部门女性工作者的占比在世界气象组织（WMO）成员中处于较高水平，国家级单位中女性工作者占比已达40%以上。

虽然我国在性别与气候变化领域相关工作中取得了一定的成绩，在应对气候变化与防灾减灾工作中非常重视并努力解决性别平等问题，但在气候变化影响方面尚缺少很多性别敏感数据，同时与男性相比女性所得到的相关培训机会也较少，女性在应对气候变化和防灾减灾相关决策权上也受到相应限制。这些有待于未来通过不断完善应对气候变化的法律法规、公共政策、发展规划等政策措施持续推进性别平等，营造两性平等的社会环境，加强社会保护，多渠道、全方位确保女性在应对气候变化领域的权利。

四 思考与建议

性别平等是我国宪法的基本原则，性别平等也是我国促进社会发展的一项基本国策。需要看到的是，我国在气候行动的性别平等方面还存在着一定的差距和不足，主要体现在男女平等的性别意识尚未在我国完全普及，重男轻女传统观念仍是影响女性地位和权利保护的重要因素，城乡、区域间经济社会发展水平不均衡导致我国中西部贫困地区女性在获取气候行动资源、信息服务等方面受到一定程度的制约，女性参与气候行动决策和管理的比例仍需进一步提高。为进一步促进我国应对气候变化领域的性别平衡，增加女性在应对气候变化和防灾减灾进程中的参与，在不同层面上提高对促进性别平衡气候政策的认识和对实际行动的支持，建议如下。

一是推动性别与气候变化领域相关政策、法规的制定，从源头上保障女性参与应对气候变化行动的权益。我国目前正在编制的 2021～2030 年《中国妇女发展纲要》对标《2030 年可持续发展议程》，结合中国实际提出了促进性别平等的新的目标和战略举措，建议下一步在性别与气候变化领域推动相关政策、法规的制定，从源头上保障我国女性参与应对气候变化和防灾减灾、环境保护工作的权益。

二是进一步提高女性参与应对气候变化和防灾减灾领域决策和管理的比例。虽然我国女性在决策和管理中的比重不断提升，但在相关领域仍然存在很大的差距。例如，第十二届全国人大和政协中女性占比分别为 23.4% 和 17.8%，第十三届全国人大和政协中女性代表占比分别为 24.9% 和 20.4%，虽然较上届分别提高了 1.5 个和 2.6 个百分点，但比重仍然偏低。我国注意改善女性在《公约》代表团及《公约》、《京都议定书》和《巴黎协定》组成机构中的参与情况，积极推荐女性代表在相关机构中任职，出席《公约》相关会议的中国代表团中女性成员占比在 30%～40%，未来需进一步提升女性参与相关决策和管理的比例。

三是在应对气候变化领域采取进一步促进性别平等的政策措施，加强对

提高女性参与气候行动程度的相关培训和能力建设。在应对气候变化适应、减缓、资金、技术、能力建设等领域的相关政策、决策方面进一步促进性别平等，组织开展提高女性在应对气候变化进程中参与程度的相关培训和能力建设活动，提高女性参与能力。

G.21
中国应对气候变化科技现状及展望[*]

巢清尘　曲建升[**]

摘　要： 科学认识和积极应对气候变化对全球可持续发展具有重大且深远的影响，加强我国应对气候变化的科技工作是应对气候变化挑战的重要基础性工作。本文基于文献计量分析，讨论了国际及我国在气候变化基础科学、适应和减缓技术、全球气候治理领域的发展状况。我国应对气候变化科技论文发表数量居全球第二位，但总体影响力还需加快提高。本文通过对地球系统模式、未来战略引领性技术、科技产业培育等重点技术案例的剖析，梳理了我国应对气候变化的科技现状及存在的问题，最后提出了我国应对气候变化的科技发展展望。

关键词： 气候变化　科学技术　科技论文

一　引言

　　气候变化既是人类生存和发展面临的严峻挑战，也是当前国际政治、经

---

　*　本文受国家重点研发计划"气候变化风险的全球治理与国内关键问题研究（2018YFC1509000）"资助。

　**　巢清尘，中国气象局国家气候中心副主任，研究员，主要从事气候系统分析及相互作用、气候风险管理以及气候变化政策研究；曲建升，中国科学院西北生态环境资源研究院副院长，研究员，主要从事气候变化政策分析与温室气体排放评估研究。

济、外交博弈的重大全球性问题。中国提出了"两个一百年"奋斗目标，指出当今社会主要矛盾已经转化为人民日益增长的美好生活需要和不平衡不充分的发展之间的矛盾。蓝天绿地清水的优良环境是人民日益增长的美好生活需要的重要组成部分，特别是我国经济社会在经历40多年高速发展之后，人民对环境质量的诉求更为迫切。气候变化问题作为人类工业文明活动所驱动的一项重要环境议题，其最终的解决强烈依赖于科学技术的进步以及由此所催生的能源革命和生产生活方式的转型调整。

人类应对气候变化的实践证明，科学技术在减缓和适应气候变化上具有关键性的作用，是解决气候变化的根本性手段。提升应对气候变化科技水平，揭示气候系统的变化规律与机理，准确预测未来可能变化及其风险，研发减缓和适应技术，是当今世界最前沿、最亟须解决的科技问题之一。

二 气候变化及其应对的科技发展

（一）科技发展趋势

未来资源与能源、经济与社会发展、人口、粮食、健康、治理都是影响国际格局变化的重要方面。以信息技术、绿色技术为代表的全球科技创新正进入空前密集活跃期，新一轮科技革命和产业变革正在重构全球创新版图，颠覆性创新技术持续不断涌现，交叉融合态势更加明显，绿色发展将深刻改变世界发展格局。

近十年美国在地球系统领域制定了一系列战略，包括地球观测战略规划、地球系统预测等。2019年8月，美国白宫管理和预算办公室与科技政策办公室发布了《2021财年政府研发预算优先事项》备忘录，列出了5大优先级研发方向和5大重点举措，在能源和环境领域，备忘录提出推进能源技术、扩大海洋数据利用和提高地球系统预测能力。2020年5月，美国国家研究理事会发布《美国国家科学基金会地球科学十年愿景（2020～

2030）：时域地球》①，在研究优先事项、基础设施和设备、伙伴关系等方面都强调了地球科学研究的重要意义。2019 年 12 月，欧盟委员会发布欧洲绿色新政，随后欧盟相关机构先后出台《欧洲可持续金融战略》、《欧洲气候法》草案、《欧洲循环经济行动计划（新版）》、《欧洲新工业战略》等系列政策和法律文件，欧洲央行提出将增购"绿色债券"等，明确了到 2050 年欧盟经济社会全面绿色发展的增长战略。

科技发展推动了广泛的科学认知，强化了全球共同应对气候变化的政治意愿。② 技术进步深化了全球能源变革，一些国家积极借助新能源、新经济的增长点，打造全球竞争力。③ 在这一轮变革中，能源结构、产业结构将呈现清洁化、低碳化和数字化特征，城市和乡村建设将更注重气候韧性。发展中国家可能成为全球未来能源、资源和环境需求增长的中心，科学技术为这些地区的气候治理提供了重大机遇，也带来巨大挑战。

（二）中国科技发展需求

中国未来应对气候变化的科技发展将以生态文明建设为主线，面向国家需求和国际前沿，聚焦战略性和前瞻性重大科技问题，服务建设美丽中国和构建人类命运共同体，坚持科技创新与体制机制创新"双轮驱动"，体现战略性、前瞻性、科学性、可操作性，全面提升我国应对气候变化的科学水平、研究能力和服务国家战略决策的能力，增强我国在国际气候变化科技领域的影响力和话语权。

针对当前逆全球化浪潮可能带来的技术和数据封锁，未来需要尽快突破一批制约我国气候变化科技创新和应对能力的核心技术，使我国 2025 年本领域研究总体上与发达国家处于"并跑"状态，为国家应对气候变化提供关键

---

① "National Academies of Sciences, Engineering, and Medicine," *A Vision for NSF Earth Sciences 2020 – 2030：Earth in Time*, 2020, Washington, DC：The National Academies Press.

② 巢清尘：《全球气候治理的学理依据与中国面临的挑战和机遇》，《阅江学刊》2020 年第 1 期。

③ 何建坤、周剑、欧训民等：《能源革命与低碳发展》，中国环境出版社，2018。

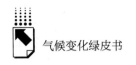

支撑。到 2035 年，形成基础研究、影响与风险评估、减缓与适应技术、可持续转型战略研究的全链条、一体化创新研发新模式，力争我国应对气候变化科技研发能力进入世界先进水平，为建设"美丽中国""科技强国"以及深度参与并逐步引领全球生态文明建设提供系统解决方案和中国创新模式。

三 中国应对气候变化科技发展分析

本文从文献计量角度对相关领域技术发展状况进行分析，学术论文数据来自 WoS ISI 论文核心数据库，专利数据来自 WoS DII 专利数据库，数据分析时限为 2000~2018 年。本文共检索获得气候变化科技发展研究领域相关文献 17248 篇。如图 1 所示，19 年中论文数量变化较大，整体呈现波动上升趋势。2000~2008 年，国际上，气候变化科技发展研究领域的发展缓慢，到 2008 年，论文数量比 2000 年增长了 1.54 倍。到 2018 年，论文数量比 2000 年增长了 10.19 倍。从年均篇被引趋势来看，文献整体呈现先波动上升后快速下降趋势，2000~2013 年呈现波动上升趋势，由 2000 年的年均 2.98 次/篇上升至 2013 年的 8.98 次/篇。2013~2018 年篇均被引频次表现出的下降趋势，主要是由于 2013 年后论文数量快速增长，以及新论文被引频次存在显著的滞后。

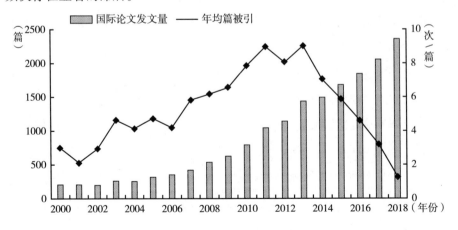

图 1 气候变化科技发展研究领域国际论文发文量及年均篇被引趋势

（一）气候变化基础科学

在基础科学方面，选择了气候变化和极端事件检测归因与预测预估，生物地球化学循环观测与模拟，古气候定量重建与模拟，气候变化影响、脆弱性、风险评估和归因定量四类技术。

气候变化和极端事件检测归因与预测预估技术研究为应对极端气候灾害提供了一个独特的视角。从论文总体态势来看，无论是国际论文发文量还是国内论文发文量均呈现逐步上升趋势，国际论文发文量上升趋势明显高于国内论文上升趋势。此外，中国是近年来研究论文数量增长最快的国家之一，研究成果总量居全球第二位。如表1所示，从主要发文国家来看，该技术领域主要集中在美国、中国和英国。篇均被引频次方面，英国最高；从论文发文机构来看，国际主要发文机构在中国和美国。排名前三的机构均分布在中国，分别为中国科学院、中国气象局和中国科学院大学；无论是国际还是国内，该领域热点关键词都为气候模式、极端事件。近年来，极端事件等方面的论文产出迅速增加，极端事件成为该领域的研究热点。

表1　气候变化和极端事件检测归因与预测预估技术领域发文量排名居
前10位的国家及其影响力

排序	国家	发文量（篇）	发文量占比（%）	总被引次数（次）	篇均被引频次（次/篇）
1	美国	1761	20.85	54929	30.58
2	中国	829	9.82	12353	15.78
3	英国	668	7.91	27567	40.66
4	德国	485	5.74	15100	30.57
5	澳大利亚	442	5.23	13567	30.42
6	加拿大	425	5.03	17569	40.95
7	法国	329	3.90	11978	36.19
8	意大利	260	3.08	9536	36.26
9	西班牙	242	2.87	6578	26.96
10	荷兰	204	2.42	7689	37.69

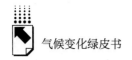

　　生物地球化学循环观测与模拟技术研究对于系统认识和了解陆地、流域生态系统的可持续发展具有重要意义。从论文总体态势来看，无论是国际论文发文量还是国内论文发文量均呈现波动上升趋势，国际论文发文量上升趋势明显高于国内论文上升趋势。如表2所示，从主要发文国家来看，该领域主要集中在美国、德国和英国。篇均被引频次方面，美国、德国、英国为前三；从论文发文机构来看，排名前三的机构分布在中国、美国和俄罗斯，排名第1位的机构为中国科学院；无论是国际还是国内，地球生物化学的循环模式、模型模拟均是该领域的热点关键词，也是近年来的研究热点。

表2　生物地球化学循环观测与模拟技术领域发文量排名居前10位的国家及其影响力

排序	国家	发文量 （篇）	发文量占比 （%）	总被引次数 （次）	篇均被引频次 （次/篇）
1	美国	747	27.91	24994	33.46
2	德国	248	9.27	7652	30.85
3	英国	207	7.74	6218	30.04
4	法国	203	7.59	5751	28.33
5	加拿大	147	5.49	3664	24.93
6	澳大利亚	120	4.48	3144	26.20
7	中国	112	4.19	1832	16.36
8	日本	79	2.95	1954	24.73
9	意大利	74	2.77	2220	30.00
10	荷兰	64	2.39	2326	36.34

　　古气候定量重建与模拟技术研究为全球认识和了解古气候重建研究现状及其与现代气候对比提供了独特视角。从论文总体态势来看，无论是国际论文发文量还是国内论文发文量均呈现逐步上升趋势，国际论文发文量上升趋势明显高于国内论文上升趋势。中国是近年来研究论文数量增长最快的国家之一，研究成果总量居全球第二位。如表3所示，从主要发文国家来看，该

领域主要集中在美国、中国和德国。篇均被引频次方面，英国、加拿大、美国为前三；从论文发文机构来看，国际主要发文机构分布在中国和俄罗斯，国内主要发文机构为中国科学院、兰州大学、中国地质大学（北京）；无论是国际还是国内，热点关键词均为全新世的古气候变化重建和模拟。近年来，全新世、同位素、古环境等成为该领域的研究热点。

表3 古气候定量重建与模拟技术领域发文量排名居前 10 位的国家及其影响力

排序	国家	发文量（篇）	发文量占比（%）	总被引次数（次）	篇均被引频次（次/篇）
1	美国	537	23.26	15702	29.24
2	中国	324	14.03	4861	15.00
3	德国	164	7.10	3976	24.24
4	英国	122	5.28	5013	41.09
5	法国	108	4.68	2472	22.89
6	加拿大	96	4.16	3868	40.29
7	俄罗斯	91	3.94	1268	13.93
8	澳大利亚	87	3.77	2369	27.23
9	西班牙	67	2.90	1339	19.99
10	意大利	58	2.51	1302	22.45

气候变化影响、脆弱性、风险评估和归因定量关键技术研究对系统了解和认识气候变化风险和脆弱性有重要意义。从论文总体态势来看，无论是国际论文发文量还是国内论文发文量均呈现逐步上升趋势，国际论文发文量上升趋势明显高于国内论文上升趋势。此外，中国是近年来研究论文数量增长最快的国家之一，研究成果总量居全球第二位。如表4所示，从主要发文国家来看，该领域主要集中在美国、中国和英国。篇均被引频次方面，荷兰、英国、澳大利亚为前三；从论文发文机构来看，排名前三的机构分别来自中国、美国和俄罗斯。国内主要发文机构为中国科学院、中国气象局、中国科学院大学等；无论是国际还是国内，热点关键词均为气

候变化影响、脆弱性、风险。近年来，气候脆弱性、不确定性、人类活动影响成为该领域的研究热点。

表4　气候变化影响、脆弱性、风险评估和归因定量关键技术领域发文量
排名居前10位的国家及其影响力

排序	国家	发文量（篇）	发文量占比（%）	总被引次数（次）	篇均被引频次（次/篇）
1	美国	536	18.14	29021	54.14
2	中国	263	8.90	5181	19.70
3	英国	241	8.16	16807	69.74
4	德国	184	6.23	6872	37.35
5	澳大利亚	159	5.38	8769	55.15
6	加拿大	146	4.94	5804	39.75
7	意大利	105	3.55	3505	33.38
8	荷兰	90	3.05	6789	75.43
9	法国	79	2.67	3239	41.00
10	西班牙	77	2.61	2957	38.40

（二）适应和减缓技术

在适应和减缓技术方面，选择了适应气候变化与气候变化适应效果效益的关键技术，温室气体排放监测、数据存储、加工利用及核算技术，部门零碳及负排放关键技术三类。

适应气候变化与气候变化适应效果效益的关键技术研究对于系统认识和了解气候变化适应具有重要意义。从论文总体态势来看，国际和国内论文发文量均呈现持续上升趋势，国际论文量高于国内论文量。如表5所示，从主要发文国家来看，该技术领域主要集中在美国、澳大利亚和英国。篇均被引频次方面，前三位分别为法国、英国、荷兰；从发文机构来看，排名前三的机构分别来自澳大利亚、加拿大和中国，排名前10的机构中有4个来自澳大利亚，中国科学院位居第三；无论是国际还

是国内，热点关键词均为气候变化适应、脆弱性、农业及适应能力。国际上更侧重于研究弹性和生态系统服务，国内更侧重于研究适应对策、农民、水资源和可持续发展。

表5　适应气候变化与气候变化适应效果效益的关键技术领域发文量
排名居前10位的国家及其影响力

排序	国家	发文量 （篇）	发文量占比 （%）	总被引次数 （次）	篇均被引频次 （次/篇）
1	美国	420	15.47	13417	31.95
2	澳大利亚	273	10.06	8332	30.52
3	英国	253	9.32	10964	43.34
4	加拿大	158	5.82	3911	24.75
5	德国	152	5.60	4850	31.91
6	荷兰	116	4.27	4176	36.00
7	中国	104	3.83	1215	11.68
8	西班牙	69	2.54	1488	21.57
9	法国	68	2.50	4313	63.43
10	印度	64	2.36	688	10.75

温室气体排放监测、数据存储、加工利用及核算技术研究对于系统认识和了解温室气体排放有重要的意义。从论文总体态势来看，国际和国内论文发文量均呈现上升趋势，国际论文量高于国内论文量，近年来国际论文量增速高于国内论文。如表6所示，从主要发文国家来看，该领域主要集中在美国、中国和英国。篇均被引频次方面，荷兰、美国和加拿大为前三；从发文机构来看，排名前四的机构全部来自中国，分别是中国科学院、华北电力大学、北京理工大学和清华大学，排名前10的机构有4个来自中国，3个来自美国；无论是国际还是国内，热点关键词均为温室气体排放、碳足迹、生命周期评估等，而国内更侧重于研究温室气体减排、企业、核算、土地利用、低碳经济和可再生能源等。

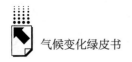

表6 温室气体排放监测、数据存储、加工利用及核算技术领域发文量
排名居前10位的国家及其影响力

排序	国家	发文量 (篇)	发文量占比 (%)	总被引次数 (次)	篇均被引频次 (次/篇)
1	美国	890	18.65	33363	37.49
2	中国	846	17.72	15434	18.24
3	英国	340	7.12	11533	33.92
4	德国	248	5.20	7285	29.38
5	加拿大	231	4.84	7854	34.00
6	澳大利亚	167	3.50	3829	22.93
7	日本	165	3.46	3420	20.73
8	法国	132	2.77	4043	30.63
9	荷兰	126	2.64	4964	39.40
10	意大利	120	2.51	3271	27.26

部门零碳及负排放关键技术研究对于系统了解各行业各部门碳排放及减排措施等具有重要的意义。从论文总体态势来看，国际和国内论文发文量均呈现波动上升趋势，国际论文量高于国内论文量，近年来国际论文量与国内论文量增速基本持平。如表7所示，从主要发文国家来看，该领域主要集中在美国、中国和英国。篇均被引频次方面，加拿大、意大利和法国为前三；从发文机构来看，排名前三的机构分别来自中国和美国，排名前10的机构中有6个来自美国，3个来自中国。中国科学院居全球第一，国内靠前的机构还有清华大学和中国农业科学院；无论是国际还是国内，热点关键词均为温室气体排放、生命周期评估和碳排放等，国际上更侧重于对碳封存以及各种温室气体、碳足迹和生物炭的研究，国内更侧重于对零排放、减排技术和措施、废水处理、燃煤技术和煤化工等的研究。

表 7　部门零碳及负排放关键技术领域发文量排名居前 10 位的国家及其影响力

排序	国家	发文量 （篇）	发文量占比 （%）	总被引次数 （次）	篇均被引频次 （次/篇）
1	美国	194	22.77	9044	46.62
2	中国	96	11.27	1503	15.66
3	英国	66	7.75	2253	34.14
4	澳大利亚	48	5.63	862	17.96
5	加拿大	41	4.81	2335	56.95
6	德国	36	4.23	1582	43.94
7	意大利	33	3.87	1638	49.64
8	巴西	29	3.40	850	29.31
9	法国	25	2.93	1203	48.12
10	日本	25	2.93	799	31.96

（三）全球气候治理

全球气候治理涵盖了低碳政策和社会经济环境影响的综合评估技术、以及全球气候治理多边机制系统优化技术两类。

低碳政策和社会经济环境影响的综合评估技术研究对于系统认识和了解低碳政策绩效和对社会经济环境等的影响有积极意义。从论文总体态势来看，国际和国内论文发文量均呈现出快速上升趋势，国际论文量显著高于国内论文量，国内 2010 年前鲜有相关研究产出，2010 年后开始快速发展，国际上则持续快速发展。如表 8 所示，从主要发文国家来看，该领域研究主要集中在中国、美国和英国。篇均被引频次方面，美国、荷兰和澳大利亚为前三。从发文机构来看，排名前 10 的机构中有 7 个来自中国，位居前三的机构分别是中国科学院、华北电力大学和清华大学；无论是国际还是国内，热点关键词均为碳排放、能源能耗和低碳经济等，国际上更侧重于对碳足迹、投入产出分析、能源效率等的研究，国内更侧重于研究影响因素、碳税、低碳技术以及产业机构相关政策等。

表8　低碳政策和社会经济环境影响的综合评估技术领域发文量
排名居前10位的国家及其影响力

排序	国家	发文量（篇）	发文量占比（%）	总被引次数（次）	篇均被引频次（次/篇）
1	中国	1180	25.91	23376	19.81
2	美国	748	16.42	25818	34.52
3	英国	305	6.70	9135	29.95
4	德国	183	4.02	5387	29.44
5	加拿大	160	3.51	4089	25.56
6	澳大利亚	149	3.27	4485	30.10
7	日本	146	3.21	3808	26.08
8	荷兰	131	2.88	4397	33.56
9	西班牙	115	2.52	1950	16.96
10	意大利	101	2.22	2593	25.67

全球气候治理多边机制系统优化技术研究可以系统认识和了解全球治理以及多边机制的作用。从论文总体态势来看，国际和国内论文发文量均呈现出波动上升趋势，国内论文量要高于国际论文量，国内论文量从2008年开始快速增长。如表9所示，从主要发文国家来看，该领域研究主要集中在美国、英国和德国。篇均被引频次方面，瑞士、意大利、美国为前三；从发文机构来看，排名前10的机构中有3个来自美国，国内靠前的是中国科学院；无论是国际还是国内，热点关键词均为气候变化、气候变化治理和应对等，国际上更侧重于研究气候政策、适应和能源效率，国内更侧重于研究气候变化适应和低碳经济发展等。

表9　全球气候治理多边机制系统优化技术领域发文量排名居前10位的国家及其影响力

排序	国家	发文量（篇）	发文量占比（%）	总被引次数（次）	篇均被引频次（次/篇）
1	美国	43	43	981	22.81
2	英国	23	23	289	12.57
3	德国	12	12	227	18.92
4	中国	11	11	129	11.73

排序	国家	发文量 （篇）	发文量占比 （%）	总被引次数 （次）	篇均被引频次 （次/篇）
5	意大利	11	11	581	52.82
6	瑞士	11	11	676	61.45
7	荷兰	10	10	131	13.10
8	澳大利亚	9	9	133	14.78
9	加拿大	7	7	153	21.86
10	西班牙	7	7	83	11.86

四　重点技术案例分析

（一）地球系统模式

要科学合理地描述大气圈、水圈、冰冻圈、岩石圈和生物圈及其多圈层相互作用，研究过去和现代气候的变化规律和机理，预测未来变化，最有效的手段是发展地球系统模式（包含气候系统模式），同时，还需要高性能计算机和海量存储系统等高新技术和多学科交叉。

从 20 世纪 50~60 年代人们最初从单一大气环流模式研制开始，到现阶段已发展成为包含大气、地表、海洋和海冰、气溶胶、碳循环、动态植被、大气化学和陆地冰盖等比较完备的地球系统模式[1][2]。未来地球系统模式将越来越复杂，模式分辨率越来越精细，同一模式将考虑多个尺度的过程，对模拟个体、局地、区域和全球等不同尺度相互作用的能力将不断提升。利用越来越复杂的地球系统模式开展从天气预报到气候预测、气候变化预估，实

---

[1] Taylor, K. E., R. J. Stouffer and G. A. Meehl, "An Overview of CMIP5 and the Experiment Design," *Bulletin of the American Meteorological Society*, 2012, 93（4）: 485–498.

[2] Eyring, V., Bony, S., Meehl, G. A., Senior, C. A., Stevens, B., Stouffer, R. J., and Taylor, K. E., Overview of the Coupled Model Intercomparison Project Phase 6（CMIP6）Experimental Design and Organization, Geosci. Model Dev., 9, 1937–1958, https://doi.org/10.5194/gmd-9-1937-2016, 2016.

现真正意义上的无缝隙预测将成为国际未来发展趋势。

目前参与国际 CMIP6 模式比较计划的国内单位有国家气候中心、中国科学院大气物理研究所等 7 个单位的 9 个模式，分别在大气模式、陆面过程模式、海洋模式、多分量耦合过程等方面具有各自的特色和优势[①]。国家气候中心最新研发完成的高分辨率气候模式版本 BCC－CSM3－HR，可达全球大气 30km，模式顶超过 0.01hPa，海洋分辨率 $0.25° × 0.25°$。中国科学院大气物理所在高分辨率气候系统模式的发展方面也已取得进展。欧、美、日等气候预测业务单位的气候模式的水平分辨率大多在 50～130km，垂直分辨率大多在 60～90 层，模式顶最高可到 0.01hPa，海洋分辨率在 $0.25° × 0.25°$。到 2020 年左右，欧洲中期数值预报中心和英国气象局业务模式分辨率将提升到全球 25km 左右。

我国大部分模式是基于国外已有气候系统或地球系统模式的大气、海洋、海冰分量模式进行的重组或局部优化，自主创新较少。目前气候系统模式中包含的多个物理、化学、生物和人类活动过程非常复杂，大多单位的模式研制集中在大气模式动力框架和物理过程上，对陆面模式分量、海洋模式分量、海冰模式分量在地球系统模式中的模拟表现及存在的问题分析研究较少。模式性能受多个模式物理、地球生物化学过程等影响，有很多领域我们尚很少涉及。例如，国际上大气湍流的参数化都是依据大涡模拟，对流参数化都是依据云动力学模式结果来发展的，而我国模式团队中基本没有从事大涡模拟及云动力学模式的专家。

（二）未来战略引领性技术

《巴黎协定》确定了将全球平均温度上升幅度控制在工业化前水平 2℃ 之内，并力争不超过 1.5℃，适应气候变化以及资金流动符合温室气体低排放和气候适应型发展路径的目标。联合国《2030 年可持续发展议程》确立

① Zhou, T. J., Z. M. Chen, L. W. Zou, et al., "Development of Climate and Earth System Models in China: Past Achievements and New CMIP6 Results," *J. Meteor. Res.*, 2020, 34 (1): 1－19.

了雄心勃勃的全球目标，强调科学、技术和创新在实现社会、经济和环境保护多重目标方面将发挥核心作用。根据 IPCC 评估报告[1][2]，2℃目标下，需要全球 2030 年 CO_2 排放相对 2010 年下降约 25%，2070 年左右达到净零。实现1.5℃目标比 2℃目标要求更高，全球 2030 年 CO_2 排放要在 2010 年水平上下降约 45%，2050 年左右达到净零。深度减排意味着能源系统要发生深刻转型，即不能仅仅依赖提高能源效率、增加可再生能源比重等现有常规低碳措施，必须要大规模依赖目前尚不成熟的二氧化碳移除技术（CDR）[3]。但大规模依赖目前尚不成熟且较为昂贵的负排放技术将大大提高实现目标的成本，并且可能存在较大的技术风险和生态环境风险[4]。同时，二氧化碳移除技术对水资源和土地的需求很大，可能会对全球粮食安全和减贫带来挑战。

根据联合国、欧盟、美国、中国等国际机构和主要国家长期技术展望报告，在能源利用与供给领域的低碳技术主要包括低碳技术和新能源技术两大类六个技术领域，前者涵盖了碳捕集、利用与封存（CCUS），生物能源和核能，后者包括了风能、太阳能、氢能和燃料电池。以 CCUS 为例，用于低分压的二氧化碳捕集的最成熟技术是用胺溶剂吸收[5]，此外还有"氧－燃料"燃烧方式。二氧化碳捕集速率提高是二氧化碳捕集的一项关键技术，但目前尚无重大突破。生物能源由于其具有高度的灵活性，并能广泛融入能源系统[6]，是

[1] IPCC, *Climate Change 2014：Synthesis Report*, Cambridge：Cambridge University Press, United Kingdom and New York, NY, USA, 2014

[2] IPCC, Summary for Policymakers, In：Global Warming of 1.5℃, An IPCC Special Report on the Impacts of Global Warming of 1.5℃ above Pre-industrial Levels and Related Global Greenhouse Gas Emission Pathways, in the Context of Strengthening the Global Response to the Threat of Climate Change, Sustainable Development, and Efforts to Eradicate Poverty, World Meteorological Organization, Geneva, Switzerland, 2018, 32.

[3] http：//www.ecofys.com/files/files/climate action tracker 2016 10 steps for 1 point 5 goal.pdf.

[4] Fuss, S. et al., "Betting on Negative Emissions," *Nature Climate Change*, 2014, 4 (10)：850 -853, doi：10.1038/nclimate2392.

[5] Jana K, Sudipta De, "Over view of CCS：A Strategy of Meeting CO_2 Emission Targets," *Reference Module in Materials Science and Materials Engineering*, 2019.

[6] Ladanai, S. and J. Vinterback, Global Potential of Sustainable Biomass for Energy, Uppsala, 2019, https：//pub.epsilon.slu.se/4523/1/ladanai_ et_ al_ 100211.pdf.

处于各个发展阶段的国家极具吸引力的能源选择。生物能源是高度通用的，既可以产生电力、热量或作为运输燃料，也可以使用不同的生物能源预处理和转化技术从大量生物质原料中获得固体、液体和气体能量①。但是目前生物能源市场发展的速度远低于预期，且成本相对较高。风能是目前增长旺盛的新能源之一，2018年占全球可再生能源比例达24%，但技术的进一步发展涉及三方面问题：一是风力发电技术，包括涡轮技术开发的设计系统与工具、先进部件及可靠性等；二是风特性研究，包括通过选址资源估算风能资源评价；三是供应链、制造和安装问题②。目前与氢能和燃料电池技术有关的问题有三类：一是能源需求部门的氢能系统进入，包括交通部门燃料电池电动汽车，燃料电池在住宅部门的微型热电联产以及在特定炼油、钢铁部门的应用；二是氢能供应部门的能源集成和能源储存；三是氢能基础设施如储存和零售技术研发；四是关键制氢和转化技术，如电解槽和燃料电池关键技术③。

在适应领域，原创的风险评估和影响模型是适应领域的核心技术。发达国家更多强调转型适应和综合集成适应技术，如农业－水－能源的关联性（nexus）技术、生态服务功能的城市适应技术、基于大数据构建的适应气候变化决策支撑系统等。除了适应硬技术外，国际上还强调管理规划、适应决策、适应监测评估、风险转移和分担等软技术，强调从气候变化风险评估到适应技术集成研发和应用，再到效果评估全链条的技术体系构建。因此，未来战略性技术包括气候变化影响与风险定量关键技术，定量预估未来10～30年气候变化和极端事件对重要领域及重大工程的建设和运行风险；气候变化适应的计量关键技术，如不同领域适应气候变化测度方法，不同领域常规技术与适应效果分离技术；适应气候变化关键技术，如农牧业灾害、水资源、水利工程群、生态系统、虫媒和水媒疾病、重要基础设施的风险预警与控制技术等。

① Röder M., Welfle A., *Bioenergy*, *Managing Global Warming*, Academic Press, 2019：379－398.
② Technology Roadmap Wind Energy, IEA Technology Roadmaps, 2015, OECD Publishing, Paris, https：//doi. org/10. 1787/9789264238831－en.
③ Etudes de l'Ifri, Japan's Hydrogen Strategy and its Economic and Geopolitical Implications, 2018.

(三)科技产业培育

应对气候变化派生出不少市场化产业,如气候服务和碳金融。气候服务是通过开发以科学为依据的气候信息和预测,使社会能够更好地管理气候变率和变化带来的各种风险和机遇。2010年世界气象组织发布的《全球气候服务框架》确定了农业和粮食安全、减少灾害风险、卫生以及水和能源五个领域作为优先重点领域,我国在规划相关的气候服务时又增加了城镇化为优先重点领域。有关研究发现,国内气候在交通、旅游、电力等行业产值方面的服务贡献约为1%。相比发达国家,我国气象服务效益偏低,特别是其效益不仅仅是经济效益,还包括社会效益和环境效益[①]。抛掉体制机制等问题,从气候服务的科技能力看,气候服务科技核心能力不强,技术支撑水平和服务集约化水平亟待加强是重要因素。具体表现在,一是现有科技创新能力不够,新技术应用程度较低,科技含量不高、深度不够,缺乏核心品牌和拳头产品;二是产品提供及营销能力不足,以用户为中心、融入式发展水平不高,对服务对象的需求挖掘不够,适应不同消费者需求的产品提供能力、市场营销能力严重不足;三是基础支撑薄弱,面向不同行业领域的气象观测、数据资源、影响预报模式模型发展滞后;四是服务规模"小、低、散",业务链条布局不能适应用户要求,存在重复、低效、无序发展等问题;五是领域布局重点不突出,聚焦聚力和深耕重点专业领域不够。

碳金融是近年我国开始关注的另一个重要方向。自1997年《京都议定书》通过后,代表市场型的政策工具——碳市场在全球范围内逐渐被广泛推广和应用。根据交易工具的不同,可将碳市场分为基于配额和基于项目的交易市场[②]。我国国内碳市场的形成和发展始于清洁发展机制(CDM)市场。从2002年始我国一直是全球最大的CDM项目东道国,注册项目数与核证减排量(CER)稳居全球首位。发展CDM项目可以为我国引进先进的能

---

① 韩佳芮、吕丽莉、张润嘉、肖芳:《WMO气象服务效益评估工作的借鉴与启示》,《气象科技进展》2017年第1期。

② World Bank, State and Trends of the Carbon Market 2007, 2017.

源利用技术和高效生产技术，减少能源消费、有效降低温室气体排放，提高生产技术水平①。同时，还能促进节能环保项目的商业化开发，创造就业机会、带动当地经济发展②③，促进我国相关领域的自主技术创新④，催生"碳金融"，推动金融产品和业务的创新。2009年后，中国逐渐步入温室气体自愿减排（CCER）交易机制阶段，开发了一系列碳金融衍生品，如基于CCER的质押、抵押融资及碳基金、碳债券、碳信托计划、CCER现货远期交易等⑤。碳市场的实施在一定程度上促进了技术进步，并通过增加企业现金流和提高资产净收益率，对企业的创新行为产生直接和间接效应⑥。从目前技术层面看，制定全国碳交易市场的碳排放监测、报告、核查技术方法规范，需要考虑我国企业的统计基础⑦，也要兼顾未来与全球碳交易市场的衔接需要，做好与相关国际标准的兼容工作⑧。

五 未来发展展望

我国应对气候变化科技整体上处于跟踪国际前沿阶段，高水平原创性研

---

① Zhang Y. J., Sun Y. F., Huang J., "Energy Efficiency, Carbon Emission Performance, and Technology Gaps: Evidence from CDM Project Investment," *Energy Policy*, 2018 (115): 119-130.

② Bayer P, Urpelainen J., Wallace J., "Who Uses the Clean Development Mechanism? An Empirical Analysis of Projects in Chinese Provinces," *Global Environmental Change*, 2013, 23 (2): 512-521.

③ Zhao Z. Y., Li Z. W., Xia B., "The Impact of the CDM (Clean Development Mechanism) on the Cost Price of Wind Power Electricity: A China Study," *Energy*, 2014 (69): 179-185.

④ Yuan B., Xiang Q., "Environmental Regulation, Industrial Innovation and Green Development of Chinese Manufacturing: Based on An Extended CDM Model," *Journal of Cleaner Production*, 2018 (176): 895-908.

⑤ 张昕、张敏思、田巍、孙峥：《我国温室气体自愿减排交易发展现状、问题与解决思路》，《中国经贸导刊》2017年第23期。

⑥ 刘晔、张训常：《碳排放交易制度与企业研发创新——基于三重差分模型的实证研究》，《经济科学》2017年第3期。

⑦ 刘强、陈亮、段茂盛、郑晓奇：《中国制定企业温室气体核算指南的对策建议》，《气候变化研究进展》2016年第12期。

⑧ 滕飞、冯相昭：《日本碳市场测量、报告与核查系统建设的经验及启示》，《环境保护》2012年第10期。

320

究仍需加强。虽然气候变化科技论文发表数量位居全球前两位，但论文被引频次的情况与论文数量还不相称，论文总体影响力还需加快提高。总体来看，我国气候变化部分细分领域处于"领跑"或"并跑"水平，但整体上处于"跟跑"阶段。

有效应对气候变暖挑战，需要精准预测预估未来气候变化带来的各种风险，有效提升重点领域、重点行业和关键敏感区域适应气候变化的能力，降低气候变化给我国经济社会发展和生态文明建设带来的风险，以实现 2030 年排放峰值目标、2050 年低碳发展战略目标和我国自主贡献责任目标的绿色低碳转型，支撑我国在全球气候治理中讲好中国"故事"，提出中国方案，提升我国在应对气候变化领域的影响力和领导力。

因此，需要进一步从问题入手，坚持需求导向，充分发挥科技创新在应对气候变化中的基础作用、全球气候治理在经济社会转型发展中的引领作用，以全球视野谋划和推动应对气候变化的科技创新，实现应对气候变化科技全方位的跨越发展，部分领域的赶超引领。

G . 22
关于气候传播策略的思考

汪燕辉*

摘　要：　解决气候变化问题，需要全球公众的参与。气候传播对于促
进公众形成对气候变化问题的认知，进而采取气候友好行动
的推动作用不可或缺。本文简要回顾全球气候传播发展历程，
运用传播理论的分析模型对中国多样的行为主体开展气候传
播活动的历史和现状进行分析，并针对我国气候传播策略的
制定提出务实建议。

关键词：　气候传播　气候传播策略　气候友好行动

　　最早的关于人类活动对气候变化影响的报道可追溯到 1932 年在美国
《纽约时报》上刊登的一条新闻。[①] 到 2019 年末，科学研究显示地球升
温相对工业革命时代已达 1.1℃。各国的政府和公众对气候变化问题的
关注从无人问津到热议，围绕气候变化的传播活动的推动作用不可
小觑。

　　自 20 世纪 80 年代以来，气候传播逐渐从环境传播中分离出来，成为一
个独立的传播领域。国内学界普遍采用中国人民大学郑保卫教授提出的关于
气候传播的定义："将气候变化信息及其相关科学知识为社会与公众所理解

---

* 汪燕辉，绿色创新发展中心运营与传播总监，助理经济师，主要研究方向为气候传播。
① Ma Maxwell T. Boykoff and J. Timmons Roberts, "Media Coverage of Climate Change: Current
Trends, Strengths, Weaknesses," Human Development Report 2007/2008, P4.

和掌握，并通过公众态度和行为的改变，以寻求气候变化问题解决为目标的社会传播活动。"[1]

本文对全球气候传播的发展历程进行简单梳理，基于传播理论模型对中国气候传播进行分析总结，提出中国近期气候传播工作的突破点。

一 全球气候传播简史

人类最早发现温室气体的浓度变化会对地球温度产生影响，可以追溯到 1860 年左右以 John Tyndall 为代表的科学家们的研究[2]。此后，科学界用百余年时间逐渐厘清温室气体和气候变化之间的关系。比如，1979 年美国国家科学院发表 Charney 报告[3]，对大气中二氧化碳和气候的关系做出科学评估。随着科学研究的深入，围绕气候变化的传播逐渐增多。自 20 世纪 80 年代起，气候传播逐渐成为传播中一个独立的细分领域。梳理气候传播的发展历程，大致可分为三个阶段，即萌芽期、成长期和挑战期。

从 1980 年至今的四十年间，地球加速升温引发气候变化，导致洪水、旱灾、飓风等极端气候事件，山火频发、冰川大量融化，气候变化从问题演变成危机。与此同时，各国的政府和公众对气候变化的认知从无人问津到热议，成为西方社会的主流话题之一。尤其是 2009 年后，随着中国在全球气候变化治理中的作用增强，气候传播中出现了中国态度、中国声音、中国方法。2015 年《巴黎协定》达成以来，全球气候变化传播的焦点从提升公众对气候变化的认知度，拓展到促进公众作出气候友好的行为改变。在全球，围绕气候变化议题的各种活动赢得广泛的公众支持和参与。但是，气候变化问题的解决以及气候传播依旧面临诸多挑战。

---

① 郑保卫：《论新闻媒体在气候传播中的角色定位及策略方法》，《现代传播》2010 年第 11 期。

② What Goes Up，《经济学人》2019 年第 21 期，第 26 页。

③ National Research Council, *Carbon Dioxide and Climate: A Scientific Assessment*, Washington, DC: The National Academies Press, 1979.

（一）萌芽期：从环境传播中分离（1979～1994年）

1979～1994年属于气候传播的萌芽期，气候变化从科学问题演变成政治问题，其标志是1994年《联合国气候变化框架公约》（UNFCCC）正式生效。在此期间，气候变化传播逐渐从传统的环境传播中分离出来。

最初推动气候传播的主体是科学界。科学家们希望有更多人认识到：人类活动导致地球升温的情况越来越严重。传播活动主要发生在涉及气候变化议题的各种国际会议期间。1979年2月，主要由科学家参加的第一次世界气候大会举行，气候变化议题首次引起国际社会关注。1988年多伦多会议提出需要对气候变化问题做进一步研究，并号召各国采取政治行动。1988年11月，世界气象组织（WMO）和联合国环境规划署（UNEP）联合建立政府间气候变化专门委员会（IPCC），其任务是评估气候与气候变化科学知识的现状，分析气候变化对社会、经济的潜在影响，并提出减缓、适应气候变化的可能对策。1990年IPCC发表了第一份气候变化评估报告。1990年10月，第二次世界气候大会举行，提出制定气候变化公约。1994年3月21日《联合国气候变化框架公约》（UNFCCC）正式生效。

环境领域的非政府组织是推动气候变化相关议题传播的先锋，如Friends of the Earth、Sierra Club等机构，利用世界地球日、里约联合国环境发展大会等重要活动，力图提升各国政府和公众对气候变化问题的关注度。媒体对气候变化问题最初的关注集中在气候变化是不是科学事实、人类活动导致的温室气体排放增加与地球升温之间的关系等议题上。20世纪80年代，媒体、科学界和政界的关系愈加紧密而复杂，可以观察到在欧美媒体上关于气候变化科学和相关政策的讨论呈爆发式增长。①

气候传播的萌芽期设定了未来气候传播的两条主线：一是围绕气候变化科学事实的传播，二是对气候变化治理机制和进展的追踪，包括政

---

① Maxwell T. Boykoff and J. Timmons Roberts, "Media Coverage of Climate Change: Current Trends, Strengths, Weaknesses", Human Development Report 2007/2008, P4.

府间谈判进程、各国政府推动气候变化问题解决的政策进展及实施效果
等。

（二）成长期：构建气候变化问题意识（1994～2009年）

1994～2009年是气候传播的成长期。在萌芽期形成的两条主线相互交
织、互相影响，将公众对气候变化问题的认知度提升到前所未有的高度。

自1995年起，在UNFCCC机制下，缔约方大会（COP）每年举办一
次。会议的目的是形成气候变化问题的全球治理机制，推动解决气候变化问
题的政策制定和实施，以期从根本上解决气候变化问题。历次气候大会的谈
判进程都是气候传播的关注重点。谈判进程波澜起伏充满戏剧性，使得气候
变化成为媒体竞相追逐的热门话题。比如，在1997年举行的京都COP3上
达成《京都议定书》，为发达国家规定了温室气体减排的量化指标。关于这
次会议的报道占据了世界各大媒体的头条。然而，2001年小布什上任美国
总统伊始就宣布退出《京都议定书》。后来经过漫长的签署过程，2005年
《京都议定书》才正式生效。气候变化治理进程中的一波三折、成败得失构
成气候传播的主旋律之一。

此外，IPCC在1995年、2001年和2007年分别发布了第二、三、四次
气候变化评估报告。每次报告发布都引起广泛关注，世人的瞩目在2007年
达到最高潮——IPCC第四次评估报告的工作团队与美国前副总统戈尔一同
荣获当年的诺贝尔和平奖。

在这个时期，各国政府认识到气候传播的重要性。以英国为例，在布莱
尔首相的领导下，发布《国家气候变化项目2000》，指导英国完成《京都议
定书》框架下的温室气体减排承诺；后又发布《国家气候变化项目2006》，
该项目在2008年成为《英国气候法案》，规定英国到2050年实现比1990年
减排80%的目标，使英国成为全球第一个有明确且受法律约束的减排目标
的国家。为确保上述计划的顺利实施，英国政府成立了负责气候变化传播的
工作小组——Climate Change Communications Working Group），并委托专业机
构Futerra制定基于实证的气候变化传播战略，以改变英国公众对气候变化

的态度。①

研究界用研究推动气候传播走向专业化。初期的研究主要集中在公众对气候变化问题的理解和影响公众理解的因素，媒体对气候变化问题的报道和话语建构，媒体影响，公众对气候变化带来的风险预期等议题上。后来逐渐增加的关注点包括：公民社会及公众参与，组织机构的传播以及对公众对气候变化问题的态度、信念和行为的说服策略等。

在气候传播的成长期，气候传播的主体、议题、开展的活动及相关研究从数量到质量都有显著提升，气候变化问题成为西方社会的主流话题之一，对气候变化问题意识的构建基本完成。

（三）挑战期：促进公众行为改变任重道远（2010～2020年）

2010～2020年是气候传播机遇与挑战并存的十年，总体来讲挑战大于机遇，尤其是在气候治理进程充满不确定性的大背景下，促进公众采取气候友好的行为任重道远。

2009年哥本哈根气候大会无果而终黯然落幕，然而气候变化带来的问题却愈演愈烈。2010年出现俄罗斯热浪和森林大火、格陵兰岛冰川大面积崩塌等事件。2019年9月，WMO发表《全球气候2015～2019》报告称，自工业化以来全球平均气温已上升1.1℃，大气中的温室气体浓度也上升到创纪录水平，未来世代的变暖趋势已锁定。在UNFCCC框架下，各国政府经过5年马拉松谈判，于2015年达成《巴黎协定》，确定"到本世纪末将全球升温幅度与工业化前水平相比限制在远低于2℃，并力争控制在1.5℃"的长期目标，并为2020年后全球应对气候变化治理作出制度性安排。

在这一时期，中国完成了从全球气候变化治理的跟随者到贡献者、引领者的角色转换，在国际舞台上开始表达中国对气候变化问题的态度，积极展现中国应对气候变化的成功实践。气候传播中出现了中国态度、中国声音、

---

① Futerra, The Rules of the Game-Principles of Climate Change Communications, 2005, https://stuffit.org/carbon/pdf–research/behaviourchange/ccc–rulesofthegame.pdf, 最后访问日期2020年5月30日。

中国方法。

但在全球范围内，推动公众气候友好的行为改变，最终解决气候变化问题仍任重道远。进入后巴黎协定时代，人类能否在现有的国际政治格局和全球治理框架下解决气候变化危机，是一个大大的问号。发达国家和发展中国家围绕减排和发展权的博弈暗流涌动。2016 年马拉喀什 COP24 期间，美国宣布退出《巴黎协定》，2019 年马德里 COP25 就《巴黎协定》实施细则未尽事宜的谈判止步不前。2020 年初全球暴发新冠肺炎疫情，解决气候危机的紧迫性让位于新冠肺炎疫情危机，原计划 2020 年 11 月在格拉斯哥举行的 COP26 被推迟到 2021 年 11 月举行。科学界不断提醒，人类行动的力度不足以避免气候危机的"灾难性"后果。如何促进全人类采取集体行动来弥合这一差距？这是全球气候传播面临的巨大挑战。

二　气候传播的分析框架

气候传播遵循传播活动的一般规律。"5W"是 1932 年由美国政治学家拉斯维尔提出的一套经典传播分析模型①。具体而言，5W 指谁说（Who）、说什么（Says What）、在哪儿说（In Which Channel）、说给谁听（To Whom）、有什么效果（With What Effect）。这是传播中最为重要的五个核心因素：传播主体、受众、核心信息、渠道和传播效果。

（一）传播主体

气候传播以"寻求气候变化问题解决为目标"，气候变化具有公共产品属性，问题的解决有赖于所有利益相关方共同协作。但是各主体在开展气候传播活动时都有自己的主张和诉求，具体到某一项气候传播的实践会因为主体不同呈现很大差异，因此有必要对气候传播主体进行分门别类。

---

① Kaynak：Schramm, W. ve Roberts, D. F., The Process and Effects of Mass Communication, Urbana：University of Illinois Press, 1971.

UNFCCC 是一项政府间公约,比如《巴黎协定》的签约国就有 195 个。为完成具有法律效力的国际承诺,各国政府必须进行气候变化传播。大多数政府开展气候传播的目的是向公众解释本国在解决气候变化问题上采取立场的正当性,制订和实施的相关政策的合理性,并鼓励公众参与。

媒体通常被认为是传播的渠道,在议题设置上有得天独厚的便利条件,媒体对气候变化问题的价值观,直接影响其对气候变化议题的报道的立场和手法。以卫报、路透社、彭博社、纽约时报、经济学人等媒体为代表的全球一流媒体都在对气候变化议题进行持续跟踪报道。非政府组织,尤其是环保类的非政府组织是推动气候议题的先锋。这些组织的愿景和使命决定其在气候变化议题上发声的角度和目的,比如乐施会着重关注受气候变化影响最严重地区的人们的困境;绿色和平则更愿意采取正面冲突的方式挑战"气候不友好"的政府和企业行为。

意见领袖作为气候传播活动的一类特殊主体,对推动气候议题的传播直至相关政策和市场的改变能量巨大。如美国前副总统戈尔,凭一己之力,从纪录片《不可忽视的真相》开始,将气候变化问题推上前台,并持续为可再生能源发展鼓与呼;瑞典气候女孩滕伯格,从一个人罢课开始,引领了席卷全球的"为气候罢课"的青年参与行动。同样,气候传播中企业参与者也很多。在 2019 年 9 月举办的联合国气候峰会期间,达能、雀巢和宜家等近 90 家跨国公司承诺在运营中为实现 1.5℃气候目标努力。

(二)受众

气候传播的受众是公众。气候传播的目的是促进受众对关于气候变化的科学有认知、有理解,并采取气候友好的行为。由于受众的政治、经济、社会地位以及价值取向不同、受气候变化问题影响程度不同,受众接收到气候变化信息的反应千差万别。因此,在气候传播中要对受众进行细分,根据其特点确定其他传播要素如何设定。

(三)核心信息

气候传播传递的核心信息是"气候变化信息及其相关科学知识"。全球不计其数的专业研究人员，将人类对气候变化认知的深度、广度和精度不断提高。气候变化是科学问题，但应对气候变化及解决气候变化问题需要全球气候治理机制，解决气候变化问题是政治问题。因此，传播活动中传递的核心信息不仅仅是科学知识，还包括对这些知识和行动的价值判断。

（四）渠道

媒体是传播的重要渠道。媒体最早发源于 17 世纪，蓬勃发展于 20 世纪，随着现代社会的发展而逐步壮大成为媒体产业。在过去几十年中，媒体产业发生巨大变革，从报纸、杂志、电视，拓展到基于互联网的新媒体，甚至多媒体的融合。近十年来还出现了泛媒体的趋势。现代传播面临的挑战是渠道无处不在，如何选择适当的渠道触达细分受众，气候传播面临同样的挑战。

（五）传播效果

对传播效果的评估是一项气候传播活动的起点和终点。传播效果的评估分为认知转变程度和行为改变程度两方面。对某一个气候传播活动的效果进行分析，首先要了解这项活动开展之前受众的认知水平和采取行为改变的意愿程度，在传播活动完毕才能对传播活动是否取得效果，取得了多大的效果进行评估。

三 我国气候传播的发展和经验

中国气候传播发展有十余年历史。2009 年以前，媒体是中国开展气候传播活动的主力军，早在 2006 年 10 月《中国新闻周刊》就发表过题为《全球变暖导致青藏高原冰川消融》的文章，围绕中国科学家对青藏高原的研究发现的全球变暖对我国的影响进行了详细报道。中国采访哥本哈根COP15 的记者有 80 多人，关注气候变化议题的媒体不仅有"国家队"，如新华社等，也有市场化的媒体如南方周末、搜狐网等。近期新媒体也加入报

道气候变化的行列。

国家政府主管气候变化工作的相关部门是中国气候传播的领导者。2011年国家应对气候变化战略研究和国际合作中心（NCSC）成立，其中一项职能就是负责国家气候变化领域的传播工作。国内研究界亦在气候传播领域发力。中国人民大学 2010 年成立气候传播项目中心，开展对中国公众气候变化意识认知的调查研究；研究界陆续在媒体对气候变化报道的框架、中国气候传播战略等领域开展研究。以王石为代表的企业界，以中国青年应对气候变化网络（CYCAN）为代表的青年群体，以地球村、自然之友等为代表的本土环保非政府组织也都是在 2010 年左右开始关注气候变化议题，并走上国际舞台，发出气候变化领域的中国声音。

通过各方长达十年坚持不懈的努力，国内社会各界以及公众对气候变化问题的关注度逐年提高，国际气候变化领域的中国声音日益高昂。2015 年11 月 30 日，中国国家主席习近平在巴黎出席气候变化大会开幕式并发表题为《携手构建合作共赢、公平合理的气候变化治理机制》的重要讲话。2016 年在杭州举行的 G20 峰会期间，中美两国元首向联合国秘书长潘基文共同交存两国参加《巴黎协定》的法律文书，展示了中国在应对气候变化问题上的决心和全球领导力。

以下将结合政府和非政府组织主导的两个气候传播的案例，说明我国气候传播活动的一些特点。

（一）26℃空调节能行动

"26℃空调节能行动"可以算作中国本土非政府组织创意并执行的一项经典传播活动，由自然之友等九家民间环保组织于 2004 年 6 月在北京联合发起，呼吁夏季将办公楼、饭店、商场等公共场所空调温度调至 26℃，以减少能源消耗，缓解电力供应危机，并对减缓全球气候变暖作出贡献。在三个月的时间内，发起机构组织了一系列的宣传倡导活动，共吸引承诺加入"26℃空调节能行动"的企业 10 家，使馆等机构 2 家；发放宣传品 7000 余份；参与活动志愿者百余名。这一行动迅速拓展到全国并持续数年。2008

年 8 月，北京大学的张世秋教授在国际会议上向美国前副总统戈尔等嘉宾介绍"26℃空调节能行动"的示范效果，并建议推广到其他国家。如今，夏季室内空调温度设为 26℃ 这一原则被大众普遍接受；有些空调上专门有一键 26℃ 的设置。可以说达到了公众和社会采取气候友好行为改变的目的。

这一案例有以下特点：从传播主体和受众的角度看，由民间环保组织发起传播给普通民众。传递的信息简单易行却有显著的减排意义。主要传播渠道是大众媒体，在短时间内围绕环保组织开展的活动，高密度、高频次地宣传报道对公众形成刺激。后来每年夏季都会围绕这个主题重新组织活动，反复对核心信息进行传播。经过长时间的积累，活动的核心信息深入人心，并实现了将公众关注度转变为行动的效果，甚至促成空调生产企业的行为改变。这一传播活动成功的关键是：面向受众提炼出简单易行的核心信息，通过大众媒体反复强化刺激，持续多年强化传播效果，最终完美实现传播活动目标。

（二）COP 中国角边会系列活动

UNFCCC 气候大会期间由中国政府代表团组织的中国角边会系列活动，自 2011 年德班 COP17 上首次举办，至今已经连续举办了九年，成为中国政府主导，在国际舞台传播气候变化领域中国声音、中国态度、中国方法的重要平台。NCSC 在协调资源、组织"COP 中国角边会系列活动"中发挥着重要作用。通过多年实践，该活动形成了固定的套路和做法。这一平台的定位非常清晰：请中国气候变化工作的参与者、研究者、政策制定者对国际受众讲述中国案例、中国方法，展示中国态度、传递中国声音。

留有遗憾的是，这种传播定式也产生了一些弊端。其一，活动的参与主体更新度不高，导致在 COP 会场上与各国不断创新的活动对受众的竞争中通常落于下风，活动的上座率不高，国际媒体关注度也比较少。其二，传播的内容普遍缺乏国际上通行的讲故事的逻辑和方法，也很少针对国际受众的知识背景、思维方式、兴趣点进行设计，因此国际受众的认同度大打折扣。

四 我国气候传播的突破点

2020 年初突如其来的新冠肺炎疫情大流行，全球按下暂停键，可以预见未来十年甚至更长一段时间，世界格局将发生巨大而深刻的变化。中国将采取何种长期策略应对气候变化？中国的气候传播该如何开展？笔者认为我国气候传播的突破点在于要明确气候传播的目标，着手制定国家级气候传播策略。

（一）明确气候传播目标与国际国内发展目标的关系

2008 年 7 月，时任中国国家主席胡锦涛出席在日本举行的"经济大国能源安全和气候变化领导人会议"，作出"气候变化问题从根本上说是发展问题"的重要论断。并指出气候变化问题要在可持续发展框架内综合解决。这是我国制订应对气候变化战略，指导应对气候变化行动的根本原则。2015年被联合国成员国采用的《2030 年可持续发展议程》，由 17 个可持续发展目标组成，是指导全球到 2030 年发展的整体框架，其中第 13 个目标就是气候行动。2017 年十九大报告明确我国到 2035 年、2050 年的发展目标。

我国应对气候变化的长期策略正是基于上述国际国内发展目标的指引。中国在 2015 年向 UNFCCC 秘书处提交的《强化应对气候变化行动——中国国家自主贡献》（简称 2015 年 NDC），承诺了 2030 年应对气候变化的中国自主行动目标。在 2019 年的 G20 峰会上，中国外长、法国外长及联合国秘书长发布气候变化会议新闻公报，其中提出：（三方重申）"在可持续发展背景下，更新国家自主贡献，确保其较此前更具进步性，体现各自最高雄心水平，2020 年前发布本世纪中叶长期温室气体低排放发展战略"[①]。2020 年 9 月 22 日，中国国家主席习近平在第七十五届联合国大会一般性辩论上发

---

① 陈美安、杨鹏、胡敏：《中国 NDC 进程及展望：迈向全球碳中性的未来》，绿色创新发展中心，2019。

表重要讲话，明确提出：中国将提高国家自主贡献力度，采取更加有力的政策和措施，二氧化碳排放力争于 2030 年前达到峰值，努力争取 2060 年前实现碳中和。

因此，中国气候传播活动的目标要围绕中国即将发布的《长期温室气体低排放发展战略》确定的目标及相关行动计划。并且要在联合国《2030年可持续发展议程》设定的目标框架下开展行动，促进全球可持续发展目标的达成。

（二）制定国家级气候传播策略

如果从 1990 年在国务院环境保护委员会下设立国家气候变化协调小组算起，我国应对气候变化工作开展已有 30 年的历史，但是迟至 2010 年"气候传播"概念才正式在国内公开亮相，而且此后也未曾出台过国家层面的关于气候传播的统领性政策文件，因此我国亟待制定一份国家级的气候传播策略。原因如下。

其一，中国已经确立了"引导应对气候变化国际合作，成为全球生态文明建设的重要参与者、贡献者、引领者"的目标。要实现这一目标定位，即将出台的《长期温室气体低排放发展战略》是行动规划，中国一贯秉承有诺必达、行胜于言的原则，如习主席所言"应对气候变化工作不是别人让我做，而是我要做"。但是在面向国际社会的沟通中，干的好说不好，难免事倍功半。需要有一份策略性的方案指导面向国际社会的气候传播。

其二，回到国内，兑现中国政府向国际社会承诺的"中国自主贡献目标"，需要将减缓和适应气候变化的行动落实到社会各个层面。然而气候变化目标在国内社会发展的整体框架下只是诸多要达成的目标之一，其他目标还有经济发展目标、民生保障目标、环境治理目标等。以实现 2035 年和2050 中国宏观发展目标为指引，如何将 2030 年前实现碳达峰、2060 年前实现碳中和的气候变化目标的战略高度提升，甚至成为实现国家发展目标的顶层目标？同样需要有一份策略性的方案指导面向国内的气候传播。

一份国家级的气候传播策略，用以对国际国内讲清中国采取气候行动的

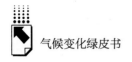

内在逻辑、计划达成的目标及行动路径，以获得最大范围的利益相关方的理解和认同，对于更好地实施中国长期低排放发展战略，推动气候变化问题的解决不可或缺。

参照其他国家的经验，制定这样一份国家级气候变化策略应由国家政府管理气候变化工作的最高领导机构统领。建议这一小组设在"国家应对气候变化及节能减排工作领导小组"下，指定一名小组成员作为这一策略的总负责人。鉴于气候变化问题的复杂性和传播的专业性，可以在国家应对气候变化专家委员会中委托 1~3 名委员组成专家指导组，面向国际国内招募气候、气象、科学、政治、经济、环境、传播等领域的专业人士组成项目执行团队。

在策略制定完毕后，需要跟进制定详细的实施计划，选择适当的策略实施机构落实执行。在策略实施前，要对该策略进行详尽解释说明，以保证实施机构统一思想，确保策略执行效果；还要对全国公众气候变化意识认知程度进行基线调研，以方便后期对策略实施效果的评估和策略的更新。

结　语

气候变化由来已久且复杂，因此围绕气候变化的传播也是复杂而专业的。本文试图对气候传播的渊源进行简单梳理，运用经典的传播理论分析模型，对我国气候传播实践进行回顾和分析，对未来制订国家级别的气候传播策略给出建议，希望能对在我国从事气候传播的实践者有一点启发。

附　录

Appendices

G.23
气候灾害历史统计[*]

翟建青　谈 科^{**}

　　本附录分别给出全球、"一带一路"区域和中国三个空间尺度气候灾害历史统计数据，相关数据主要来源于德国慕尼黑再保险公司和中国气象局国家气候中心，其中全球和"一带一路"区域气候灾害统计数据始于1980年，中国气候灾害统计数据为自1984年以来的数据，相关数据可为气候变化适应和减缓研究提供支持。

　＊　"全球气候灾害历史统计""中国气象灾害历史统计"部分由翟建青、谈科整理；"'一带一路'区域气候灾害历史统计"部分由谈科整理。

＊＊　翟建青，国家气候中心副研究员，南京信息工程大学气象灾害预报预警与评估协同创新中心骨干专家，主要研究方向为气候变化影响评估与气象灾害风险管理；谈科，南京信息工程大学在读硕士研究生，主要研究方向为灾害风险管理。

全球气候灾害历史统计

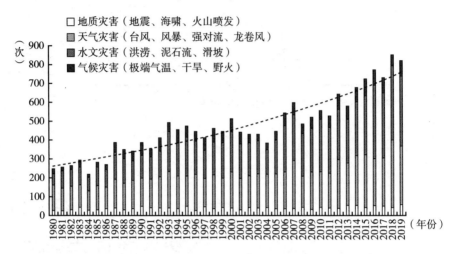

图1 1980~2019年全球重大自然灾害事件发生次数

注：自然灾害事件入选本项统计的标志为至少造成1人死亡或至少造成10万美元（低收入经济体）、30万美元（下中等收入经济体）、100万美元（上中等收入经济体）或300万美元（高收入经济体）的损失；经济体划分参考世界银行相关标准。图2至图4同。

资料来源：慕尼黑再保险公司和国家气候中心。

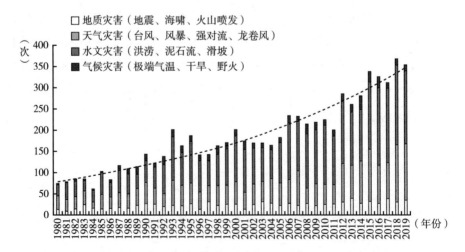

图2 1980~2019年亚洲重大自然灾害事件发生次数

资料来源：慕尼黑再保险公司和国家气候中心。

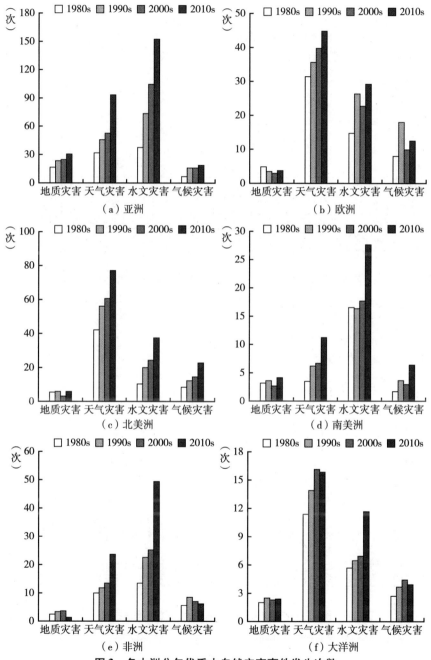

图3 各大洲分年代重大自然灾害事件发生次数

资料来源：慕尼黑再保险公司和国家气候中心。

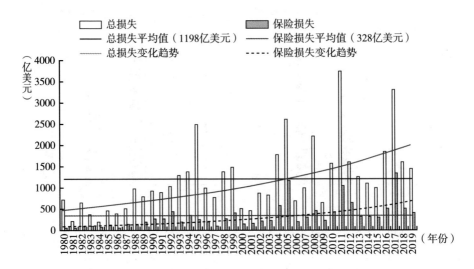

图 4 1980 ~ 2019 年全球重大自然灾害总损失和保险损失

注：损失值为 2019 年计算值，已根据各国 CPI 指数扣除物价上涨因素并考虑了本币与美元汇率的波动，图 5 至图 10 同。

资料来源：慕尼黑再保险公司和国家气候中心。

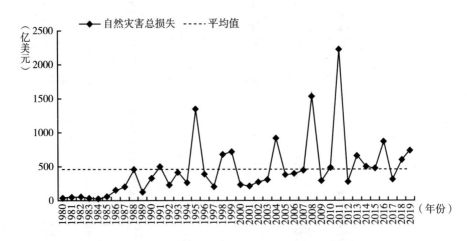

图 5 1980 ~ 2019 年亚洲重大自然灾害总损失

资料来源：慕尼黑再保险公司和国家气候中心。

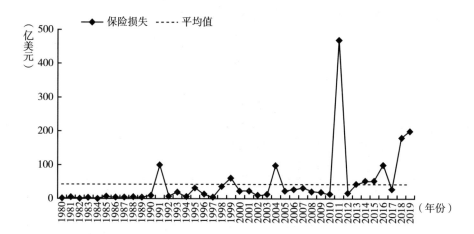

图 6　1980～2019 年亚洲重大自然灾害保险损失

资料来源：慕尼黑再保险公司和国家气候中心。

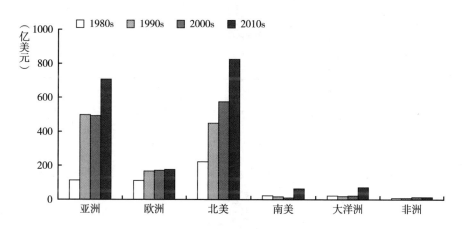

图 7　各大洲分年代重大自然灾害总损失

资料来源：慕尼黑再保险公司和国家气候中心。

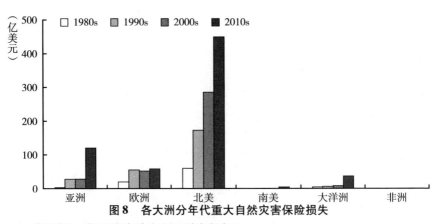

图8　各大洲分年代重大自然灾害保险损失

资料来源：慕尼黑再保险公司和国家气候中心。

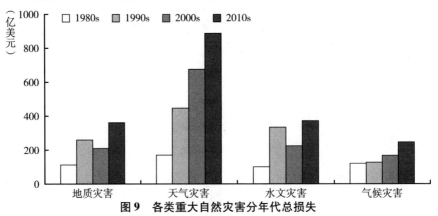

图9　各类重大自然灾害分年代总损失

资料来源：慕尼黑再保险公司和国家气候中心。

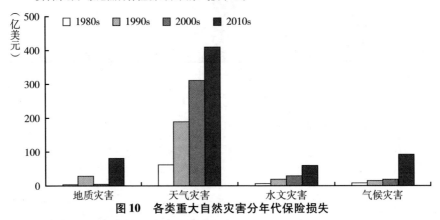

图10　各类重大自然灾害分年代保险损失

资料来源：慕尼黑再保险公司和国家气候中心。

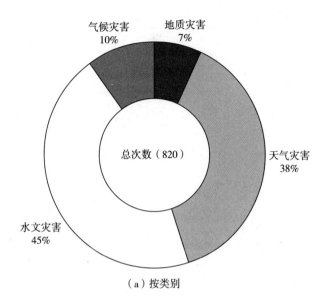

（a）按类别

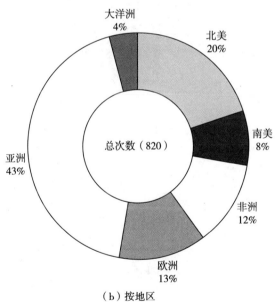

（b）按地区

图 11   2019 年全球各类重大自然灾害发生次数分布

资料来源：慕尼黑再保险公司和国家气候中心。

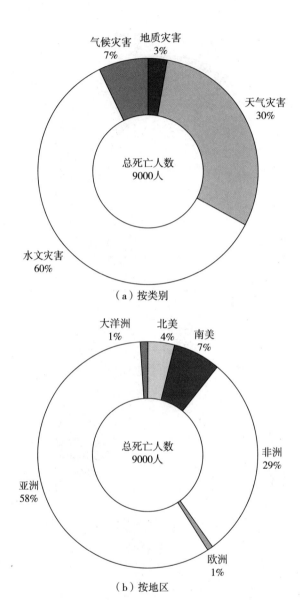

（a）按类别

（b）按地区

图 12 2019 年全球重大自然灾害死亡人数分布

资料来源：慕尼黑再保险公司和国家气候中心。

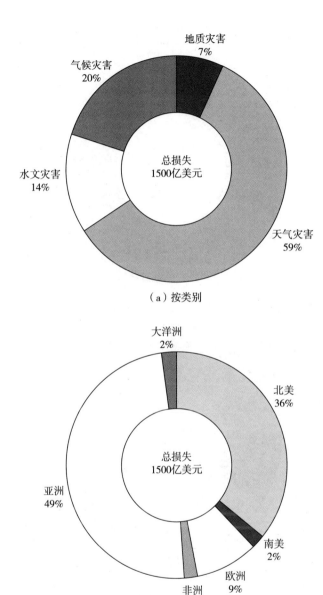

（a）按类别

（b）按地区

图 13　2019 年全球重大自然灾害总损失分布

资料来源：慕尼黑再保险公司和国家气候中心。

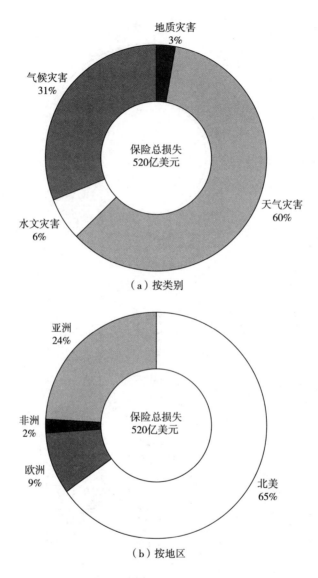

（a）按类别

（b）按地区

图14　2019年全球重大自然灾害保险损失分布

资料来源：慕尼黑再保险公司和国家气候中心。

表1　1980年以来美国重大气象灾害（直接经济损失≥10亿美元）损失统计

灾害类型	次数	次数比例（%）	损失（10亿美元）	损失比例（%）	平均损失（10亿美元）	死亡人数（人）
干旱	28	10.3	244.8	13.2	9.4	3010
洪水	36	13.3	124.1	6.0	4.3	570
低温冰冻	11	4.0	30.6	2.0	3.3	180
强风暴	106	39.0	227.5	15.3	2.2	1831
台风/飓风	55	20.2	920.9	56.2	21.9	6623
火灾	18	6.6	79.2	4.9	4.9	347
暴风雪	18	6.6	48.4	2.4	3.0	1090
总　计	272	100.0	1675.5	100.0	49.0	13651

注：资料来源于 https：//www. ncdc. noaa. gov/billions/summary – stats；灾害损失值已采用CPI指数进行调整。

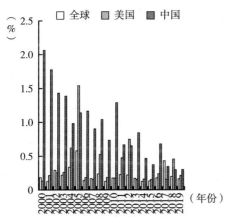

图15　2000～2019年全球、美国及中国气象灾害直接经济损失占GDP比例

资料来源：慕尼黑再保险公司、世界银行和国家气候中心。

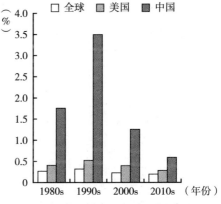

图16　全球、美国及中国气象灾害直接经济损失占GDP比重的年代际变化

资料来源：慕尼黑再保险公司、世界银行和国家气候中心。

"一带一路"区域*气候灾害历史统计

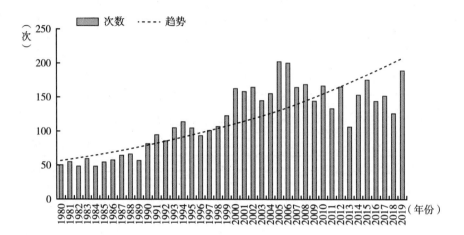

图1　1980~2019年"一带一路"区域气象发生次数及其趋势

资料来源：慕尼黑再保险公司和国家气候中心。

---

* "一带一路"区域指"六廊六路多国多港"合作框架覆盖含中国在内的65个国家，其中东
　北亚2国（蒙古和俄罗斯），东南亚11国（新加坡、印度尼西亚、马来西亚、泰国、越
　南、菲律宾、柬埔寨、缅甸、老挝、文莱和东帝汶），南亚7国（印度、巴基斯坦、斯里
　兰卡、孟加拉国、尼泊尔、马尔代夫和不丹），西亚北非20国（阿联酋、科威特、土耳
　其、卡塔尔、阿曼、黎巴嫩、沙特阿拉伯、巴林、以色列、也门、埃及、伊朗、约旦、伊
　拉克、阿富汗、巴勒斯坦、阿塞拜疆、格鲁吉亚和亚美尼亚），中东欧19国（波兰、阿尔
　巴尼亚、爱沙尼亚、立陶宛、斯洛文尼亚、保加利亚、捷克、匈牙利、马其顿、塞尔维亚、
　罗马尼亚、斯洛伐克、克罗地亚、拉脱维亚、波黑、黑山、乌克兰、白俄罗斯和摩尔多
　瓦），中亚5国（哈萨克斯坦、吉尔吉斯斯坦、土库曼斯坦、塔吉克斯坦和乌兹别克斯
　坦）。图2至图4同。

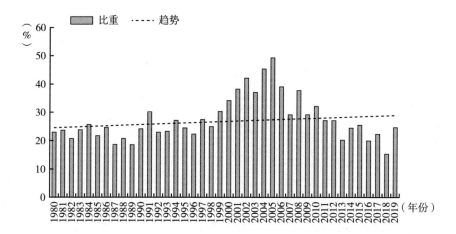

图2 1980～2019年"一带一路"区域气象灾害发生次数占全球比重及其趋势

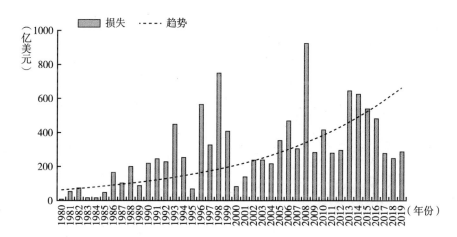

图3 1980～2019年"一带一路"区域气象灾害直接经济损失及其趋势

资料来源：慕尼黑再保险公司和国家气候中心。

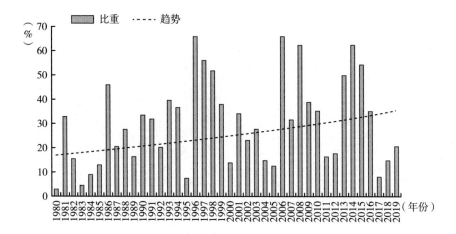

图4 1980～2019年"一带一路"区域气象灾害直接经济损失占全球比重及其趋势

资料来源：慕尼黑再保险公司和国家气候中心。

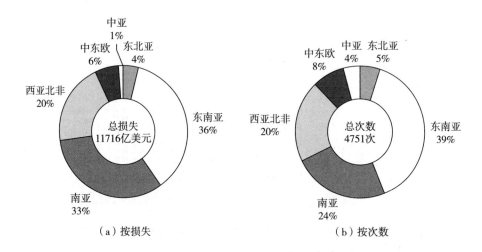

（a）按损失　　　　　　　　　　（b）按次数

图5 1980～2019年"一带一路"区域气象灾害分布

中国气候灾害历史统计

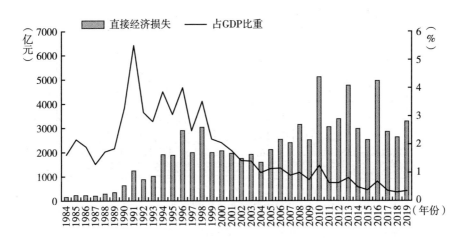

图1　1984~2019年中国气象灾害直接经济损失及其占GDP比重

资料来源：《中国气象灾害年鉴》和《中国气候公报》。

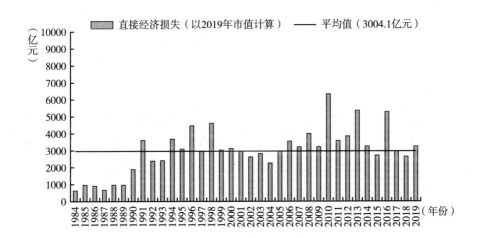

图2　1984~2019年中国气象灾害直接经济损失

资料来源：《中国气象灾害年鉴》和《中国气候公报》。

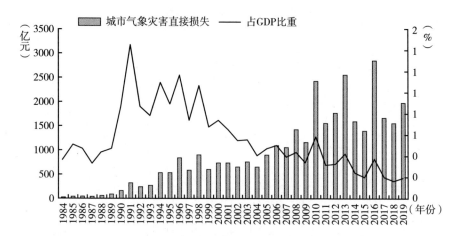

图3　1984～2019年中国城市气象灾害直接经济损失及其与GDP比较

资料来源:《中国气象灾害年鉴》、《中国气候公报》和国家统计局。

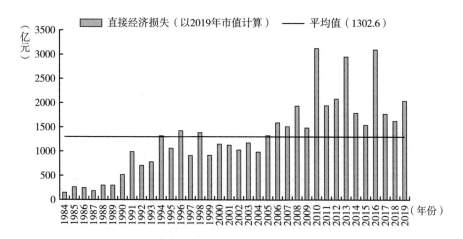

图4　1984～2019年中国城市气象灾害直接经济损失

资料来源:《中国气象灾害年鉴》、《中国气候公报》和国家统计局。

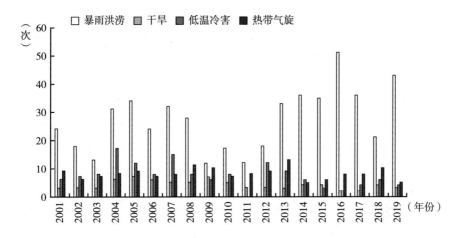

图 5　2001~2019 年中国气象灾害发生次数

资料来源:《中国气象灾害年鉴》和《中国气候公报》。

表 1　中国气象灾害灾情统计

年份	农作物灾情(万公顷)		人口灾情		直接经济损失（亿元）	城市气象灾害直接经济损失（亿元）
	受灾面积	绝收面积	受灾人口（万人）	死亡人口（人）		
2004	3765	433.3	34049.2	2457	1565.9	653.9
2005	3875.5	418.8	39503.2	2710	2101.3	903.4
2006	4111	494.2	43332.3	3485	2516.9	1104.9
2007	4961.4	579.8	39656.3	2713	2378.5	1068.9
2008	4000.4	403.3	43189.0	2018	3244.5	1482.1
2009	4721.4	491.8	47760.8	1367	2490.5	1160.4
2010	3743.0	487.0	42494.2	4005	5097.5	2421.3
2011	3252.5	290.7	43150.9	1087	3034.6	1555.8
2012	2496.3	182.6	27428.3	1390	3358.9	1766.8
2013	3123.4	383.8	38288	1925	4766.0	2560.8
2014	1980.5	292.6	23983	936	2964.7	1592.9

续表

年份	农作物灾情(万公顷)		人口灾情		直接经济损失 (亿元)	城市气象灾害 直接经济损失 (亿元)
	受灾面积	绝收面积	受灾人口 (万人)	死亡人口 (人)		
2015	2176.9	223.3	18521.5	1217	2502.9	1404.2
2016	2622.1	290.2	18860.8	1396	4961.4	2845.4
2017	1847.81	182.67	14448	833	2850.4	1668.1
2018	2081.43	258.5	13517.8	568	2615.6	1558.4
2019	1925.69	280.2	13759.0	816	3270.9	1982.2

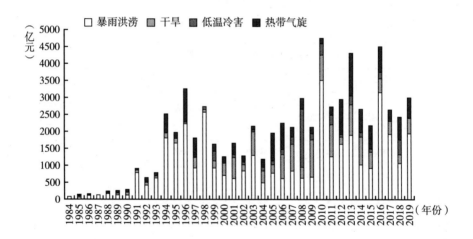

图6 1984~2019年各类气象灾害直接经济损失

资料来源:《中国气象灾害年鉴》、《中国气候公报》和民政部。

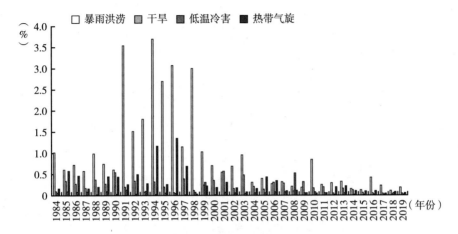

图7　1984~2019年各类灾害直接经济损失相当于GDP比重

资料来源：《中国气象灾害年鉴》、《中国气候公报》和民政部。

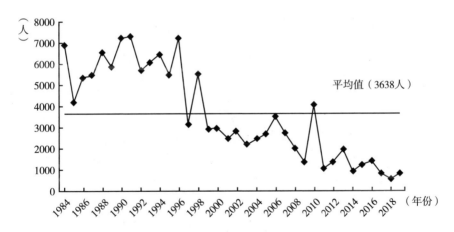

图8　1984~2019年中国气象灾害造成的死亡人数变化

资料来源：《中国气象灾害年鉴》、《中国气候公报》和民政部。

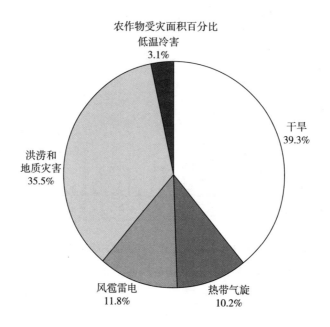

农作物受灾面积百分比
低温冷害
3.1%

干旱
39.3%

洪涝和
地质灾害
35.5%

风雹雷电
11.8%

热带气旋
10.2%

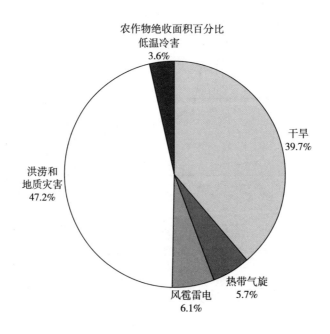

农作物绝收面积百分比
低温冷害
3.6%

干旱
39.7%

洪涝和
地质灾害
47.2%

风雹雷电
6.1%

热带气旋
5.7%

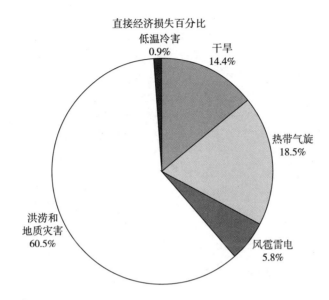

直接经济损失百分比

- 低温冷害 0.9%
- 干旱 14.4%
- 热带气旋 18.5%
- 风雹雷电 5.8%
- 洪涝和地质灾害 60.5%

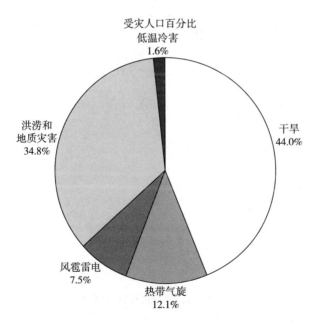

受灾人口百分比

- 低温冷害 1.6%
- 干旱 44.0%
- 热带气旋 12.1%
- 风雹雷电 7.5%
- 洪涝和地质灾害 34.8%

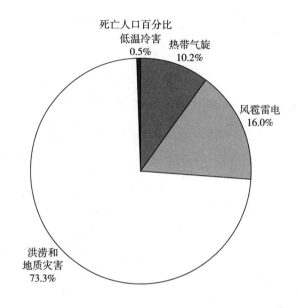

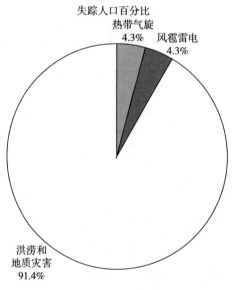

图9 2019年各类气象灾害因灾损失及伤亡人口占比

资料来源:《中国气象灾害年鉴》、《中国气候公报》和民政部。

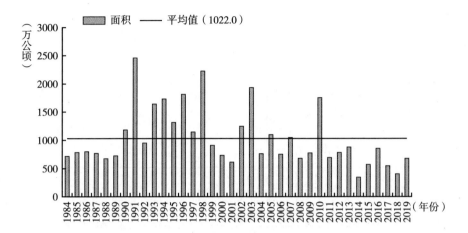

图 10　1984～2019 年暴雨洪涝灾害农作物受灾面积

资料来源：《中国气象灾害年鉴》、《中国气候公报》和民政部。

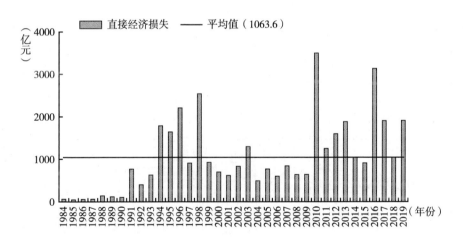

图 11　1984～2019 年暴雨洪涝灾害直接经济损失

资料来源：《中国气象灾害年鉴》、《中国气候公报》和民政部。

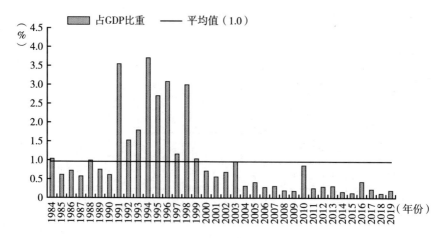

图12 1984~2019年暴雨洪涝灾害直接经济损失相当于GDP比重

资料来源：《中国气象灾害年鉴》、《中国气候公报》和民政部。

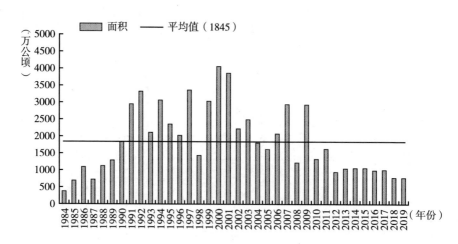

图13 1984~2019年干旱受灾面积历年变化

资料来源：《中国气象灾害年鉴》、《中国气候公报》和民政部。

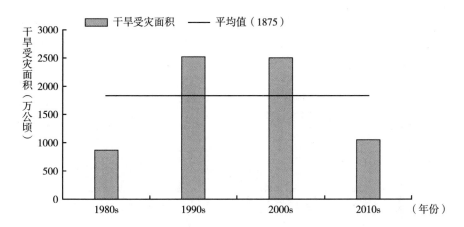

图14　中国干旱受灾面积年代际变化

资料来源：《中国气象灾害年鉴》、《中国气候公报》和民政部。

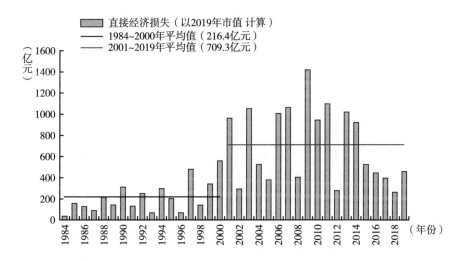

图15　1984～2019年干旱灾害直接经济损失历年变化

资料来源：《中国气象灾害年鉴》、《中国气候公报》和民政部。

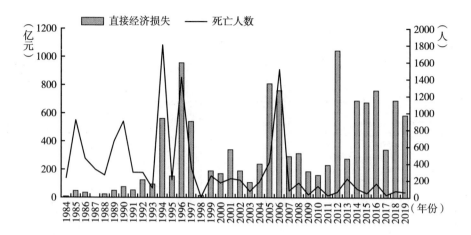

图16　1984～2019 年台风灾害直接经济损失和死亡人数变化

资料来源:《中国气象灾害年鉴》、《中国气候公报》和民政部。

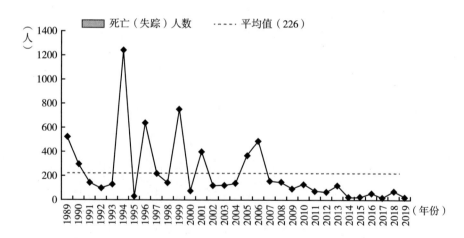

图17　1989～2019 年中国海洋灾害造成死亡（失踪）人数

注：海洋灾害包括：风暴潮、海浪、海冰、海啸、赤潮、绿潮、海平面变化、海岸侵蚀、海水入侵与土壤盐渍化以及咸潮入侵灾害。

资料来源:《中国海洋灾害公报》和中华人民共和国自然资源部。

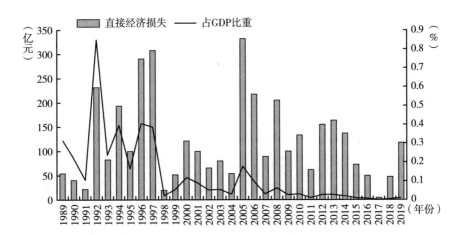

图18 1989～2019年中国海洋灾害造成直接经济损失及其与GDP比较

资料来源:《中国海洋灾害公报》和中华人民共和国自然资源部。

G.24
缩略词

胡国权 崔 禹[*]

5G——5th Generation Mobile Networks，第五代移动通信技术

AAD——Australian Antarctic Division，澳大利亚南极局

AC——Arctic Council，北极理事会

AMOC——Atlantic Meridional Overturning Circulation，大西洋经向翻转环流

ArCS ——Arctic Challenge for Sustainable，北极可持续挑战

ARRA——American Recovery and Reinvestment Act，美国复兴和再投资计划

AWI——Alfred Wegener Institute, Helmholtz Centre for Polar and Marine Research，德国阿尔弗里德·瓦格纳极地与海洋研究所

BAS——British Antarctic Survey，英国南极调查局

BAU——Business As Usual，基准排放情景

BBNJ——Marine Biodiversity beyond Areas of National Jurisdiction，国家管辖范围外海域生物多样性养护与可持续利用

BIS——Bank for International Settlements，国际清算银行

CCA——Climate Change Act，《气候变化法案》

CCER—— Chinese Certified Emission Reduction，中国核证自愿减排量

CCS——Carbon Capture and Storage，碳捕捉与封存

CCU——Carbon Capture, Utilization，碳捕集与利用

---

* 胡国权，博士，国家气候中心副研究员，主要研究方向为气候变化数值模拟、气候变化应对战略；崔禹，中国社会科学院生态文明研究所科研助理。

362

CCUS——Carbon Capture, Utilization and Storage，碳捕获、利用与封存

CDM——Clean Development Mechanism，清洁发展机制

CDR——Carbon Dioxide Removal，二氧化碳移除技术

CDRI——Coalition for Disaster Resilient Infrastructure，全球抗灾基础设施联盟

CER——Certified Emission Reduction，核证减排量

CH_4——Methane，甲烷

CMA——Conference of the Parties Serving as the Meeting of the Parties to the Paris Agreement，《巴黎协定》缔约方大会

CMP——Conference of the Parties as the Meeting of Parties to the Kyoto Protocol，《京都议定书》缔约方大会

CO_2——Carbon Dioxide，二氧化碳

COP/CP.——Conference of Parties，《联合国气候变化框架公约》缔约方会议

COVID-19——Corona Virus Disease 2019，新型冠状病毒肺炎

CREA——Center for Research on Energy and Clean Air，能源与清洁空气研究中心

CYCAN——China Youth Climate Action Network，中国青年应对气候变化行动网络

DECC——Department of Energy and Climate Change，能源与气候变化部

E3G——Third Generation Environmentalism，第三代环保主义组织

El Nino——Elninophenomenon，厄尔尼诺现象

ETS——Emissions Trading System，排放交易系统

EU——European Union，欧洲联盟

EUETS——European Union Emission Trading Scheme，欧盟排放交易体系

FY——Fiscal Year，财政年度

G20——Group 20，二十国集团

GCF——Green Climate Fund，绿色气候基金

GDP——Gross Domestic Product，国内生产总值

GEF——Global Environment Facility，全球环境基金

GGEF——Green Growth Equity Fund，绿色增长股票基金

GHG——Greenhouse Gas，减少温室气体

HFCs——Hydrofluorocarbons，氢氟烃

IASC—— International Arctic Science Committee，国际北极科学委员会

IEA——International Energy Agency，国际能源署

IEM——Internal Energy Market，内部能源市场

IFC——International Finance Corporation，国际金融公司

ILO——International Labour Organization，国际劳工组织

IMF——International Monetary Fund，国际货币基金组织

INDC——Intended Nationally Determined Contributions，国家自主贡献意
向

IOC——Intergovernmental Oceanographic Commission，联合国政府间海洋
学委员会

IOD——Indian Ocean Dipole，印度洋偶极子

IPBES——The Intergovernmental Science-Policy Platform on Biodiversity and
Ecosystem Services，生物多样性和生态系统服务政府间科学政策平台

IPCC——Intergovernmental Panel on Climate Change，联合国气候变化政
府间专家委员会

LDCF——Least Developed Country Fund，最不发达国家基金

LGD——Loss Given Default，违约损失率

LTS——Long-term Low Greenhouse Gas Emission Development Strategies，
长期温室气体低排放发展战略

LULUCF——Land Use，Land-Use Change and Forestry，土地利用，土地
利用变化和林业

MERS——Middle East Respiratory Syndrome，中东呼吸综合征

MHW——Marine Heatwaves，海洋热浪

NAMAs——Nationally Appropriate Mitigation Actions，国家适当减缓行动

NAS——National Academy of Sciences（United States），美国国家科学院

NASA——National Aeronautics and Space Administration（United States），美国国家航空航天局

NDC/NDCs——Nationally Determined Contribution/ Contributions，国家自主贡献

NDVI—— Normalized Difference Vegetation Index，归一化植被指数

NEP——Net Ecosystem Productivity，净生态系统生产力

NF_3——Nitrogen Trifluoride，三氟化氮

NGFS——Network for Greening the Financial System，央行与监管机构绿色金融合作网络

NGO——Non-Governmental Organization，非政府组织

NIIF——National Infrastructure Investment Fund，国家基础设施投资基金

NOAA——National Oceanic and Atmospheric Administration，美国国家海洋和大气管理局

N_2O——Nitrous Oxide，氧化亚氮

NPP——Net Primary Productivity，全球海洋净初级生产力

NSF——National Science Foundation（United States），美国科学基金会

OMZs——Oxygen Minimum Zones，海洋低氧区

PD——Probability of Default，违约概率

PFCs——Perfluorocarbons，全氟碳化合物

PH——Hydrogen Ion Concentratio，氢离子浓度指数

PM2.5——Particulate Matter with A Diameter of Less than 2.5 Micrometres，（空气中）直径小于2.5微米的颗粒物

PPM——Parts Per Million，百万分率或百万分之几

PRI——Principles for Responsible Investment，负责任投资原则

PUE——Power Usage Effectiveness，电源使用效率

QE——Quantitative Easing，量化宽松

QEERTs——Economy-wide Emission Reduction Targets，全经济范围量化减排目标

QELRCs——Quantified Emission Limitation and Reduction Commitments，量化减排或限排承诺

RCP——Representative Concentration Pathways，典型浓度路径（情景）

SAON——Sustaining Arctic Observation Net，北极持续观测网

SARS——Severe Acute Respiratory Syndrome，重症急性呼吸综合征

SASB——The Sustainability Accounting Standards Board，可持续会计准则委员会的可持续行业标准

SBI——Subsidiary Body for Implementation，附属执行机构

SBN——Sustainable Banking Network，可持续银行网络

SBSTA——Subsidiary Body for Scientific and Technological Advice，附属科技咨询机构

SCAR——Scientific Committee on Antarctic Research，南极研究科学委员会

SCF——Standing Committee on Finance，资金常设委员会

SCOR——Scientific Committee on Oceanic Research，海洋科学委员会

SDGs——Sustainable Development Goals，联合国可持续发展目标

SEM——Single Energy Market，单一能源市场

SF_6——Sulfur Hexafluoride，六氟化硫

SOOS——Southern Ocean Observing System，南大洋观测系统

SROCC——Special Report on the Ocean and Cryosphere in A Changing Climate，《气候变化中的海洋和冰冻圈特别报告》

TCFD——Task Force on Climate related Financial Disclosures，气候相关财务信息披露工作组

UK PACT——UK Partnering for Accelerated Climate Transitions，英国国际气候基金

UKRI——U. K. Research and Innovation，英国研究与创新署

UN——United Nations，联合国

UNEP——United Nations Environment Programme，联合国环境规划署

UNFCCC——United Nations Framework Convention on Climate Change，联合国气候变化框架公约

USGS——United States Geological Survey，美国地质调查局

WMO——World Meteorological Organization，世界气象组织

YOUNGO——Non-Governmental Organization of Youth，青年非政府组织

Abstract

The year 2020 has been an eventful one with the coronavirus pandemic spreading rapidly across the world. According to Statistic data, as of September 24th Beijing time in 2020, global covid – 19 case numbers exceeded 32 million, with over 970 thousand deaths. The pandemic has had important social, economic and environmental implications for the world, and COP 26, which was originally scheduled to take place in Glasgow, UK in late 2020, has also had to be postponed. However, the threat posed by climate change to the sustainable development of humanity is still looming large, and how to enhance global action to combat global climate change while also responding to the ongoing pandemic poses a new challenge for the international community.

Part I gives an overview, focusing on the new developments in global efforts to achieve net-zero emissions and China's strategic choices as a country with a great sense of responsibility in global climate governance.

Part II provides a quantitative analysis of urban low carbon development indicators. As with past Green Papers, the Urban Green and Low-carbon Development Index developed by The Research Institute of Ecological Civilization was used to conduct a comprehensive assessment of 176 cities in 2018 with updated data to provide references and suggestions for urban low-carbon development.

Part III focuses on the international climate process. 7 papers have been selected for this segment, which reflect the current status and trends in international climate governance, and address a series of hot topics from different perspectives, such as what to look for in the next climate conference, and a comparative analysis of the updated Nationally Determined Contributions (NDCs) submitted by different countries. The complexity and tension of present US – China relations lends credence to the undeniable importance of China – Europe cooperation in climate change. Two papers give an in-depth interpretation of EU's Green Deal and the impact of Brexit on climate policies respectively, which can be helpful for us to get a handle on the international climate governance. Other issues that call for attention and deep thinking are also addressed, such as participation by youth in global climate action, climate responses from the financial industry, and the ocean's role in addressing climate change.

Part IV focuses on domestic action in response to climate change. 6 papers have been selected for this segment, which reflect domestic developments in climate awareness and China's policies and actions to address climate change. Of these papers, one analyses and reflects upon the impact of the covid – 19 pandemic on global responses to climate change, and calls for China to seize on its strength as the first country to emerge from the pandemic, and to embark on the path towards green and low-carbon recovery. Another paper gives a quantitative assessment of how China's initiative to develop new types of infrastructure in the wake of the pandemic will impact carbon emissions from key sectors. On cities' responses to climate change, one paper sums up local actions and practises to peak carbon emissions, while another assesses results from the national pilot program to develop climate-adapted cities. Also included are papers on the control of industrial emissions and non – CO_2 emissions.

Part V "research monograph" selects 7 reports on issues at the frontier of climate change research, such as climate emergencies, polar climate and environment, addressing climate change and high quality development in yellow river basins, employment, gender issues, technological development, and climate communications strategies. A wide range of themes are covered, with rich information, lending to broadened horizons for all readers. For example, gender and climate change issues have attracted a lot of attention internationally, but domestically, research on that topic is still minimal. Climate communications is also a relatively new area, and is essential to improving public awareness of climate change so as to promote climate-friendly actions. We need to develop national climate communications strategies in order to amplify the results of that field.

To control the length of the book, the Appendix does not include social, economic, energy, and carbon emissions data that is readily available from websites

气候变化绿皮书

of authoritative organizations and publications. However, statistics that are related to climate disasters in China, and worldwide, are still included for reference.

Keywords: Low-carbon Development; Climate Governance; Sustainable Development

Contents

I General Report

G. 1 The Trend of Net Zero Carbon Emission Target and

China's Strategies   *Zhuang Guiyang, Dou Xiaoming* / 001

Abstract: In order to protect the external environment for human survival and development, and to close the gap with the emission control targets compatible with 1.5℃, the global emission reduction target is gradually promoted to the net zero carbon emission orientation. This paper introduced the latest facts on global climate change and pointed out that the world had entered climate emergency. It also summarized the national and regional long-term low greenhouse gas emission development strategies guided by the net zero carbon emission target, as well as the challenges faced by the implementation of the target. By analyzing the significance of China's net-zero-carbon-emission-oriented strategies from both positive and negative aspects, this paper put forward several countermeasures for China to formulate and promote its strategies. First, coordinating the Intended Nationally Determined Contributions with net-zero-carbon-emission-oriented target. Second, building a zero-carbon policy system and adjusting the energy structure and industry structure. Third, enhancing the scheme to address climate change risks interiorly, and energizing the international cooperation and exchange.

Keywords: Address Climate Change; Net Zero Carbon Emission; Long-term Low Greenhouse Gas Emission Development Strategies (LT −LEDS); The Intended Nationally Determined Contributions (INDCs)

气候变化绿皮书

Ⅱ　Special Reports

G. 2　Evaluation of Green and Low-Carbon Development of
Chinese Cities in 2018

China Urban and Low-Carbon Evaluation Research Project Team / 026

Abstract: This paper evaluates 176 cities in 2018 by using the green and low-carbon evaluation index developed by the Institute for Ecological Civilization Studies Chinese Academy of Social Sciences. The study shows that the overall level of green and low-carbon development of cities has improved, with 10 cities with a score of 90 or higher and 106 cities with a score of 80 − 89, which is the most concentrated score segment of green and low-carbon development. According to the evaluation of city types, the order of the low-carbon total scores from high to low is service type, comprehensive type, ecological priority type, and industrial type. Evaluated by geographical location, the scores from high to low are represented in eastern, western, and central regions. According to the evaluation of three batches of pilot cities, the scores from high to low are represented as the first batch, the second batch and the third batch. Most cities are characterized by high-carbon consumption, and low-carbon management and capital investment have been reduced. This paper puts forward some suggestions, such as enhancing the importance of green and low-carbon development, strengthening the construction of green and low-carbon governance capacity. We will strengthen low-carbon pilot projects to help reach the peak of carbon emissions during the 14th Five Year Plan Period and improve the green and low-carbon index system.

Keywords: Green and Low-Carbon; Multi-dimensional Evaluation; Cities

III   International Process to Address Climate Change

G. 3   Perspectives on the United Nations Climate Change Conference
in Glasgow   *Sun Ruoshui , Gao Xiang* / 048

Abstract: The Madrid Climate Conference in 2019 failed to meet previous expectations, bringing forth challenges to the process of global climate governance. Affected by the outbreak of the COVID −19, the meetings of the subsidiary bodies of the United Nations Framework Convention on Climate Change (UNFCCC) and the Glasgow Climate Conference, which were scheduled to be held in 2020, were postponed to 2021, further increasing the uncertainty. In 2020, the task at the center of global climate governance will change from completing the negotiation on the implementation rules of the Paris Agreement and promoting all parties to implement their obligations under the international climate change treaty, to maintaining the importance of climate change in the context of global response to COVID −19 and post-epidemic economic recovery, as well as putting a spin on Glasgow Conference in 2021. At present, the international public opinion emphasizes more on future goals rather than the gap between existing commitment implementation and resources required. Meanwhile, difficult negotiation issues such as the carbon market rules of the Paris Agreement are also faced by Glasgow Climate Conference. As the Presidency, the UK must properly deal with many complex issues, such as negotiation and implementation, treaty rules and action initiatives, future goals and existing progress, action and related support. Glasgow Conference will achieve success only if it is equipped with a comprehensive and correct "strength view", a balance of concerns of all parties, and full demonstration of creativity and reputation as the first post −2020 climate conference.

Keywords: UN Climate Change Conference; Global Climate Governance; Climate Action Intensity; Green Recovery

气候变化绿皮书

G. 4　The Update Mode of Nationally Determined Contributions and China's Strategies　　　　　　　　　　　　　　*Fan Xing* / 071

Abstract：Nationally Determined Contributions（NDC）is the core system of Paris Agreement, which reflects the change of global climate governance model from "top-down" to "bottom-up". According to the Paris Agreement and relevant decisions, all parties will communicate or update their NDC in 2020. It is of great significance to analyze the update mode and characteristics of NDC in various countries to promote the implementation of Paris Agreement. Around 2015, 193 parties submitted 165 Intended Nationally Determined Contributions（INDC）, demonstrating the willingness of all parties to actively take climate action. Up to July 1, 2020, 13 parties have communicated or updated the NDC. The updating modes mainly include seven types: increasing the quantifiable number of mitigation targets, adjusting the types and coverage of mitigation targets, increasing the 2050 carbon-neutral vision, supplementing the policy and measures for achieving the goals, actively applying NDC information and accounting guidance, reporting the progress of NDC implementation, adding adaptation goals and policies Strategy. It is found that the updated NDCs in some countries have showed some problems that may affect the effectiveness of global climate governance, including increasing the target number but the actual mitigation efforts is regressing, adjusting the target types but the target is not comparable, proposing the long-term target of 2050 but avoid the enhancement of the near-future 2030 target ambition, only proposing the target but without the implementation policies and measures, and insufficient financial support for NDC implementation. For China, it is suggested to strengthen dialogue with all parties to consolidate the "bottom-up" arrangement of the Paris Agreement, establish a reasonable "view of strength" in the climate multilateral process. It is also suggested to strengthen the domestic preparatory work for NDC and strengthen the international cooperation on the implementation of NDC.

Keywords：Paris Agreement; Nationally Determined Contributions; Reduction Targets

G. 5   The European Green Deal and Prospects on EU–China Climate

Change Cooperation   *Zhang Min* / 086

Abstract: The European Green deal, a development strategy launched by the new EU commission, clearly proposes that the EU will become the first "carbon neutral" world continent in 2050 and accelerate EU transformation to green and low-carbon society. Given the EU' leadership on global climate governance, this strategy will have an impact on China EU cooperation on climate change in the medium and long term. Looking forward to the prospects of EU–China climate change cooperation, there are several points worthy of attention. First, China and the EU both have been seriously impacted and affected by COVID −19 pandemic, but strengthening their cooperation on climate change is still a major issue of EU-China summit; Second, European green deal will bring new challenges to China EU cooperation on climate change. China must carefully consider and actively respond to it. Third, the European green new deal will promote the transformation of EU climate governance from market regulation to legal system, and lead a new round of regulation setting on global climate change; Fourth, the Just Transition Mechanism designed by the European green deal will accelerate the industrial transformation and decarbonisation for high-carbon emission regions, and provide new opportunities for fair development in regions with different resource endowment. China and EU have great potential for cooperation on climate change under the European green deal.

Keywords: The European Green Deal; Carbon Neutral; EU-China Partnership on Climate Change

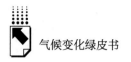
气候变化绿皮书

G. 6 UK's Post-Brexit Climate Policy

Zhang Haibin, Hu Shanyu / 098

Abstract: Brexit is a big event for European integration and world politics as well. The international community paid a lot of attention to UK's post-Brexit climate policy because UK is a key player in global climate governance. There have been both continuity and changes in UK's climate policy since the Brexit referendum in 2016. The continuity is that climate policy is still high on the domestic and foreign agendas of UK government as before. The major changes are: No. 1, institutional adjustment, which means UK's Department of Energy and Climate Change and Department of Business, Innovation and Skills were amalgamated into Department for Business, Energy and Industrial Strategy with an aim to mainstream climate change issue into UK's energy and industry strategies. No. 2, legislation advance. The amended UK's Climate Change Act came into force in 2019 to officially set a target of near zero emissions of greenhouse gases by 2050 in UK. No. 3, international climate policy adjustment. UK made more efforts to strengthen international climate cooperation, including hosting the 26th UN Climate Change Conference (UNFCCC COP 26), to improve UK's international image as a big power in the world. However, many uncertainties are confronting UK's post-Brexit climate policy, including the ongoing transitional negotiation between UK and European Union and the outbreak of COVID-19 pandemic. Looking into the future, UK will continue to pursue domestic low carbon development and more actively engage in international climate cooperation despite some uncertainties ahead because this is good for UK's core national interests.

Keywords: Brexit of Britain; Climate Policy; Climate Cooperation

Contents ↖〉

G. 7   Youth Engagement in Climate Action: Historical Review,

        Progress and Prospect

                Zheng Xiaowen, Fu Yanan, Zhang Jiaxuan and Wang Binbin / 114

Abstract: With the climate movement of "Fighting for the Future" in 2019
sweeping the world, young activists such as Greta Tomberi have attracted much
attention. In September of the same year, the first United Nations Youth Climate
Summit will be the global youth climate action to further promote public vision.
This paper makes a detailed analysis of the historical process of youth participation
in global climate governance, and points out that, under the impetus of
government, civil society and academic institutions, Chinese youth groups, in
addition to taking advantage of the common identity of "youth", play different
roles including young scholars, climate activists, climate communicators, etc. ,
actively and effectively participate in global action against climate change and play
an important role in promoting the rapid spread of climate action in China.

Keywords: Youth Participation; Global Climate Governance; Climate Action

G. 8   The Carbon Revolution of Financial Industry under

        the Green Swan

                                        Zeng Wenge, Ren Tingyu / 131

Abstract: The financial risks of the Green Swan could seriously damage our
economic and financial systems, and complicating financial risk through complex
chain reactions. Thus the event will threatening the current financial stability. The
more complex and unique characteristics of the Green Swan may generate
significant financial risks and currency instability, at the same time bring new
challenges to the carbon transformation of the financial industry in various
countries. Therefore, countries can promote the carbon reform of the financial
industry from the aspects of carbon assessment and risk management, strengthening

气候变化绿皮书

prudential supervision, coordinating fiscal and monetary policies and strengthening international cooperation.

Keywords: The Green Swan; Climate Change; Financial Risk; Low Carbon Finance

G. 9　Adaption to Climate Change in Marine Systems

Chen Xingrong, Liu Shan, Wang Wentao,

Song Xiangzhou, Song Chunyang and Li Kai / 145

Abstract: This section focuses on the core theme of "Adaption to Climate Change in Marine Systems" and elaborates the role of the oceans in adaption to climate change, the results show that the world's oceans in 2019 were the warmest in recorded ocean observation, in the future, the regional temperature, annual precipitation and offshore sea level of China will continue to rise, the intensity and frequency of extreme weather events are more likely to increase. It also introduces the process of the international community's attention to the marine response to climate change, in the international climate governance the ocean issues have gradually become the focus of attention. The scientific issues, other relevant policy issues, international cooperation mechanisms and the strategic game among all parties related to Marine response to climate change were reviewed, with a focus on the capacity of coastal areas adapt to climate change. In the future, we still need to do a good top-level design of marine development and ocean climate change, strengthen macro-control over the exploitation and utilization of marine resources, enhance our marine disaster management ability and level under the influence of climate change, and actively promote marine ecological civilization construction and sustainable development.

Keywords: Ocean; Climate Change; Climate Governance; Blue Carbon Sink

IV Domestic Actions on Climate Change

G. 10 Impacts and Implications of the COVID −19 Epidemic on
Global Response to Climate Change

Chen Ying, *Shen Weiping* / 158

Abstract: The COVID −19 epidemic has brought the most severe shock to the global economy and society since World War II. It has attracted much attention to the relationship between climate change and the spread of viruses and health, made the global low-carbon transition more difficult and resulted in the implementation of the Paris Agreement facing serious challenges. Although the COVID − 19 epidemic has significantly reduced carbon emissions and improved environmental quality in the short term, it deviates from the original intention of sustainability; Although it has objectively weakened policies and actions of countries in response to climate change, the reconstruction of the global value chain in the post-epidemic era also brings new opportunities for green and low-carbon transformation; Although it warns of the importance of governance resilience and international cooperation for crises, the global climate process has completely stalled since the epidemic, followed by the loss of international mutual trust and severe lack of climate leadership. The COVID − 19 epidemic is like a preview of the climate crisis, and we should learn from it. China quickly contained the local epidemic, actively resumed work and production, which obtains a first-mover advantage in economic recovery. China must adhere to the strategic determination of ecological civilization construction, strengthen the resilience of the social and economic system, turn " danger " into " opportunity ", seize the opportunity of low-carbon transformation, and deeply participate in global climate governance and the construction of global ecological civilization while promoting high-quality development of domestic economy and society.

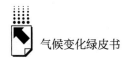
气候变化绿皮书

Keywords: COVID −19 Epidemic; Climate Change; Low-carbon Transition; Climate Governance

G. 11   The Impact Assessment of New Infrastructure Investment
on Key Industries' Carbon Emission

Chai Qimin, *Li Moyu* / 175

Abstract: The construction of new infrastructure is one of the main measures to promote high-quality economic development in China under the new situation. At the present stage, the investment demand has great potential, which promotes technological progress, while driving the growth of energy consumption. This study makes a brief predictive analysis of the investment scale of new infrastructure construction, the emission reduction effect from the perspective of technological innovation and the effect of increasing consumption under the demand-driven perspective, and their impact on the carbon emissions peaking of key industries. According to preliminary estimates, new infrastructure construction will drive 9. 96 − 16. 37 ¥ trillion of investment, which will bring significant emission reduction effects by energy efficiency improvement, industrial structure optimization and replacement of the original mode of production and consumption, while the use of steel and cement in the construction process, power consumption in the operating process and new demand from consumption stimulating will also have significant impact on consumption increase. In the short term, considering only direct effects, the construction of new infrastructure will increase CO_2 emissions by 1. 83 billion tons, while taking indirect effects into account, it will reduce CO_2 emissions by 830 million tons. In the long run, new infrastructure will give full play to the emission reduction effect of intelligent upgrading and transformation of industries and green elements. By strengthening the green orientation, reasonably guiding capital flow, introducing supportive policies and implementing green incentive plans, new infrastructure can help achieve high-quality green and low-carbon development.

Keywords: New Infrastructure Construction; Investment Scale; The Effect of Consumption Increase and Emission Reduction; Carbon Emissions Peaking

G. 12   Actions and Practices of Local Carbon Emissions Peaking

CaoYing, Li Xiaomei, Yan Haoben and Kuang Shuya / 186

Abstract: In the Intended Nationally Determined Contributions report, China proposed the goal of peaking carbon dioxide emissions around 2030 and striving to achieve it as soon as possible. Local area is an important unit and carrier of carbon emission control, and the achievement of the national carbon emission peak goal requires the joint participation of all regions. However, in the process of promoting the implementation of carbon emission peaks, all localities still need to scientifically study and judge the peaking goals and paths, and improve basic capabilities. The country also needs to strengthen macro guidance for the localities on top-level design, improvement of mechanisms and overall coordination

Keywords: National Autonomous Contribution; Carbon Emission Peak; Carbon Emission Peak Path

G. 13   Evaluation on National Climate Adaptation City Pilots

Fu Lin, Yang Xiu, Zhang Dongyu and Cao Ying / 199

Abstract: China has officially lauched the construction of 28 climate adaptation city pilots at the beginning of 2017. Pilots have made an array of efforts to adapt to climate change. Based on domestic and external research and practices on climate change adaptation, combined with the characteristics of Chinese cities and demands, this study conducts an integrated evaluation on pilots' work progress and achievements by establishing Climate Resilient Pilot Evaluation Index System,

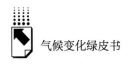
including 6 first-level indicators and 15 − 21 second-level indicators. Results showed that the clearer adaptation concept, elevating adapation capacity and greater climate change monitoring ability has been got by the pilots, and institutional innovation as well as international communication and cooperation activities with unique functions has been carried out. Nevertheless, widely uneven work progress of polits indicates that China's holistic climate change adaptation capacity still needs to be strengthened. It is suggested that an evaluation system should be put forward as soon as possible. Organizing the highlights of adaptation actions and work, as well as broadening pilots' political vision of climate change adaptation are also regaraded as essentials.

Keywords: Climate Adaptation City; Adaptation to Climate Change; Pilot Evaluation

G. 14   The China's Non-CO_2 Greenhouse Gas Emission Mitigation & Projections

Li Xiang, Ma Cuimei / 214

Abstract: Abstract: Non-CO_2 GHGs is an important part of the national GHG inventory, which contributes about 17% of the total GHGs emission (without LULUCF). Non-CO_2 controlling plays a significant role in the general GHG abatement and international commitment implementation. This study carried out detailed analysis of the current Non-CO_2 emission in inventory, summarized the related policies and mitigation actions in key Non-CO_2 emission sectors. The study also projected the Non-CO_2 emission of 2221 Mt CO_{2e} by the end of 13th five-year, and 23. 57 Mt CO_{2e} in 2025, which means of 1. 2% of growth annually during the 14th five-year, from which the industry, oil and gas and waste sectors contributes more for the growing trend.

Keywords: Non-carbon Dioxide Greenhouse Gas; Emission Control Action; Emission Control Target

G. 15   The Action and Performance of Industry Addressing Climate

Change during the Thirteenth Five-year Period

Yu Xiang, Liu Xiaqing and Mo Junyuan / 226

Abstract: This article summarizes the outcomes of industrial sector's response to global climate change during the "thirteenth five" period. In the first three years of the period, the value added of the industrial sector had an accumulated growth of 20. 65% and an average annual growth rate of 6. 84%. As the value added of the industrial sector grew at an accelerated rate, however, its carbon emission intensity continued to decline. In comparison to other developed and developing countries, China's carbon emission per unit of value added is declining at a higher speed, which plays a significant role in helping China to achieve in advance its 2020 goal of reducing emission intensity per unit GPA by 40% -45% from 2005. During the "thirteenth five" period, the Industrial sector continuously improved its top design to better counter climate change issues and its green manufacturing system to achieve low carbon development. In addition, a good foundation for future progress is laid through the promotion of low-carbon innovative technology and energy-saving consulting service. In the future fourteenth-five year period, the industrial sector will continue to foster its low-carbon characteristic through multiple policy measures and means.

Keywords: Industry; Carbon Emission; Green Development

V   Special Research Reports

G. 16   Climate Emergency and Its Inspiration to China's Climate

Governance

Xiao Chan, Wang Yawei, Zhao Lin, Yin Hong,

Chao Qingchen and He Mengjie / 241

Abstract: The useof the term "Climate Emergency" increased by more than

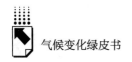

100 times in 2019, so the Oxford Dictionary chose it as the word of the year. The rapid increase in the use of the term reflects the sense of crisis and urgency behind the continuing social focus on climate change. Based on the current view of the international community on climate emergency, this paper puts forward that we should correctly understand the situation and task of climate change in China, and give full play to the role of climate governance in the modernization of national governance system and governance capacity. Firstly, the characteristics of meteorological disasters in China are summarized: first, there are many kinds of disasters, and the proportion of them is high; second, disasters occur frequently and widely; third, the extreme nature of disasters is strong, the disaster situation is heavy; fourth, the related disasters are strong, the chain is long; fifth, the loss of disasters is heavy, the impact is great. Secondly, the threat of climate change to economic security, food security, water security, ecological security, environmental security, energy security, infrastructure security and other traditional and non-traditional security is analyzed. In the future, China's climate governance should, first, do a good job in meteorological disaster prevention and mitigation; secondly, improve the ability to prevent and respond to extreme weather and climate events; thirdly, develop and utilize climate resources rationally, give full play to the advantages of climate in energy and economic transformation; and fourthly, carry out the construction of climate management culture.

Keywords: Climate Emergency; Disaster Risk; Climate Management

G. 17   Research on Science and Technology, Strategy and Governance Issues between the Climate and Environment in Polar Region

Liu Jiayue, Chen Liulin and Wang Wentao / 253

Abstract: The polar region is located in the high latitudes of the earth. Due to its unique environmentand importance in the global climate change, it has attracted international attention. In recent years, with global warming, rising sea levels, and frequent disasters, the polar environment and climate change issues have received unprecedented attention from all countries. The interaction between the polar environment and global climate change not only involves environmental and scientific issues, but also involves security, energy, economy, and politics. This article takes the polar environment and climate change as the entry point, sorts out the work carried out by major countries in the strategic layout, scientific research, economic development, and international cooperative governance, and summarizes the achievements of China's polar affairs from the perspective of scientific and technological innovation and polar expedition activities, and finally puts forward suggestions to support for responding to the climate change and the sustainable development of the polar environment.

Keywords: Antarctica; Arctic; Climate Change; Scientific and Technological Innovation

G. 18 Challenges of Climate Change and High-quality Development in the Yellow River Basin

Zhu Shouxian, Zhou Bing, Han Zhenyu and Cui Tong / 264

Abstract: The Yellow River Basin is not only the second largest river basin in China but also the important birthplace of Chinese civilization. The Yellow River Basin is an important ecological barrier and an important economic zone in China, which has a very important position in China's economic development and ecological security. Exploring the Yellow River Basin's response to climate change and high-quality development is of positive significance for optimizing the national strategic layout. Under the background of global warming, the future climate of the Yellow River Basin will show temperature rise trend and have heavy precipitation events. This article comprehensively considers the basic characteristics of the ecological environment of the Yellow River Basin, water resources and climate change factors, and analyzes the Yellow River Basin's actions to mitigate

气候变化绿皮书

and adapt to climate change. It is of great significance to carry out future climate change prediction and climate risk assessment of the Yellow River Basin, and then to propose strategies and suggestions to promote the high-quality development of the Yellow River Basin.

Keywords: Yellow River Basin; High-quality Development; Climate Risk; Climate Ecology

G. 19 The Employment Impacts of Climate Change Response
Measures and Governance Progress

Zhang Ying / 282

Abstract: Actively responding to climate change and curbing global warming have become a global consensus. To achieve the temperature control targets set in the Paris Agreement, the global economy must enter a low-carbon, sustainable development path, which will have a profound impact on all aspects of the economy and society. Understanding and accurately predicting the impact and impact of climate change measures on employment, and properly responding to and promoting a fair and sustainable transformation of society through targeted mechanisms are important foundations for obtaining support from all sectors of society for climate action. Examining the possible impact of related climate policies and actions on employment is an important topic for correct selection of policy objectives and assessment of policy impacts. In order to better promote the employment creation effect in the implementation of the climate policy and deal with the adverse impacts, China should actively carry out targeted basic research, increase investment to promote the employment creation effect of climate change actions, and establish a mechanism to promote just transition planning, strategies and funding mechanism arrangements.

Keywords: Climate Change; Just Transition; Employment Effect; Climate Governance

G. 20   Gender and Climate Change

Huang Lei, Zhang Yongxiang, Chao Qingchen and Chen Chao / 293

Abstract: Gender equality is the yardstick of social civilization and progress, and it is an important goal to achieve sustainable development. It is more realistic to achieve gender equality in the field of climate change. Women are more vulnerable than men to the effect of climate change and women can also play an important role in climate change mitigation and adaptation. In this paper, we summarizes the progress of gender and climate change agenda under the United Nations Framework Convention on Climate Change, evaluates the gap and deficiency of gender equality in climate action, and puts forward policy recommendations to promote gender balance in climate action based on the analysis of the progress in the field of gender equality in climate action of China. The issue of gender equality in climate action in China is mainly reflected in the fact that gender awareness of gender equality has not been fully popularized in China. The traditional concept of male preference is still an important factor affecting the protection of women's status and rights. The imbalance of economic and social development between urban and rural areas and between regions has led to some restrictions on women's access to climate action resources and information services in the poor areas of China's central and western regions, and the proportion of women' participation in climate action decision-making and management still need to be further improved. To this end, it is suggested to promote the formulation of policies and regulations related to gender and climate change; to further enhance the proportion of women's participation in decision-making and management in response to climate change and disaster prevention and reduction; and to strengthen relevant training and capacity-building for enhancing women's participation in climate action.

Keywords: Gender Equality; Climate Change; Climate Action

G. 21   Current Situation and Outlook of Science and Technology to
        Addressing Climate Change in China

Chao Qingchen , Qu Jiansheng / 303

Abstract: Scientific understanding of climate change and active response has a significant and far-reaching impact on global sustainable development. Strengthening China's scientific and technological efforts to address climate change is an important and fundamental work to address the challenge of climate change. Based on bibliometric analysis, the situation of basic science of climate change, adaptation and mitigation technologies, and global climate governance for main countries were analyzed in this paper. China ranks second in the number of scientific papers published on climate change, but its overall impact needs to be accelerated. Through the analysis of key technology cases, such as the earth system model, future strategy-leading technology and the cultivation of science and technology industry, the current situation and existing problems of science and technology in China's response to climate change was sorted out. Finally, the prospect of science and technology development in China's response to climate change was put forward.

Keywords: Climate Change; Science and Technology; Science and Technology Papers

G. 22   Thoughts on Climate Change Communication Strategy

Wang Yanhui / 322

Abstract: Tackling the climate change problem requires the participation of the public at large across the globe. In order to raise public awareness on climate change issues and to encourage the public to take climate-friendly actions, Climate Change Communication is key. This article briefly reviews the development of global climate communications, analyzes the climate communication activities carried out by various actors in China by using a communication theory analysis model, and finally puts forwards suggestions for the formulation of climate communication strategies in China.

Keywords: Climate Change Communication; Climate Change Communication Strategy; Climate Friendly Action

Ⅵ Appendices

G. 23   Statistics of Weather and Climate Disaster

Zhai Jianqing, Tan Ke / 335

G. 24   Abbreviations   *Hu Guoquan, Cui Yu* / 362

社会科学文献出版社

皮 书

智库报告的主要形式
同一主题智库报告的聚合

❖ 皮书定义 ❖

皮书是对中国与世界发展状况和热点问题进行年度监测，以专业的角度、专家的视野和实证研究方法，针对某一领域或区域现状与发展态势展开分析和预测，具备前沿性、原创性、实证性、连续性、时效性等特点的公开出版物，由一系列权威研究报告组成。

❖ 皮书作者 ❖

皮书系列报告作者以国内外一流研究机构、知名高校等重点智库的研究人员为主，多为相关领域一流专家学者，他们的观点代表了当下学界对中国与世界的现实和未来最高水平的解读与分析。截至 2020 年，皮书研创机构有近千家，报告作者累计超过 7 万人。

❖ 皮书荣誉 ❖

皮书系列已成为社会科学文献出版社的著名图书品牌和中国社会科学院的知名学术品牌。2016 年皮书系列正式列入"十三五"国家重点出版规划项目；2013~2020 年，重点皮书列入中国社会科学院承担的国家哲学社会科学创新工程项目。

权威报告·一手数据·特色资源

皮书数据库
ANNUAL REPORT(YEARBOOK)
DATABASE

分析解读当下中国发展变迁的高端智库平台

所获荣誉

- 2019年，入围国家新闻出版署数字出版精品遴选推荐计划项目
- 2016年，入选"'十三五'国家重点电子出版物出版规划骨干工程"
- 2015年，荣获"搜索中国正能量 点赞2015""创新中国科技创新奖"
- 2013年，荣获"中国出版政府奖·网络出版物奖"提名奖
- 连续多年荣获中国数字出版博览会"数字出版·优秀品牌"奖

成为会员

通过网址www.pishu.com.cn访问皮书数据库网站或下载皮书数据库APP，进行手机号码验证或邮箱验证即可成为皮书数据库会员。

会员福利

- 已注册用户购书后可免费获赠100元皮书数据库充值卡。刮开充值卡涂层获取充值密码，登录并进入"会员中心"—"在线充值"—"充值卡充值"，充值成功即可购买和查看数据库内容。
- 会员福利最终解释权归社会科学文献出版社所有。

数据库服务热线：400-008-6695
数据库服务QQ：2475522410
数据库服务邮箱：database@ssap.cn
图书销售热线：010-59367070/7028
图书服务QQ：1265056568
图书服务邮箱：duzhe@ssap.cn

社会科学文献出版社 皮书系列
SOCIAL SCIENCES ACADEMIC PRESS (CHINA)
卡号：515489534225
密码：

S 基本子库
SUB DATABASE

中国社会发展数据库（下设 12 个子库）

整合国内外中国社会发展研究成果，汇聚独家统计数据、深度分析报告，涉及社会、人口、政治、教育、法律等 12 个领域，为了解中国社会发展动态、跟踪社会核心热点、分析社会发展趋势提供一站式资源搜索和数据服务。

中国经济发展数据库（下设 12 个子库）

围绕国内外中国经济发展主题研究报告、学术资讯、基础数据等资料构建，内容涵盖宏观经济、农业经济、工业经济、产业经济等 12 个重点经济领域，为实时掌控经济运行态势、把握经济发展规律、洞察经济形势、进行经济决策提供参考和依据。

中国行业发展数据库（下设 17 个子库）

以中国国民经济行业分类为依据，覆盖金融业、旅游、医疗卫生、交通运输、能源矿产等 100 多个行业，跟踪分析国民经济相关行业市场运行状况和政策导向，汇集行业发展前沿资讯，为投资、从业及各种经济决策提供理论基础和实践指导。

中国区域发展数据库（下设 6 个子库）

对中国特定区域内的经济、社会、文化等领域现状与发展情况进行深度分析和预测，研究层级至县及县以下行政区，涉及地区、区域经济体、城市、农村等不同维度，为地方经济社会宏观态势研究、发展经验研究、案例分析提供数据服务。

中国文化传媒数据库（下设 18 个子库）

汇聚文化传媒领域专家观点、热点资讯，梳理国内外中国文化发展相关学术研究成果、一手统计数据，涵盖文化产业、新闻传播、电影娱乐、文学艺术、群众文化等 18 个重点研究领域。为文化传媒研究提供相关数据、研究报告和综合分析服务。

世界经济与国际关系数据库（下设 6 个子库）

立足"皮书系列"世界经济、国际关系相关学术资源，整合世界经济、国际政治、世界文化与科技、全球性问题、国际组织与国际法、区域研究 6 大领域研究成果，为世界经济与国际关系研究提供全方位数据分析，为决策和形势研判提供参考。

法律声明

　　"皮书系列"（含蓝皮书、绿皮书、黄皮书）之品牌由社会科学文献出版社最早使用并持续至今，现已被中国图书市场所熟知。"皮书系列"的相关商标已在中华人民共和国国家工商行政管理总局商标局注册，如 LOGO（▧）、皮书、Pishu、经济蓝皮书、社会蓝皮书等。"皮书系列"图书的注册商标专用权及封面设计、版式设计的著作权均为社会科学文献出版社所有。未经社会科学文献出版社书面授权许可，任何使用与"皮书系列"图书注册商标、封面设计、版式设计相同或者近似的文字、图形或其组合的行为均系侵权行为。

　　经作者授权，本书的专有出版权及信息网络传播权等为社会科学文献出版社享有。未经社会科学文献出版社书面授权许可，任何就本书内容的复制、发行或以数字形式进行网络传播的行为均系侵权行为。

　　社会科学文献出版社将通过法律途径追究上述侵权行为的法律责任，维护自身合法权益。

　　欢迎社会各界人士对侵犯社会科学文献出版社上述权利的侵权行为进行举报。电话：010-59367121，电子邮箱：fawubu@ssap.cn。

社会科学文献出版社